細胞の
システム生物学

江口至洋 著

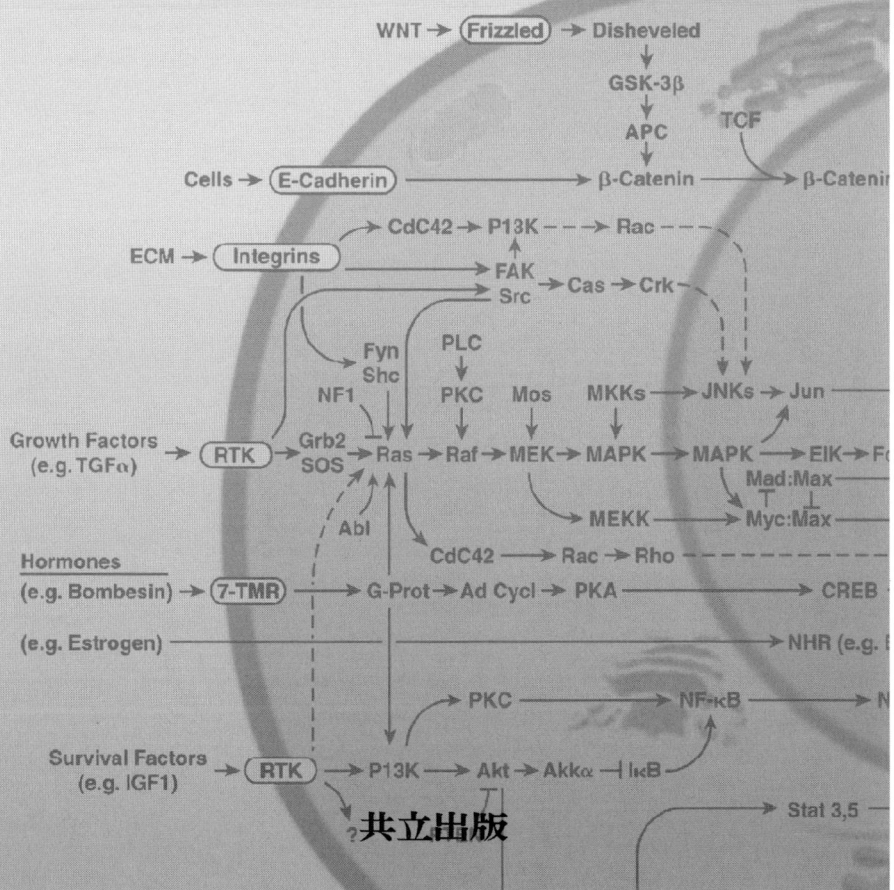

共立出版

本書を母と亡き父，そして妻と娘に捧げます

カバーの図は Prof. D. Hanahan らのご好意による
[Hanahan, D. *et al.*: The hallmarks of cancer. *Cell*, **100**, 57, 2000]

はじめに

　生命は細胞に始まり，細胞は生命の基本単位とされている．生物と無生物を隔てている"生きている"という機能は，10^{-15}から10^{-11}リットルという小さな細胞内で数千から数万種類もの分子によりくり広げられている化学反応に担われている．細胞内の化学反応にはDNAが自己を複製する反応，DNAを鋳型としRNAを合成する反応，RNAを鋳型としタンパク質を合成する反応，合成されたタンパク質が酵素として機能し細胞内の生体分子を相互に化学変換する反応，細胞外からのシグナルを核内のDNAに伝達する反応などがある．それらは自己複製，転写，翻訳，代謝，シグナル伝達といわれ，それぞれが特徴的な化学反応ネットワークを構成しているが，細胞内では相互に連結し，単一の化学反応ネットワークとして"生きている"機能，すなわち細胞機能を維持している．

　古くから，そのような化学反応ネットワークを数理モデル化し，その構造と機能を解明しようとする試みがなされてきた．酵素反応の速度論的解析は1913年のミカエリス-メンテンの研究に始まるが，1970年代には膨大な酵素反応機構の数理モデルが整理され，多くの研究が蓄積された．1980年前後には計算機の高速化もあり，解糖系やクエン酸回路，さらには転写，翻訳系を含む化学反応システムの動的挙動と制御機構のモデル解析が行われている．その後，赤血球やミトコンドリア，肝細胞の代謝系の解析も進み，解析対象となる細胞内化学反応の多様化，大規模化，精密化が進んだ．2000年前後にはMAPキナーゼカスケードやNF-κB，p53を含む多くのシグナル伝達系のモデル化がなされ，自己複製，転写，翻訳，代謝，シグナル伝達からなる細胞内の統一的な化学反応ネットワーク解析の基盤が確立されている．

　いま，それら化学反応ネットワークを解析する試みはシステム生物学（systems biology）といわれている．システム生物学が"再発見"されている背景には，生命の設計図とされるゲノムDNAの塩基配列解読に伴う細胞内分子情報の急

速な増加がある．ゲノム情報の解読により細胞内に存在するRNAおよびタンパク質，酵素の一覧表を手にすることができ，たとえばゲノム情報からヒトの全代謝ネットワークを構築する試みが複数の研究組織で進められている．また，ゲノム情報に基づくマイクロアレイ技術や質量分析技術，1分子計測技術など各種計測技術が進歩した結果，生体分子が個々の細胞で時間的・空間的にどのように発現しているのか，またどのように相互作用し，化学反応ネットワークを構成しているのかの情報を得ることができるようになった．これら大量の情報は，細胞の理解を深め，鍵となる生体分子を見いだすことにより，発生・分化などの細胞機能を人為的に制御する道をも拓きつつある．しかし全体としてみると，いまだそれら日々蓄積される情報は「諸事実の集合体」の段階にある．システム生物学はそれら諸事実の集合体から細胞内の化学反応ネットワークの構造を明らかにし，その機能を解析することを目的としている．

　システム生物学は細胞の特性に照応した数理モデルを構築し，その構造と機能を解析する試みである．細胞生物学を専攻する友人は「細胞は数学なんて気にしていないよ」という．真実の重要な側面をするどく突く友人である．友人によると，同じく電子や分子も数学を気にして運動したり，反応したりしているわけではない．しかし，電子や分子はシュレーディンガー方程式やニュートン方程式に従い運動し，反応している．すなわち，シュレーディンガー方程式やニュートン方程式に表現された"数学の論理"が"電子や分子の論理"に照応し，整合的であるかぎりにおいて，電子や分子は数学を気にする．同じように，システム生物学が細胞を研究対象とするかぎり，援用する数理モデルに表現された"数学の論理"が"細胞の論理"に照応し，整合的でなければならない．本書では，それら2つの論理のあいだの整合性を保証するための必要条件は，システム生物学の数理モデルが物理化学の法則に基づいていることであると考えている．DNA二重らせんモデルの提唱者の一人であるワトソンは，1965年に出版した教科書『遺伝子の分子生物学』の第2章のタイトルを「細胞は化学の法則に従って生きている」とした．この表現そのものは楽観的すぎるきらいはあるが，その当時若い研究者を鼓舞し，いまも多くの研究者を鼓舞しうるタイトルである．

　本書は3つの章から構成されている．第1章では，ゲノムDNAの解読以降も

たらされた多くの情報，とくに細胞内生体分子の網羅的かつ体系的な計測実験結果をもとに新たに構築されつつある細胞像を概観する．第2章では，細胞を研究対象としたシステム生物学が援用している数理モデル，とくに物理化学法則に従った化学反応ネットワーク解析のための数理モデルを解析例とともに詳述する．システム生物学では，数理モデルの妥当性を実験的検証および予測能力の検証によって明らかにすることが強く求められている．第3章では，それら数理モデルが細胞，おもにヒト細胞の構造と機能の解析に用いられている実例を紹介する．

システム生物学はいまだ，モデルの多さに比べ理論の少ない，幼児期の段階にある．その背景には"細胞の論理"が多様でかつ複雑であるため，十分には汲み尽くされていない現状がある．システム生物学が翻って，"細胞の論理"を汲み尽くす一翼を担うことを期待している．そのためにも，生物学，医学，薬学とともに工学，物理学，化学，情報科学など学際的な視点から，多くの学生，研究者がこの分野に参画されることを願っている．

九州大学大学院農学研究院生物機能科学部門の岡本正宏教授，濱田浩幸助教，田島慶彦博士，岩本一成氏らとの和やかな研究会がなければ本書が生まれ出ることはなかった．ここに深くお礼申し上げます．また貴重なコメントをいただいた多くの方々に，この場を借りてお礼申し上げます．

最後に，共立出版の北 由美子氏には常に暖かなご支援をいただいた．ここに深く感謝いたします．

2008年5月

江口 至洋

目 次

第1章　細胞をどうとらえるか

- 1.1 生命の基本単位としての細胞 2
  - 1.1.1 細胞の多様性と特性 3
  - 1.1.2 細胞の化学組成 7
  - 1.1.3 細胞内分子の存在様式 11
- 1.2 情報処理システムとしての細胞 12
- 1.3 細胞は物理化学の法則に従って生きている 19
- 1.4 化学反応ネットワークシステムとしての細胞 23
  - 1.4.1 転写制御ネットワーク 23
  - 1.4.2 代謝パスウェイ 30
  - 1.4.3 シグナル伝達系 37
  - 1.4.4 化学反応ネットワークの統合 44
- 1.5 生物学的世界像の統一 47

第2章　システム生物学の方法

- 2.1 化学反応解析の基礎 53
  - 2.1.1 熱力学 53
  - 2.1.2 確率過程としての化学反応 65
  - 2.1.3 反応速度論 76
  - 2.1.4 力学系としての化学反応系 90
  - 2.1.5 化学量論解析 103

- 2.2 化学反応ネットワークの解析 111
  - 2.2.1 速度論に基づいた反応ネットワーク解析 112
  - 2.2.2 生化学システム理論 120
  - 2.2.3 化学反応ネットワークの感度解析 133
  - 2.2.4 化学量論的ネットワーク解析 144
- 2.3 細胞内ネットワークの構造推定 148
  - 2.3.1 ベイジアンネットワークによる方法 150
  - 2.3.2 微分方程式による方法 156
  - 2.3.3 関連解析および情報理論による方法 160

第3章 システム生物学からみた細胞

- 3.1 遺伝情報の流れ 166
- 3.2 エネルギーの流れと代謝 176
- 3.3 細胞の情報伝達 183
  - 3.3.1 EGFシグナル伝達系 184
  - 3.3.2 p53/Mdm2 ネットワーク 191
  - 3.3.3 NF-κB シグナル伝達系 196
- 3.4 細胞周期 203
- 3.5 アポトーシス 211
- 3.6 免疫応答 218
  - 3.6.1 自然免疫 219
  - 3.6.2 獲得免疫 222

文献 227
索引 241

第1章

細胞をどうとらえるか

■ はじめに

　ヌクレオチドやアミノ酸，核酸やタンパク質などの分子に始まり，分子複合体，細胞，組織，器官，個体と続く階層構造のなかで，ゲノムDNAは「生命の設計図」，細胞は「生命の始まり」といわれる特別な位置を占めている．「生命の設計図」としてのゲノムDNAに記された遺伝情報，すなわち塩基配列情報があれば，細胞内の分子の構造と機能，分子複合体の構造と機能，さらには「生命の始まり」としての細胞の構造と機能は解明できるとの考えもありうるが，現在そのあいだには大きな隔たりがある．その背景には，ゲノムDNAに記された遺伝情報を読み解くすべての文法が明らかにはされていない点もあるが，細胞のもつ多様性と複雑性がより大きな要因としてある．

　現時点では，ゲノムDNAと比較して，細胞に関する知見は諸事実の膨大な集合体の段階にある．細胞のシステム生物学は，ゲノムDNAの塩基配列情報をもとに近年急速に集積されてきたそれら諸事実を総合化し，細胞の構造（おもに化学反応システムとしてみたネットワーク構造）とその機能を統一的に解明しようとする試みである．ここではまず，システム生物学が研究対象としている細胞像を概観する．

1.1 生命の基本単位としての細胞

　1665年，弾性の研究で有名なフック（Hooke）は顕微鏡観察からコルク切片に無数の小さな間隙があることを発見し，その間隙をラテン語の小部屋にあたる細胞（cell）と名づけた．実際にはフックは細胞が死んだあとの細胞壁を見たのではあるが，これが科学の世界に細胞という言葉をもたらした最初とされる．ただ，フックの細胞は生物学的な研究対象ではなく，あくまでも物理学的な研究対象であった．

　細胞が生物学的な意味で再発見されたのは19世紀に入ってからのことである．1838年に植物学者のシュライデン（Schleiden）が，そして1839年には動物学者のシュワン（Schwann）が，「すべての植物組織や動物組織は細胞を構成

単位としている」との観測結果を示した．さらに，1858年にはウィルヒョウ（Virchow）が，細胞が自己増殖の単位であることを示す有名な金言「細胞は細胞から（every cell from a pre-existing cell）」を述べている．このシュライデンとシュワンおよびウィルヒョウの主張をもって細胞説（生命は細胞に始まる）が確立されたといえる[1]．現在，細胞説は，進化論とともに生物学全体をおおう数少ない理論の1つとなっている．

1.1.1 細胞の多様性と特性

真核細胞を例にとると，細胞の基本的な構成要素としては，細胞の内外を仕切る細胞膜（cell membrane），遺伝情報の倉庫とされる核（nucleus），そして細胞内から核を除いた部分であり，代謝活動の行われる場としての細胞質（cytoplasm）がある．細胞質は均質な構造体ではなく，細胞質ゾル（cytosol）と，ミトコンドリア（mitochondrion）や小胞体（endoplasmic reticulum；ER）などの多くの細胞小器官（organelle）に区画化されている[*1]．

細胞およびその構成要素の大きさを図1.1に示す．見かけの体積から推計すると，アミノ酸分子の直径はほぼ1 nm以下である．タンパク質分子の大きさは多様ではあるが，分子量25,900の比較的小さな球状タンパク質エラスターゼで直径約4 nmであり，タンパク質を構成する多くの原子はコンパクトに充填されている．ただ，分子機械とも称されるリボソーム（50以上のタンパク質と複数のrRNAからなる）や転写開始複合体（RNAポリメラーゼや基本転写因子など50種類以上のタンパク質からなる）など多くのタンパク質の集合体は30 nmから300 nmにも達する大きさである．細胞膜は脂質二重層に膜タンパク質が組み込まれた構造をとっており，その厚さは7～10 nmとされる．脂質二重層の主成分であるリン脂質は空間的に固定されてはおらず，水平拡散はひんぱんに起こっており，流動性は高い．膜タンパク質には細胞表面タンパク質や膜貫通タンパク質がある．膜貫通タンパク質はグルコースなどの輸送体（transporter），イオンチャネル，受容体，膜構造タンパク質として機能している．膜貫通タンパク質も脂質二重層内に溶解している状態にあり，側方への自由な移動が可能

---

*1 文献によっては細胞質を細胞質ゾルの意味で用いている例がある．ただ，両者の意味上の違いは文脈から明らかであり，本書でも参考する文献が用いている用語に従っている．

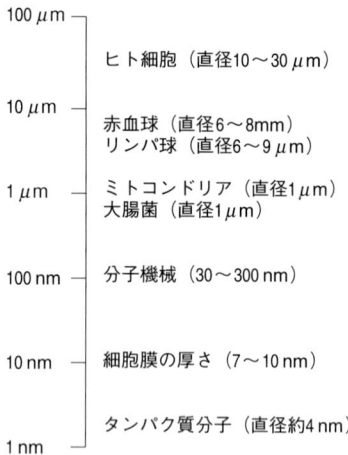

図 1.1 細胞およびその構成要素の大きさ

かっこ内に示す数値は代表的な数値である．多細胞生物であるヒトの細胞に典型的にみられるように、それら個々の細胞は同じゲノム DNA の塩基配列を有しているにもかかわらず、異なった構造と機能を有しており、多様である．

である．細胞膜と膜タンパク質は細胞が外界と接する唯一の場である．代表的な原核細胞である大腸菌の直径はほぼ $1\,\mu m$ であり、ほかのほとんどの細菌の大きさも $1\,\mu m$ から $2\,\mu m$ のあいだにある．細胞内共生した好気性細菌が起源と考えられているミトコンドリアは、球状から長楕円体まで種々の外形をとっているものの、ほぼ直径 $1\,\mu m$ である．ミトコンドリアは呼吸/酸化的リン酸化による ATP 合成をおもな機能としており、発電機とも称されるが、アポトーシスなどほかの細胞機能においても重要な役割を果たしている．リンパ球は直径 6～9 μm の球状の小さな細胞で、免疫応答において中心的役割を果たし、形態学的には区別しえないが、B 細胞と T 細胞という 2 つの集団に分けられる．ヒト赤血球は直径約 6～8 μm の円盤状の細胞であり、核は存在しない．赤血球の基本的な生理機能は酸素を結合し、個体のすみずみにその酸素を運搬することにある．そのため、「ヘモグロビンを閉じ込めた袋」とも称されるが、赤血球そのものの生存のために必要な最低限の代謝機能は有している．ヒト細胞の多くは直径 10～30 μm とされ、多くの真核細胞と同程度の大きさである．

この細胞の大きさが、細胞内の各種分子の動きを規定する．ブラウン運動の

表 1.1 代表的な細胞の特性値

細胞の特性	大腸菌	出芽酵母	ヒト細胞
細胞の数	1	1	$\sim 10^{14}$
種類	1	3	~ 200
大きさ	$\sim 10^{-15}$ L	$\sim 10^{-12}$ L	$\sim 10^{-11}$ L
細胞内の分子1個の濃度	~ 1 nM	~ 1 pM	~ 0.1 pM
遺伝子の数	$\sim 4{,}500$	$\sim 6{,}600$	$\sim 25{,}000$
リボソームの数	$\sim 10^4$	$\sim 10^7$	$\sim 10^8$
mRNA の半減期	3～8 分	3～45 分	2～20 時間
（中央値）	(5 分)	(20 分)	(10 時間)
タンパク質の半減期	—	16～128 分	—
（中央値）	—	(43 分)	—
細胞周期の長さ	~ 20 分	~ 90 分	~ 24 時間

細胞には個性があり，かつ環境条件によっても細胞は多様な応答を示すため，細胞の特性値を一義的に定めることはできない．そのため，表に示す数値はあくまでも代表的な値である点に留意されたい．遺伝子の数は，タンパク質をコードしている遺伝子の数を示している．

みを考慮した場合，拡散係数 $D = 1{,}000\,\mu\mathrm{m}^2/$秒なる低分子が細胞を横切る時間は，大腸菌で1ミリ秒程度，ヒト細胞で0.1秒程度となり，$D = 10\,\mu\mathrm{m}^2/$秒なるタンパク質の場合には少し遅くなるが，大腸菌で0.1秒程度，ヒト細胞で100秒程度となる [2]．この結果，神経細胞や巨大核細胞などの大きな細胞を除き，上皮細胞などの場合には，秒のオーダーで生体分子の濃度勾配はなくなり，均一化されるため，たとえば数分の時間単位で生じるシグナル伝達系の解析においては，生体分子の拡散過程は多くの場合考慮されない．

原核生物である大腸菌，単細胞真核生物である出芽酵母，そしてヒト細胞の特性値を表 1.1 に示す．大腸菌は単細胞生物であるため，細胞の数と種類は1となる．一方，同じ単細胞生物ではあるものの出芽酵母は接合型の異なる a 細胞と α 細胞の2つの異なる一倍体（haploid）細胞があり，それらが接合して二倍体（diploid）の a/α 細胞となる時期があるため，細胞の種類は3としている．ヒト個体は一般的に 60～100 兆個の細胞からなり，その細胞の種類は平滑筋細胞や線維芽細胞など約 200 種といわれている．細胞そのものは膜に閉じ込められた小さな空間であり，大腸菌で 10^{-15} L，出芽酵母で 10^{-12} L，ヒトで 10^{-11} L ほどである．その中の分子1個の濃度はそれぞれ 1 nM，1 pM，0.1 pM にあた

る．その小さな空間の中で多くの種類の分子が化学反応ネットワークを構成し，細胞としての構造と機能を維持している．タンパク質をコードしている遺伝子でみると，ゲノムDNAには大腸菌で約4,500，出芽酵母で約6,600，ヒトで約25,000の遺伝情報が記されている．それら遺伝情報は，環境条件などの変化に応答し，mRNAへ転写され，さらにタンパク質へと翻訳される．なお，それら遺伝子の数は，mRNAやタンパク質として同定されている遺伝子とともに，ゲノムDNAの塩基配列から予測された遺伝子も含まれており，確定された数字ではなく今後の研究により変化し，ある値に収束していくと考えられる．また，ゲノムDNAにはタンパク質をコードしている遺伝情報だけでなく，非コードRNA領域といわれrRNAやtRNAなどをコードしている領域がある．さらにマイクロRNAなど新しい非コードRNAも見いだされつつあり，「遺伝子の概念」そのものに変化がみられる．

タンパク質生合成の場であるリボソームは$10^4 \sim 10^8$個/細胞存在している．合成されたタンパク質は細胞の構造成分として，あるいは代謝反応を触媒する酵素として機能する．環境への応答が迅速かつ適切になされるために，一度合成されたmRNAやタンパク質にはその細胞内での機能に対応した半減期がある．多数の遺伝子について体系的に計測した実験によると，遺伝子によってmRNAの半減期には大きく幅があり，大腸菌では3〜8分，出芽酵母では3〜45分，ヒト細胞では2〜20時間とされている[3-5]．それらの中央値は大腸菌で5分，出芽酵母で20分，ヒト細胞で10時間となっている．大腸菌の細胞周期は約20分，真核生物の細胞周期は増殖の速い場合には，出芽酵母で90分，ヒト細胞で24時間であり，細胞周期の長い細胞ほど，mRNAの半減期が長くなる傾向がみられる．タンパク質の半減期についてはBelleらによる体系的な研究がある[6]．彼らは出芽酵母の3,751種類のタンパク質の半減期を計測している．その結果によると，半減期が4分未満と非常に不安定なタンパク質が161種類見いだされているが，平均値あるいは中央値は約43分であり，多くのタンパク質の半減期は16分から128分のあいだに分布している．

なお，細胞周期の存在は「細胞内化学反応ネットワークの定常状態」の意義に影響を与える．細胞に外乱（刺激）が与えられた場合，物理化学的には無限大の時間経過後に到達する状態として定常状態を考察することも可能であるが，

生物学的にはそのような無限時間後の定常状態は存在しない．このため，細胞周期などの時間変動要因との関連で，常に研究対象となる時間軸を意識しておく必要がある．

1.1.2 細胞の化学組成

　原核細胞も真核細胞も化学組成の大部分は水で，細菌の場合には重量の70％を水が占めている．細菌の場合，70％のうち10％は核酸やタンパク質などの生体高分子の結合水として存在しており，生体高分子の構造や機能の維持に寄与している．残り60％は自由水とされるが，水を除く細胞内の分子成分が30％であることから，濃厚溶液の状態に近いと考えられている[7]．このような状態にある水が，細胞内で酵素反応など化学反応の場を構成している．

　図 1.2には，典型的な哺乳動物細胞について，その水を取り除き，乾燥重量比率でみた細胞内分子成分の化学組成を示している[8]．タンパク質は乾燥重量比で60％と，細胞内組成の大部分を占め，かつほかに比べ分子の種類も多く，とくに酵素タンパク質は生命機能のもつ多様性を担っている．ただ，タンパク質の50％以上は多糖や脂質，無機イオンなどによる修飾を受けているとされ，機能発現にはほかの分子の寄与も大きい．脂質はエネルギー貯蔵としても機能しているが，ほとんどの脂質は生体膜形成に用いられている．グルコースなど単糖の重合体である多糖は，グルコースの貯蔵物質や，細胞の構造成分として

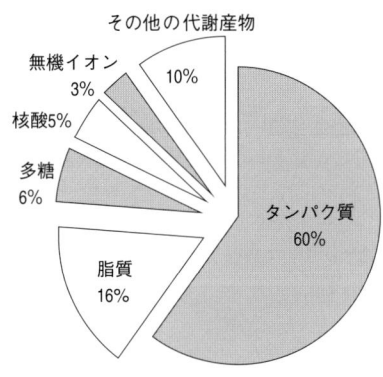

図 1.2　典型的な哺乳動物細胞の化学組成（乾燥重量比）

も機能しているが，さらにはタンパク質の翻訳後修飾基としてその機能発現をも調整している．核酸はゲノムDNAとしては遺伝情報の倉庫を構成しており，RNAとしてはmRNAやtRNA，rRNAとしてタンパク質生合成で重要な機能を果たしている．さらにマイクロRNAなど，RNAは生命の多様な機能の調節をしていることが解明されてきており，その役割はタンパク質に匹敵するものがある．無機イオンにはCa^{2+}，K^+，Na^+，Mg^{2+}，Cl^-，HPO_4^{2-}（無機リン酸Pi）などがある．これらは細胞内の化学反応にとって必須であり，たとえば細胞内のエネルギー通貨とされるATPの反応型はMg^{2+}とのキレート複合体であり，ATPを介した反応の進行にはMg^{2+}が必要とされる．細胞はイオンチャネルや輸送体，イオンポンプを介した細胞内外のイオン濃度の調節により，その機能調節を行っており，1分子のイオンチャネルは$10^7 \sim 10^8$分子/秒のイオンを，ATPアーゼを介したイオンポンプではATPアーゼ1分子あたり$10 \sim 10^3$分子/秒のイオンを，1分子の輸送体は$10^2 \sim 10^4$分子/秒のイオンを輸送できる．

　これら細胞内に存在する生体関連分子はすべての分子が常に平均的に存在しているわけではなく，細胞ごとにまた環境条件に応じて多様な分布パターンを示している．

　細胞内で5％ほどの重量を占める核酸のうち，とくにmRNAは細胞の状態や環境条件によって遺伝子ごとの存在量は大きく異なる．Hollandは対数増殖期の初期にある一倍体の出芽酵母株BY4742の185種類の転写制御因子，および3番染色体左腕に位置する65種の遺伝子のmRNA量を計測し，その存在量は細胞あたり数十～1/1,000コピー（個）と大きく異なっていることを報告している[9]．彼が計測した転写制御因子，および3番染色体に位置する遺伝子のmRNAのコピー数を図1.3に示す．185種類の転写制御因子については，アミノ酸代謝関連遺伝子の転写を制御しているGCN4がもっとも多く7コピー/細胞であるが，多く(82％)の転写制御因子のmRNAは1コピー/細胞以下である．3番染色体左腕に位置する65種の遺伝子については，GLK1の17コピー/細胞がもっとも多く，遺伝子YCL069WとYCL076Wの0.001コピー/細胞がもっとも少ない．Hollandの結果では，コピー数の多い遺伝子は代謝酵素をコードしている遺伝子であった．コピー数12以上の3つの遺伝子をみると，グルコース代謝のグルコキナーゼGLK1，ヌクレオチド代謝のAP4AホスホリラーゼAPA1，

1.1 生命の基本単位としての細胞　9

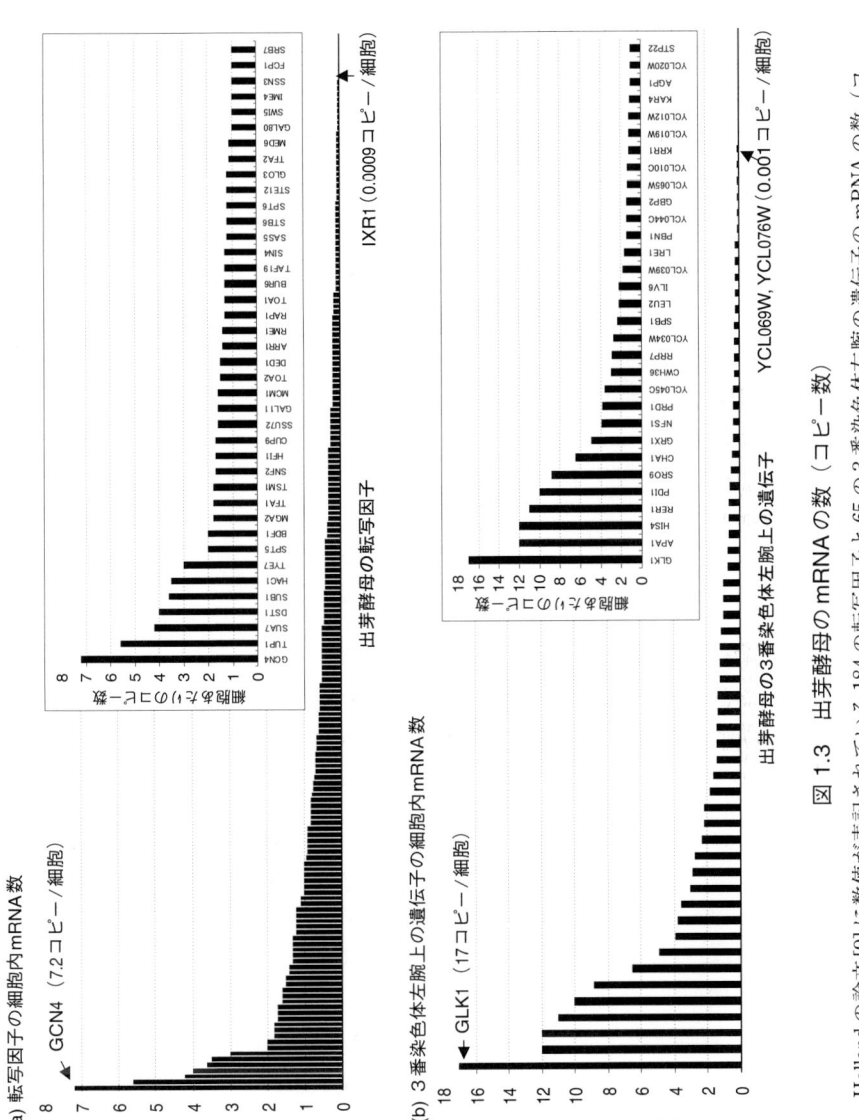

図 1.3　出芽酵母の mRNA の数（コピー数）

Holland の論文 [9] に数値が表記されている 184 の転写因子と 65 の 3 番染色体左腕の遺伝子の mRNA の数（コピー数）を示している．挿入図は，コピー数 1 以上の mRNA 部分を拡大し，遺伝子名とともに示している．

10 第1章 細胞をどうとらえるか

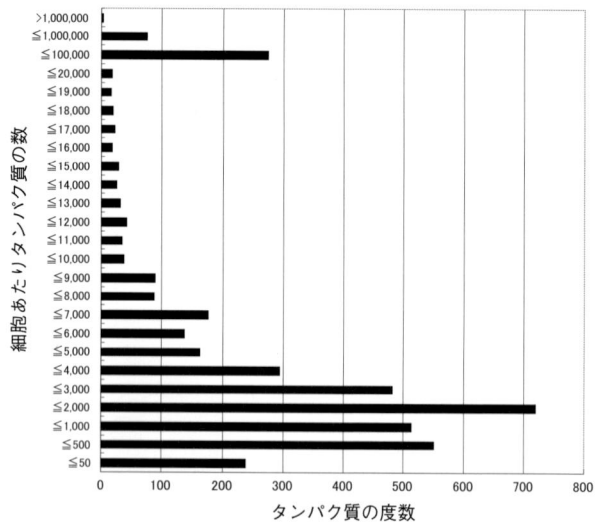

図 1.4　出芽酵母で発現しているタンパク質の度数分布

Ghaemmaghami らの実験での計測限界は 50 個/細胞であるとされる．発現は確認されたが，発現数が少なく，個数の計測が不能であったタンパク質 234 種は図中「≦50」に含めている．そのため，図中「≦50」の欄には 238 種のタンパク質が含まれている．

ヒスチジン代謝の脱水素酵素 HIS4 がある．これらの結果から Holland は，対数増殖期において細胞内の mRNA 量は数十コピー以下であること，かつそのダイナミックレンジは 10^5 以上と大きいことを指摘している．

　細胞内でもっとも大量に存在しかつ，重要な機能を担っているタンパク質について，どのようなタンパク質がどれほど存在しているのかについても，体系的な実験がなされてきている．対数増殖期にある一倍体の出芽酵母については Ghaemmaghami らの研究がある [10]．出芽酵母の遺伝子数は約 6,600 と推計されているが，彼らはそのうち 4,251 種類のタンパク質の発現を確認している．実際に細胞内の個数が推計されたタンパク質は 4,102 個であり，その度数分布を図 1.4 に示す．タンパク質の細胞内個数は，50 以下から 100 万以上まで広いダイナミックレンジを示している．4,102 種類の発現タンパク質のうちの 68％は発現量 4,000 個以下であり，50 以下のタンパク質も 238 種類ある．そのなかには，転写制御因子 GCN4（50 個以下/細胞）やタンパク質分解に関与するユビキ

表 1.2 出芽酵母におけるタンパク質の細胞内局在

おもな細胞内区画	区画内で同定された タンパク質の種類
細胞質（cytoplasm）	1,821
核（nucleus）	1,455
ミトコンドリア（mitochondrion）	527
小胞体（endoplasmic reticulum）	296
核小体（nucleolus）	164
液胞（vacuole）	163
細胞表面（cell periphery）	160

ここで細胞質は，核やミトコンドリア，小胞体など，ほかの細胞小器官を除いた区画をさしている．表にはすべての区画を示してはいないが，Huh らは細胞を 22 種の区画に区分し，細胞内局在を計測している．なお，タンパク質は複数の区画に局在する．表の数字は，重複を許し，個々の区画で同定されたタンパク質の種類を示している．

チンリガーゼ E3（49 個/細胞），リン脂質分解酵素であるホスホリパーゼ D（49 個/細胞）がある．それらは濃度でみると 50 pM 以下である．発現量 100 万以上のタンパク質も 3 種類あり，それらには無機イオンの能動輸送を行うイオンポンプの一種である H^+-ATPアーゼ（1.26×10^6 個/細胞）や解糖系のアルドラーゼ（1.02×10^6 個/細胞）がある．これらは濃度でみると 1 μM に対応する．

1.1.3 細胞内分子の存在様式

このように細胞内には広いダイナミックレンジで多くの種類のタンパク質が存在しているが，その存在様式は一様ではなく，タンパク質の機能に応じて核やミトコンドリア，細胞質に局在している[11]．Huh らは，出芽酵母の 4,156 のタンパク質についてその細胞内局在を計測している[12]（**表 1.2**）．タンパク質の多くは細胞質(44 %)や核(35 %)に局在しており，かつ細胞質と核にともに存在するタンパク質の種類は 862 種と，細胞質に局在するタンパク質の 47 %，核に局在するタンパク質の 59 %を占めている．ミトコンドリアにも 527 種のタンパク質が局在しているが，その 92 %はミトコンドリアのみに局在しており，核とは異なった偏在性を示している．全体の 44 %のタンパク質は細胞質や核以外にも局在しており，タンパク質が細胞内の多様な区画に局在していることが

わかる．なお，タンパク質の細胞内局在は時間的に固定化されているわけではない．ヒト細胞の例でみると，がん抑制タンパク質p53はDNA傷害シグナルを受けると細胞質から核内に移行し，DNA傷害を処理するために必要とされる遺伝子の転写を促進する．また，p53がミトコンドリアに直接移行し，アポトーシス関連タンパク質と結合し，転写非依存性のアポトーシスを誘導するとの報告もある [13]．

代謝産物の細胞内局在性についてはDuarteらが文献調査をもとに整理している [14]．彼らのヒト細胞についての結果によると，2,712の代謝産物の細胞内局在性は，細胞質（995種）はじめ，細胞外空間（388種），ミトコンドリア（383種），ゴルジ体（279種），小胞体（231種），リソソーム（207種），ペルオキシソーム（139種），核（90種）と多様な分布を示している．

膜で取り囲まれた10^{-15}〜10^{-11} Lほどの小さな空間に細胞はある．そこでは数千から数万種類もの生体分子が細胞質ゾルや核，さらには多くの細胞小器官に局在し，移動し，細胞機能を担っている．それら生体分子は孤立して存在しているのではなく，相互に連関し，相互作用し，巨大な化学反応ネットワークを構成している．個々の個体を形成する細胞のゲノムDNAは同一とされているが，細胞そのものは多様であり，その中に存在する生体分子も多様で，細胞横断的に同一の化学反応ネットワークが機能しているわけではない．その多様性が神経細胞や肝細胞，筋細胞，上皮細胞といった細胞機能の多様化をもたらしている．それでは，生命の基本単位としての細胞に共通する機能は何か．この問いは生命とは何かにつながる．

1.2 情報処理システムとしての細胞

生命の基本単位としての細胞の概念は，19世紀を通して確固としたものになった．それをうけて，1943年，量子力学の確立に大きな寄与をしたシュレーディンガー（Schrödinger）は「生命とは何か」という講演のなかで，「生きている生物体の空間的境界の内部で起こる時間・空間的事象は，物理学と化学とによってどのように説明されるか？」という問題提起を行い，1つは「秩序か

ら秩序へ」という遺伝の過程がいかに維持されているか，もう1つには「無秩序から秩序へ」という，熱力学第2法則による無秩序化に抗して生命はいかに秩序を維持しているか，という2つの主題について自ら回答を与えている[15]．

最初の主題への回答は「遺伝子は，その構造の中に情報を記録した，非周期性の結晶構造をとっている」とし，2番目の主題への回答は「生物体は，崩壊して熱的平衡状態になることを免れるために，周囲の環境から負のエントロピーをたえず取り入れている」とした．当時は「タンパク質と核酸からなる染色体が遺伝を担っており，遺伝子は核酸と結合した一種のタンパク質と考えられている」といった見解にもみられるように[15]，遺伝子の実体は未解明なままではあったが，概念的にしろシュレーディンガーは生命と情報とを結びつけるきっかけを与えた．彼の考える情報は「私が染色体繊維の構造を一種の暗号表（code-scrip）だという意味は，因果的なつながりをすべて見抜く持ち主（Laplaceの悪魔）ならば，その構造をみて，個体の将来をすべて予言できるという意味です」という発言からうかがえる．

2番目の主題への回答はいまだ不十分なままではあるが，1番目の主題への分子実体（二重らせん構造をとるDNA）を伴った回答は，シュレーディンガーの講演から10年後の1953年にワトソン（Watson）とクリック（Crick）によってもたらされた[16]．その論文では「われわれはDNAの構造について1つの提案をしたい（図1.5）．これは純粋に概略図である．2つのリボンはリン酸–糖の鎖を，水平な棒はそれら鎖を結び合わせる塩基対（base pair）を示している．垂直な線は繊維の軸を示す．われわれが仮定した塩基対は遺伝物質の複製機構を示唆している」と述べられている．ワトソンらはこの二重らせん構造の意味をさらに進め，「塩基配列は，遺伝情報（genetical information）を伝達するコード（code）である」とし，シュレーディンガーのいう，「一種の暗号表」がDNAの塩基配列に記されていることを明確にした[17]．

ワトソンらが明らかにしたDNAの遺伝情報がRNAからタンパク質へと転写・翻訳されていく流れは，1958年にクリックによってセントラルドグマとして，ある実験生物学の国際会議で発表されている．セントラルドグマの概略を図1.6に示す[18]．図に示されている矢印は，もちろんのこと，物質の流れを示してはいない．クリックによると，それはある高分子から他の高分子への配

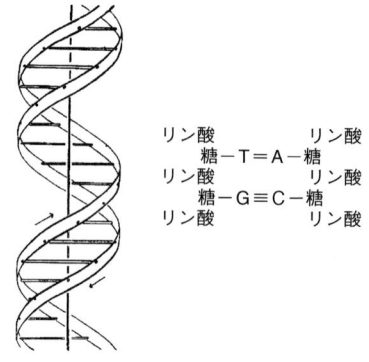

図 1.5　DNA の二重らせんモデル

左図はワトソンらの 1953 年の論文に記載された二重らせんモデルを示す．右図はリン酸−糖の鎖と，水素結合により形成される塩基対 T=A と G≡C を示す．
[http://www.nature.com/genomics/human/watson-crick/]

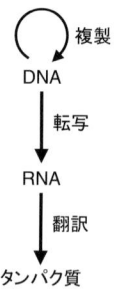

図 1.6　クリックのセントラルドグマ

1970 年に，RNA を鋳型にして DNA を合成する逆転写酵素に関する研究成果が相次いで発表され，「逆進したセントラルドグマ」との主張がなされたのに対し，クリックは DNA，RNA，タンパク質自身，あるいはそれら相互の矢印をすべて「ありうる」あるいは「可能性がある」情報の流れとして示した上で，「1958 年に公表したセントラルドグマは，タンパク質から流れ出る矢印はありえないと主張しているのであり，逆転写酵素の存在もセントラルドグマを破るものではない」と述べている．この図では簡略化のため，配列情報のおもな流れのみを示している．

列情報（sequence information）の流れを示しており，セントラルドグマの中心的な主張は「一度（配列）情報がタンパク質に伝わると，その情報が再びタンパク質あるいは RNA，DNA へと戻ることはない」という点にある．

クリックのセントラルドグマが示す，DNAからmRNAへの転写，そしてタンパク質への翻訳という遺伝情報の流れについて，詳細な分子機構はいまだ解明されてはいないが，化学反応システムとしての全体像は得られている[19]．真核細胞では，mRNAは核内においてDNAを鋳型にして転写されるが，その開始前にはRNAポリメラーゼIIを含む転写開始複合体がDNAの転写開始点付近で形成され，その後，プロモータークリアランスを経て，RNAポリメラーゼIIはDNA上を滑りながら，mRNAの合成（転写伸長）を進める．転写されたmRNAはmRNA前駆体といわれ，5′末端のキャッピング，イントロン領域のスプライシング，3′末端のポリアデニル化を経て成熟mRNAとなり，その後，細胞質に輸送される．哺乳動物の場合，転写伸長速度は1.1～2.5 kb/分とされ，mRNAの平均鎖長を14 kbとすると，転写伸長時間は6～13分となる[20]．Kimuraらによると，この時間は転写サイクル全体の1/4ほどである．転写開始と転写終結は迅速に進行するとされており，転写サイクルの多くは転写因子やRNAポリメラーゼIIをはじめとする多くのタンパク質からなる転写開始複合体の形成過程によって占められている[21]．mRNAの核内から細胞質への移行は単純な拡散過程とされ，核内でのmRNAの蓄積が観測されないことから，この過程は遺伝情報の流れの律速段階ではないとされている[22]．βグロビン遺伝子の例では，mRNAが核内に留まる半減期は2.5～4.4分であり，核内から細胞質への迅速な移行がみられている[23]．mRNAの細胞質への移行後，リボソームにおいて遺伝情報のタンパク質への翻訳がなされる．翻訳の律速段階といわれる翻訳開始段階では，開始因子eIFやリボソームそしてmRNAによる複合体が形成され，開始コドンのスキャニング，そしてポリペプチド鎖の伸長段階へと移行する．ポリペプチド鎖の伸長反応速度は2ペプチド結合生成/秒程度とされ，500残基のタンパク質の場合には伸長反応に要する時間は4分程度となる．伸長反応がmRNAの終止コドンに達すると放出因子がリボソームと結合し，ポリペプチド鎖がリボソームから遊離する．この段階で，クリックのセントラルドグマが提唱するDNAに記された遺伝情報のタンパク質への伝達，「DNA→mRNA→タンパク質」が完了する．

　ワトソンとクリックによる二重らせんモデルとセントラルドグマは，生物学に分子実体を伴う情報概念をもたらした．この影響は20世紀後半に急速に浸

```
・非コード (non-coding) RNA
・フィードバック阻害 (feedback inhibition)
・受容体応答 (response)
・シグナル伝達 (signal transduction)
・クロストーク (cross talk)
・セカンドメッセンジャー (second messenger)
・細胞集積回路 (integrated circuit of the cell)
    …
・タンパク質の折りたたみに必要な情報はすべて1次配列にある
・細胞は情報を受け取り，それを送り出す
・細胞の死は内部プログラムによる
    …
```

図 1.7 生物学における情報概念の浸透

透し，現在，生物学において情報概念は広範にかつ深く浸透している．**図 1.7** に細胞の分子生物学において用いられている情報概念を例示する [24]．DNA に記された遺伝情報のうち，タンパク質に翻訳されない遺伝子の転写産物を表現する「非コード RNA」，酵素反応系の制御様式として普遍的に存在する「フィードバック阻害」，細胞が外部情報を受け取りその情報処理を行う過程を示す「シグナル伝達」や「クロストーク」，アポトーシスを表現する「内部プログラムによる細胞死」といった，生物の機能発現を情報概念で表現する例は枚挙にいとまがない．

このような生物学における情報概念の急速な浸透に対して，数学の立場から Tom は慎重な対応を求めており，「現在のところ生物学は諸事実の巨大な墓場であり，DNA に暗号化された情報といった，いくつかの無内容な定式化によってあいまいに統合化されているにすぎない」とし，「情報の数学的理論が本来なんの有効性ももっていない範囲にまで，生物学者は有効であると考えているのではないかと心配される」との懸念を表明している [25]．一方，物理学の立場から湯川らは課題をより積極的にとらえており，「生物は物質系であると同時に，情報のかたまりともみられるが，情報と情報を担っている物質あるいはエネルギーの形態とが不可分の関係にある．したがって，後者と独立に情報のみを考えるのでは，物理的といえない．現在までの傾向は，情報理論が数学的・

工学的見地からしか取り上げられていないという一面性が強く出ている」との問題意識の下で，「生物の場合には，情報という概念が重要になる．ボルツマンのエントロピーのように，情報という物理量になりそうもないものを，何とかして物理量だと思い直し，独自の法則を見出せないか」と物理学の立場から主題を表明している [26]．この主題への回答はいまだ存在しない．

一方，生物学からの課題提起は Hanahan らによってなされている [27]．Hanahan らはがんには 100 以上の種類があり，さらに臓器ごとのサブタイプがあるなかで，がん細胞の共通の機能として，自律的増殖促進能，増殖抑制シグナルへの低感受性，アポトーシス抵抗性，永続的細胞分裂能，血管新生能，組織浸潤性・転移能の 6 つの機能をあげている．そして，それらがん細胞に共通した機能を解明するためには，完全な細胞の集積回路の把握，そしてその数理モデルの作成と検証が必要であるとし，生物学の立場から図 1.8 に示す細胞集積回路を提示している．この図の中には，がん細胞の生物機能を説明する隠喩 (metaphor) として，多くの情報概念が埋め込まれている．細胞は外界からホルモン（図中のボンベジンなど）や成長因子（図中の TGFα や TGFβ）などのシグナルを受け，それを細胞内のシグナル伝達系（図中の MAPK カスケードや NF-κB シグナル伝達系）を介して核内に伝達する．核は遺伝情報の倉庫であり，外界からのシグナルに応じた遺伝子の発現を促進する．その結果は，成長因子シグナルの場合には細胞増殖をもたらす．また，細胞内部には DNA 損傷センサーを担う生体分子があり，センサー分子は p53 を活性化し，p53 の核内移行に伴い各種遺伝子の遺伝情報の転写と翻訳が促進される．この結果は，細胞周期の一時的停止や，DNA 損傷が致命的な場合にはプログラム細胞死をもたらす．しかしながら，たとえば RTK（受容体型チロシンキナーゼ）に変異が生じ，成長因子からのシグナルが存在しない状態においても受容体 RTK からシグナルが発せられる場合には，細胞の無限増殖が生じ，細胞のがん化がもたらされる．また，同じく p53 に変異が生じ p53-DNA 損傷検出シグナル伝達機構が機能しなくなると，細胞のがん化が進行する．

Hanahan らによると，このような情報の流れを分子的基盤をもとにさらに精緻化し，細胞集積回路として数理モデル化し，がん細胞の機能を解析する試みは，がんの予防と治療のためにも重要な課題とされている．彼らはその先に，

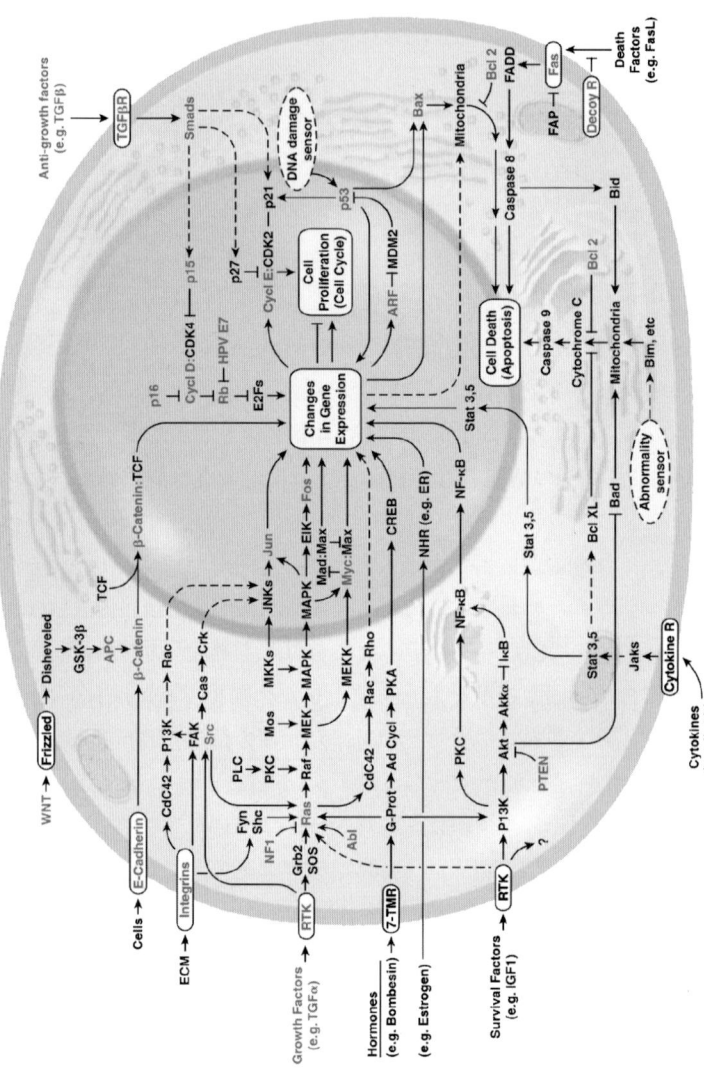

図 1.8 細胞集積回路（がん細胞をモデルに）

Hanahan らはシグナル伝達経路を中心にがん細胞に関連する集積回路を構成している。ここでは「細胞」に焦点を当てているが，Hanahan らは同時に，がん細胞と正常細胞を含む組織としてのがんの重要性も指摘している。[文献27 より許可を得て転載]

次のような夢を述べている [27].

　「現在，がん生物学およびがん治療は，細胞生物学や遺伝学，組織病理学，生化学，免疫学，薬理学からなる継ぎはぎ細工（諸事実の集合体）である．しかし，いつの日にか，われわれは科学としてのがん生物学およびがん治療を想像することができるだろう．そこには，現在の化学や物理学に匹敵しうるほどの概念構造と論理的な統一性，首尾一貫性をもった，科学としてのがん生物学およびがん治療がある．」

1.3 細胞は物理化学の法則に従って生きている

　細胞説が確立された19世紀後半からすでに，「細胞は非生物系と同じ物理化学の法則に従っているか？」という問題は議論されていた．当時すでに，細胞は非生物系と同じ種類の原子から構成されていることは認識されていたが，その問題への明確な解答は20世紀後半になる．細胞内分子の構造と機能の研究では，1953年のワトソンらによるDNAの二重らせんモデルの提唱や，1958年のKendrewらによるミオグロビンの立体構造の解明により，DNAやタンパク質などの生体高分子の構造と機能が非生物系と同じ物理化学の法則に従っていることが明らかになった．1965年には，生体内反応の鍵となる酵素の一種であるリゾチームの立体構造が解明され，その後，多くの酵素機能が構造の面から詳細に研究されるようになっている．また，エネルギー代謝におけるATPの役割や酸化・還元反応におけるNAD$^+$の役割の解明により，細胞内反応においても新しい物理化学法則は含まれていないとの認識が形成されてきた．

　このような研究の流れを受け，ワトソンは1965年に出版した教科書『遺伝子の分子生物学』の中で，第2章「細胞は化学の法則に従って生きている」を書き，最後に，「これまでに述べてきたさまざまな成功の結果，さまざまな生命現象に対するわれわれの理解を分子レベルにまで掘り下げていく（分子生物学）ならば，やがてわれわれは，生きている状態のすべての基本的な性質を理解することができるようになるだろうという確固たる信念が生まれたのである」と述べている [28].

これまでの研究は，ワトソンの言明にあるように，物理化学の基本的な法則が細胞の諸現象を解析する堅固な基盤として役立ちうることを示している．と同時に，「物理化学の法則に従って生きている細胞」はいまも多くの困難な課題を物理化学に投げかけている．

1つに「数の問題」がある．1989年Hallingは，大腸菌のような2×10^{-16}Lほどのきわめて小さな細胞において，物理化学の法則，とくに反応速度論（kinetics）と熱力学の法則は適用できるのかについて問題提起を行っている[29]．反応速度論は濃度が定義でき，それが連続量であることを前提としてきた．また，熱力学は，分子数が典型的には10^{23}と大きな数であることを前提に，温度や圧力などの示強変数（系の大きさに依存しない変数）と，エネルギーや体積などの示量変数（分子の数に比例する変数）の2種類の変数により細胞（熱力学の研究対象としての系）の状態を記述しようとしてきた．しかしながら，大腸菌の典型的なタンパク質の1つであるlacリプレッサーは細胞内に10個程度しか存在しないとされる．また，図1.3にもみられるように，細胞内に数個しか存在しないmRNAも多く知られている．このような数個の分子による反応は本質的に確率的で無秩序な過程をたどり，かつ細胞内にふだんに起こっている熱的ゆらぎによって大きな影響をうける．そのようなゆらぎの中での無秩序な過程を内にもちつつも，なぜ細胞内で秩序ある生理過程が維持されているのか[30]．このような数の問題への対応としては，Raoらは，ミクロスコピックな統計力学とマクロスコピックな熱力学の中間に位置し，それらをつなぎ合わせるメゾスコピックな確率過程による細胞のモデル化を行っている．彼らによると，いまだ「どのようにして無秩序から秩序が生成されるのか」についての解答には達していないが，その入り口にはいる[31]という．

2つ目に「不均質性の問題」がある．反応速度論では多くの場合，細胞内は常に均質に撹拌されており，その結果，濃度Cは時間tの関数ではあっても，細胞内の空間的位置rの関数ではないとして，細胞内反応系のモデル化がなされる．この状況は確率過程論でも同じであり，細胞内で一義的に定義される分子数を用いたモデル化がなされる．しかし，細胞内は均質には撹拌されてはいない．そのため古くから，濃度Cを$C(t)$ではなく，時間および空間rの関数$C(r,t)$としてとらえ，反応拡散方程式としてモデル化する方法がとられてきた．

ただこの方法も濃度$C(r,t)$を時間と空間の連続な関数としており，細胞質と核の間を区分する核膜など細胞内に不連続な界面が存在する場合には，コンパートメントモデルなど異なった取り扱いが必要になる．コンパートメントモデルでは，細胞内を複数のコンパートメント（もっとも素朴には細胞質，核，細胞小器官ごとの区分）に分け，同じ分子の濃度$C(t)$であっても，個々のコンパートメント内の分子は異なった分子であるとして区別し，細胞質と核の区分であれば，それぞれの濃度を$Cc(t)$，$Cn(t)$としてモデル化する方法がある．コンパートメント化の必要性は細胞小器官ごとの区分に限られない．Kellyらは，ミトコンドリア内部のTCAサイクルの反応動力学解析で，オキサロ酢酸を2つのコンパートメントに分けて解析する必要性を示している[32]．明らかに細胞は「不均質性の問題」を積極的に活用し，生体分子間の相互作用を厳密に制御しているが，現時点での解析方法は科学的というよりも，むしろ芸術的である．

3つ目に「細胞内での生体高分子の混雑（macromolecular crowding）の問題」がある．一般的に，細胞内の全空間の20〜30％は多種類の生体高分子によって占められていると考えられている．すなわち，1つ1つの分子種の濃度は低いにもかかわらず，生体高分子全体の濃度は高く，細胞内は混雑状態になっている[33,34]．この結果，拡散による移動度は低下し，拡散係数は水溶液中での値に比べ小さな値を示す．また，生体高分子相互は不可入性を示すため，ある生体高分子が細胞内で存在しうる空間は制限され，排除体積効果（excluded volume effect）が生じる．この結果，機構はいまだ明らかではないが，タンパク質は安定化すると考えられている．さらに，自由な拡散が阻害されることも原因となるが，生体高分子は複数のコンパートメントに局在化することになる．これら生体高分子の混雑現象は反応速度に複雑な影響を与える[35]．いま，分子AとBが衝突によって結合し，反応中間体AB*が形成され，その後，会合体ABが形成される反応を考える．

$$A + B \rightleftharpoons AB^* \rightleftharpoons AB \tag{1.1}$$

もしも律速段階がAとBの衝突過程にあれば，反応は拡散律速であり，生体高分子の混雑により拡散係数が低下する細胞質内では全体の反応速度は低下することになる．一方，律速段階が反応中間体から会合体へいたる反応過程にあ

れば，A+B $\rightleftharpoons$ AB* は平衡状態にあると考えることができる．その場合に，排除体積効果は反応中間体を形成する方向に平衡をずらせる効果があるため，最終的には会合体形成を促進することになる [36]．この2つの効果のため，生体高分子の混雑が反応速度に与える影響は複雑になり，反応速度は反応中間体の存在や律速段階といった詳細な反応機構と，生体高分子の混雑に影響をあたえる分子種の濃度に大きく依存することになる．

最後に，複数の分子間の衝突により進行する化学反応系に本質的に存在する「非線形性の問題」がある．均質に撹拌された系の単純な結合反応 A+B $\longrightarrow$ AB を考えてみても，その反応速度 v は各分子の濃度 [A] と [B] の関数として

$$v = k[\text{A}]^x [\text{B}]^y \tag{1.2}$$

となる．ここで k は速度定数，x と y はそれぞれ A と B の反応次数である．そして，濃度 [A]，[B]，[AB] の時間変化を示す反応速度式は

$$\begin{aligned}\frac{d[\text{A}]}{dt} &= -k[\text{A}]^x [\text{B}]^y \\ \frac{d[\text{B}]}{dt} &= -k[\text{A}]^x [\text{B}]^y \\ \frac{d[\text{AB}]}{dt} &= k[\text{A}]^x [\text{B}]^y\end{aligned} \tag{1.3}$$

となり，本来的に非線形微分方程式の初期値問題を取り扱うことになる．現在，一般的な非線形問題の理論はなく，式(1.3)の右辺の関数型から系の特性を把握することはできない．そのため細胞内の化学反応の動的挙動についての知見を得るためには，式(1.3)に例示される個々のモデル方程式を数値的に解くことになる．このことはプリゴジン（Prigogine）らによって確立された非可逆過程の熱力学を化学反応ネットワークの解析に援用する場合にも同じであり，たとえば彼らの一般的発展基準（general evolution criterion）は化学反応ネットワークから生じる自己秩序化過程の可能性を暗示しうるのみであり，実際にその過程が存在することを証明するためには，式(1.3)に示されるような方程式を詳細に解析する必要がある [37]．

1965年になされたワトソンの宣言「細胞は化学の法則に従って生きている」は多くの物理化学者に強い刺激を与えてきたが，上で述べたように，いまだそ

こには多くの課題が横たわっている．ただ，それらはあくまでも物理化学の問題として立てられており，物理化学の基盤の上で今後も解決されていくと考えられる．

1.4 化学反応ネットワークシステムとしての細胞

　細胞は物理化学の法則に従い生体分子の集合体として機能している．個々の細胞でどれほどの種類の分子が存在し，細胞機能に関与しているのかは不明であるが，ゲノムDNAの解析結果から，少なくとも出芽酵母では6,000種以上，ヒトでは25,000種以上のタンパク質が存在しうると予想されている．それらタンパク質は，転写，翻訳，代謝，そしてシグナル伝達などの化学過程において，図1.2に示すほかの多くの分子と協調し，相互に化学反応ネットワークを組み細胞機能を担っている．化学反応ネットワークの端的な例は図1.8に見ることができるが，そこで示されている個々の矢印の意味は多様であり，かつ複雑な反応過程が個々の矢印の中には埋め込まれている．ここではそれらネットワークを構成する反応過程およびネットワークの大域的な特性について述べる．

1.4.1 転写制御ネットワーク

　図1.6に示されているセントラルドグマの転写と翻訳の過程はおもに転写制御因子によって制御されている．遺伝子xの産物である転写制御因子Xが被制御遺伝子yの転写制御領域に結合し，その結果，遺伝子yの転写が促進あるいは抑制され，タンパク質Yが翻訳されてくる一連の過程「遺伝子x→タンパク質X→遺伝子y→タンパク質Y」は複雑な遺伝子制御ネットワークを構成する．矢印→で示している個々の分子機構の詳細はいまだ解明されてはいないが，模式化して示せば図1.9となる．

　Leeらは出芽酵母遺伝子の106種の転写制御因子がどの遺伝子の転写制御領域に結合するのかを，ChIP-Chip（chromatin immunoprecipitation on chip）技術により確認し，遺伝子間の転写制御ネットワークの構造を明らかにしている [38]．彼らが用いたChIP-Chip技術は，図1.9のタンパク質Xがどの遺伝子

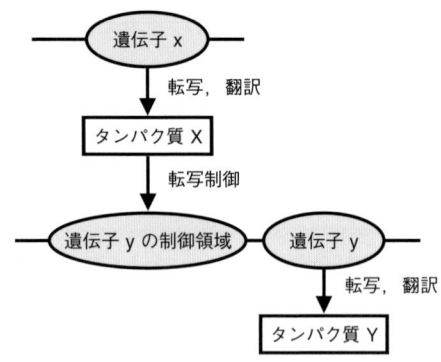

図 1.9　遺伝子間の転写制御ネットワークの模式図

シグナル伝達系などを介して遺伝子 x に到達した情報は，タンパク質 X による遺伝子 y の転写制御によりタンパク質 Y に伝えられ，タンパク質 Y の機能発現によりシグナルへの応答がなされる．このような応答が，図 1.2，1.3，1.4 に示されている各種分子が関与する化学反応（転写，翻訳，転写制御）によって実現されている．

y の制御領域に結合しているかをクロマチン免疫沈降法と DNA チップ技術との組合せにより確認するための技術である．出芽酵母の転写制御遺伝子の数は 300 から 400 とされるが，彼らの研究した 106 種の転写制御因子は，出芽酵母の 6,270 遺伝子の約 37％ にあたる 2,343 遺伝子の転写制御領域に結合している．多くの遺伝子の制御領域には 1 つの転写制御因子のみが結合しているが，1/3 以上の遺伝子の制御領域には複数の転写制御因子が結合しており，10 以上の転写制御因子が結合する遺伝子も数十存在している．転写制御因子 Abf1 は 181 種もの遺伝子の転写制御領域に結合するとされているが，106 の転写制御因子は平均して 38 種の遺伝子の転写制御領域に結合している．Lee らは，転写制御ネットワークに共通にみえるモチーフとして 6 種類を選出している．それらを図 1.10 に示す．

　図 1.10 (a) に示す自己制御モチーフは，転写制御因子が自己の転写制御領域に結合するモチーフであり，10 種類の例（実験した 106 の転写制御因子の 10％）が観測されている．大腸菌の研究ではこの割合は 52〜74％ とされており，出芽酵母では自己制御モチーフの比率がきわめて低くなっている．(a) に例示している遺伝子 *Ste12* は一倍体細胞（**a**，α 細胞）から二倍体細胞（**a**/α 細胞）への接

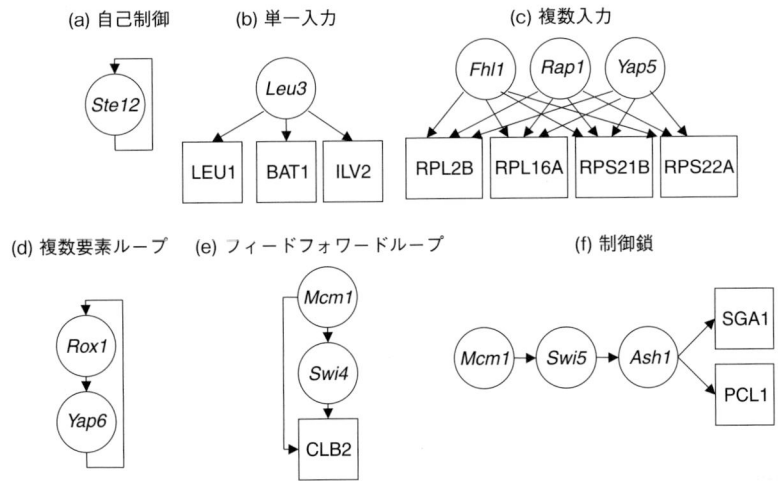

図 1.10　出芽酵母の転写制御ネットワークのモチーフ [38]
本文で述べた転写制御の流れ「遺伝子 x → タンパク質 X → 遺伝子 y → タンパク質 Y」を，○枠を遺伝子，□枠をタンパク質として，簡略化して図示している．なお，Lee らの実験では転写制御領域への転写制御因子の結合が確認されているが，厳密には「結合＝制御」ではない点に留意する必要はある．

合過程に関与する遺伝子であり，自己制御フィードバックを示すことはほかの実験からも確認されている．

　(b) に示す単一入力モチーフは，一連の代謝に関与する遺伝子群を同時に制御する場合に適した転写制御モチーフであり，(b) ではアミノ酸の生合成経路の遺伝子 *Leu1*, *Bat1*, *Ilv2* の転写を制御する *Leu3* が示されている．LEU1 はロイシンの生合成経路を触媒する酵素，BAT1 はアミノ基転移酵素，ILV2 はイソロイシンやバリンの生合成経路を触媒する酵素であり，それら遺伝子の発現が *Leu3* によって同時に制御されている．

　(c) に示す複数入力モチーフは，複数の転写制御因子が複数の遺伝子発現を同時に制御するモチーフであり，(c) では転写制御因子 *Fhl1* と *Rap1*, *Yap5* がリボソームの大サブユニットを構成する RPL2B（リボソームタンパク質 L2B）と RPL16A（リボソームタンパク質 L16A），小サブユニットを構成する RPS21B（リボソームタンパク質 S21B）と RPS22A（リボソームタンパク質 S22A）の遺

伝子発現を協調的に制御している.

(d)に示す複数要素ループモチーフは複数の転写制御因子が閉回路を形成しているモチーフであり，3種類のみがLeeらの実験によって見いだされている．彼らはこのモチーフによりフィードバック制御以外に，双安定なスイッチ回路の形成可能性を示唆している．

(e)に示すフィードフォワードループモチーフは49種類見いだされており，出芽酵母において比較的多用されている制御様式である．(e)ではDNA複製に関連している転写制御因子 Mcm1 が Swi4 を制御し，かつ Swi4 と協調して Clb2（サイクリンB）を制御している．

(f)に示す制御鎖モチーフは時間順序を保ちつつ，転写過程を制御するもっとも簡単なモチーフであり，典型的な例としては細胞周期に関連する遺伝子の転写制御ネットワークがある．(f)では Mcm1 から胞子形成特異的なグルコアミラーゼ SGA1 および G1 サイクリン PCL1 にいたる制御モチーフが示されている．

Leeらの研究が明らかにした転写制御モチーフに現れる個々の矢印→には複雑な分子機構からなる反応過程が内包されている．一般的には n 個の転写制御因子 $TF_1, TF_2, \cdots, TF_n$ が遺伝子Gの発現を制御している場合，遺伝子Gの発現量は $f_G(TF_1, TF_2, \ldots, TF_n)$ と関数表現され，もっとも素朴な表現であるブール関数表現の場合，「TF_1 が存在しかつ TF_2 が存在しない場合に遺伝子Gは発現する」という実験結果は「$f_G = TF_1 \wedge (\neg TF_2)$」と表現される（ここで¬は論理関数NOTを示す）．

一方，Yuhらは長い研究の成果として，ウニの発生過程における遺伝子 endo16 の転写制御関数 f_G を図1.11に示す論理関数で表現している[39,40]．図1.11に示すモジュールAは遺伝子 endo16 の転写を制御する中央処理装置（モジュールAのみが基本転写装置と相互作用している）にあたり，独自に機能するとともに，モジュールBからのシグナルを基本転写装置に伝達する機能をももっている．発生の初期にはモジュールAは活性化因子OTX(t)の入力シグナルを受け取り，endo16 の転写を制御している．発生の後期には，モジュールBに位置する転写制御因子UI(t)からの入力シグナルがモジュールAに伝えられ，OTX(t)からの入力は切断される．その結果，発生の後期にはおもにモジュールBから

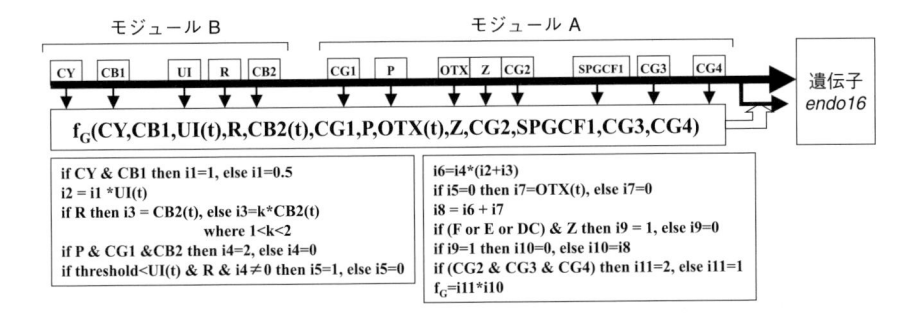

1.4 化学反応ネットワークシステムとしての細胞

```
         モジュール B                    モジュール A
   ┌─────────────────┐        ┌──────────────────────────────┐
   CY  CB1   UI  R  CB2       CG1  P  OTX  Z  CG2  SPGCF1  CG3  CG4      遺伝子
    ↓   ↓    ↓   ↓  ↓          ↓   ↓   ↓   ↓   ↓    ↓      ↓    ↓       endo16
   f_G(CY,CB1,UI(t),R,CB2(t),CG1,P,OTX(t),Z,CG2,SPGCF1,CG3,CG4)

   ┌─────────────────────────────────┬──────────────────────────────────┐
   │ if CY & CB1 then i1=1, else i1=0.5 │ i6=i4*(i2+i3)                    │
   │ i2 = i1 *UI(t)                     │ if i5=0 then i7=OTX(t), else i7=0│
   │ if R then i3 = CB2(t), else i3=k*CB2(t) │ i8 = i6 + i7                │
   │                    where 1<k<2     │ if (F or E or DC) & Z then i9 = 1, else i9=0 │
   │ if P & CG1 &CB2 then i4=2, else i4=0 │ if i9=1 then i10=0, else i10=i8 │
   │ if threshold<UI(t) & R & i4≠0 then i5=1, else i5=0 │ if (CG2 & CG3 & CG4) then i11=2, else i11=1 │
   │                                    │ f_G=i11*i10                      │
   └─────────────────────────────────┴──────────────────────────────────┘
```

図 1.11 遺伝子 *endo16* の発現の制御関数

遺伝子 *endo16* の転写制御領域は約 2,300 塩基対からなり，遺伝子 *endo16* に近いほうからモジュール A，B，CD，E，F，G と名づけられている．そのうち，Yuh らが詳細な制御関数を解析しているモジュールは図に示す A と B であり，578 塩基対からなる．モジュール A には 8 個の転写制御因子の結合部位が，モジュール B には 5 個の転写制御因子の結合部位がある．OTX(t) と CB2(t)，UI(t) はその活性が時間変動しており，モジュール A と B の駆動入力 (driver input) とされている．プログラム中 "&" と "or" は論理関数 AND と OR を示す．また "if X" は，「転写制御因子 X が結合していれば」という関数を示す．たとえば，最初の 2 行のプログラムは，モジュール B に転写制御因子 CY と CB1 がともに結合している状態では，駆動入力 UI(t) のシグナル強度はそのまま次の段階に伝えられるが，それ以外の場合にはシグナル強度は半減されることを示している．

の転写制御シグナルが遺伝子 *endo16* の転写を制御することになる．図 1.11 に示す転写制御関数 f_G は錯綜してはいるが，発生過程における遺伝子 *endo16* の転写制御の時間的変動を支配しているモジュール A の OTX(t) とモジュール B の CB2(t)，UI(t) がほかの転写制御因子により変調され，最終的に基本転写装置に伝えられるシグナル f_G が「計算」される過程を示している．

転写制御関数 $f_G(TF_1, TF_2, \ldots, TF_n)$ をブール関数として表現する方法も，Yuh らの論理関数として表現する方法も，転写制御過程は転写制御因子群による計算過程としてとらえられている．Settty らは，大腸菌のラクトースオペロン (*lac* オペロン) を例に，転写制御の反応過程をより定量的に明らかにする試みを行っている [41]．*lac* オペロンの模式図を**図 1.12** に示す．*lac* オペロンはラクトースを利用する酵素群 (Z：β-ガラクトシダーゼ，Y：パーミアーゼ，A：アセチラーゼ) をコードする遺伝子領域および制御領域からなり，グルコースが存在せず，かつアロラクトース (実験的には合成誘導体イソプロピルチオガ

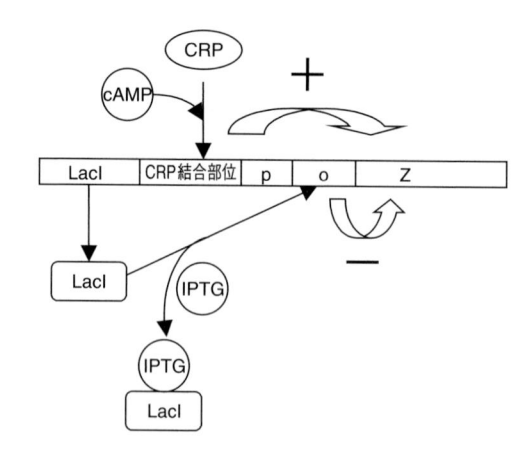

図 1.12 *lac* オペロンの転写制御機構

RNA ポリメラーゼなどの基本転写因子の結合するプロモーター領域を p で，*lac* リプレッサーの結合するオペレーター領域を o で示している．ここではプロモーター領域を狭義にとらえている．

ラクトシド IPTG がアロラクトースの代わりに用いられる）が存在する場合に，それら 3 つの遺伝子の発現が誘導される．遺伝子の転写制御は cAMP 受容体タンパク質 CRP と LacI によって制御されており，CRP は cAMP（グルコースが存在すると cAMP の生成は抑制されている）が存在し複合体を形成した場合にのみ転写制御領域に結合し，3 つの酵素の発現を促進させる．一方，LacI がオペレーター部位に結合すると，3 つの酵素の発現は抑制される．LacI がアロラクトースや IPTG と結合すると，LacI のオペレーターへの結合が阻害され，抑制は解除される．

Setty らは cAMP と IPTG の濃度を変化させ，遺伝子 Z の発現量を計測し（実験では緑色蛍光タンパク質を利用し，その蛍光強度の時間変化を計測している），プロモーター活性を表現する関数 $f_Z(\text{cAMP}, \text{IPTG})$ を推定している．プロモーター活性をブール関数で表現すると，cAMP $\wedge$ IPTG と論理積関数になるが，Setty らの計測結果によると，**図 1.13** のように論理積関数 cAMP $\wedge$ IPTG からは少し変形した関数 f_Z となっている．関数 f_Z を，cAMP 軸と IPTG 軸の 2 次元平面でみると，[低い cAMP 濃度，低い IPTG 濃度]，[高い cAMP 濃度，低い IPTG 濃度]，[低い cAMP 濃度，高い IPTG 濃度]，[高い cAMP 濃度，高い

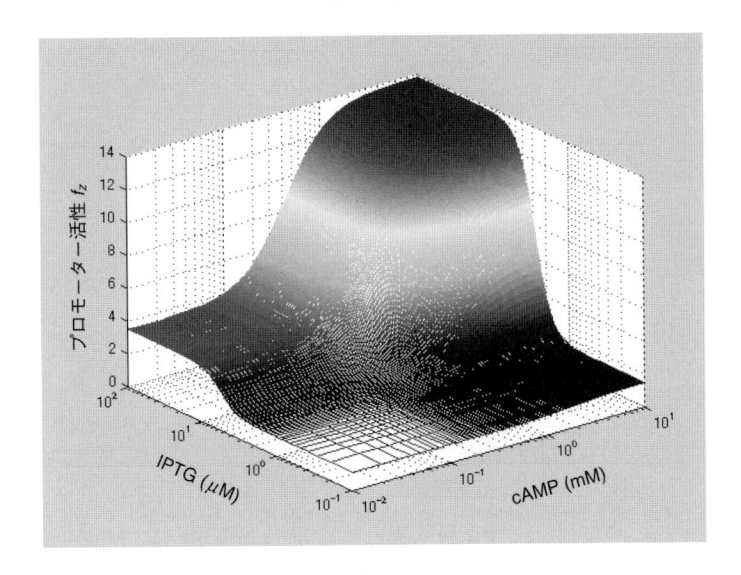

1.4 化学反応ネットワークシステムとしての細胞   29

図1.13 *lac* オペロンのプロモーター活性を示す転写制御関数 f_Z (cAMP, IPTG)

cAMPとIPTGの濃度を変化させ，遺伝子Zの発現量を計測し，mRNAの生成速度に対応したプロモーター活性の関数型 f_Z(cAMP, IPTG) を推計している．この関数型からはcAMP濃度とIPTG濃度がともに高い状態でmRNA生成速度は最高水準に達している．しかし，関数型の詳細をみると，論理積関数 cAMP ∧ IPTG からは変形した関数型になっている．

IPTG濃度]の4カ所に台地がある．Settyらの関数 f_Z(cAMP, IPTG) はLacIやCRP-cAMP，RNAポリメラーゼなどのDNAへの親和性を示す9つのパラメータをもっており，実験データに合致するパラメータの最適化によって図1.13の関数 f_Z が得られている．Settyらはさらにそれら9つのパラメータを人為的に変化させ，ブール関数の論理積関数や論理和関数に近い関数型を得ている．図1.13に比べより論理積関数に類似した関数は，DNAへのLacI親和性を高め，RNAポリメラーゼ親和性を低めることにより得られ，論理和関数に類似した関数は，RNAポリメラーゼとCRP-cAMPの親和性を高め，LacIの親和性を低くすることにより得られる．このことからSettyらは，大腸菌*lac*オペロンの制御関数の精巧さ，すなわち遺伝子の変異（Settyらによる9つのパラメータの人為的変化に対応）により同一の制御機構が論理積関数や論理和関数，およびそれらの変形された関数に柔軟に相互変換しうる可能性を指摘している．

転写制御の詳細な分子機構はいまだ解明されてはいないが，ブール関数表現

や，Yuhらの論理関数表現，さらにはSettyらの関数表現による解明が試みられている．ただ，もっとも単純なブール関数表現でも数学的には4つの転写制御因子の場合で65,536種類の関数が，5つの転写制御因子の場合には40億種類をこえる関数が可能性として考えられる．それらがすべて細胞内の化学反応ネットワークで用いられているとは考えられず，Yuhらの論理関数表現やSettyらの関数表現の場合を含め，細胞においてはどのような転写制御関数が用いられているのかはいまだ不明である．

1.4.2 代謝パスウェイ

　反応機構を含めもっとも研究が進んでいる細胞内の化学反応ネットワークとして代謝パスウェイがある．代謝パスウェイには反応物（基質）や生成物，あるいは酵素反応に着目し，種々の表現方法がある．例示的に，解糖系のホスホグルコイソメラーゼと6-ホスホフルクトキナーゼの反応により，グルコース6-リン酸G6Pからフルクトース6-リン酸F6Pを経て，フルクトース1,6-ビスリン酸F16bPが生成される過程G6P → F6P → F16bPを示す代謝パスウェイの表現方法を図1.14に示す．(a)は反応に関与する基質と生成物を含む化学反応式であり，ホスホグルコイソメラーゼと6-ホスホフルクトキナーゼが触媒する2つの酵素反応を示している．ホスホグルコイソメラーゼが触媒する異性化反応は1分子反応であり，かつ可逆反応である．一方，解糖系のおもな調節酵素とされる6-ホスホフルクトキナーゼが触媒するリン酸化反応は2基質，3生成物反応であり，ATPはこの反応を駆動する自由エネルギーを提供しており，この反応過程は実質的には不可逆反応であるとされている．(b)はそれら2つの反応のおもな基質と生成物とに注目した代謝パスウェイを示しており，化合物グラフともいわれる．(c)は酵素に着目し，おもな基質と生成物の変換過程を示している．(d)は，(b)のネットワーク表現とは異なり，基質あるいは生成物を共有する酵素のあいだを結んだパスウェイ表現となっており，反応グラフといわれる．

　代謝パスウェイには種々の表現方法が考えられるが，多くは粗視化されており，それらの背景には詳細な反応機構と反応速度式が埋め込まれている．図1.14 (c)の例でみると，ホスホグルコイソメラーゼの関与する矢印は可逆なミカエリス・メンテン機構による反応を示しており，フルクトース6-リン酸F6Pの

(a) 化学反応式
グルコース 6-リン酸 ⇌ フルクトース 6-リン酸
フルクトース 6-リン酸 + ATP ⟶ フルクトース 1,6-ビスリン酸 + ADP + H$^+$

(b) 化合物グラフ
グルコース 6-リン酸 ⇌ フルクトース 6-リン酸 ⟶ フルクトース 1,6-ビスリン酸

(c) 酵素反応式
グルコース 6-リン酸 ⟶ [ホスホグルコイソメラーゼ] ⟶ フルクトース 6-リン酸 ⟶ [6-ホスホフルクトキナーゼ] ⟶ フルクトース 1,6-ビスリン酸

(d) 反応グラフ
[ホスホグルコイソメラーゼ] ⟶ [6-ホスホフルクトキナーゼ]

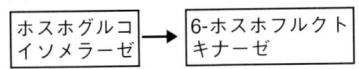

図 1.14 代謝パスウェイの表現方法

ホスホグルコイソメラーゼによる異性化反応と 6-ホスホフルクトキナーゼによる ATP 依存性リン酸化反応のパスウェイを示している．酵素を含む個々の化合物はグラフ表現としてはノード，矢印はリンクあるいはエッジといわれている．(a), (b), (c) の矢印は反応を示し，そこには多くの反応素過程や反応速度式が埋め込まれている．

生成速度 $d[\text{F6P}]/dt$ を示す反応速度式 v は次式で与えられる．

$$\frac{d[\text{F6P}]}{dt} = v = \frac{\frac{V_{\max}[\text{G6P}]}{K_{\mathrm{m}}} - \frac{V_{\mathrm{P}}[\text{F6P}]}{K_{\mathrm{P}}}}{1 + \frac{[\text{G6P}]}{K_{\mathrm{m}}} + \frac{[\text{F6P}]}{K_{\mathrm{P}}}} \tag{1.4}$$

ただし，[G6P] と [F6P] はそれぞれ G6P と F6P の濃度を示し，$V_{\max}$, V_{P}, K_{m}, K_{P} は反応のパラメータである．

また，アロステリック酵素である 6-ホスホフルクトキナーゼは反応機構を解析する立場からはとくに複雑で，研究者にとっての「悪夢」とされているが，Galazzo らは 1 つのモデル式を提案している [42]．

$$\frac{d[\text{F16bP}]}{dt} = v = \frac{V_{\max} g_R \lambda_1 \lambda_2 R}{R^2 + LT^2} \tag{1.5}$$

ただし，$\lambda_1 = [\text{F6P}]/K_{R,F6P}$, $\lambda_2 = [\text{ATP}]/K_{R,ATP}$,
$R = 1 + \lambda_1 + \lambda_2 + g_R \lambda_1 \lambda_2$, $T = 1 + c_1 \lambda_1 + c_2 \lambda_2 + g_T c_1 \lambda_1 c_2 \lambda_2$,
$L = L_0 (1 + c_\gamma \gamma)^2 / (1 + \gamma)^2$, $\gamma = [\text{AMP}]/K_{R,AMP}$

[F6P]，[ATP]，[AMP]は濃度を示し，その他は反応のパラメータである．式(1.5)でAMPはエフェクターとして取り入れられており，水素イオン濃度の効果はL_0の中に組み入れられている．これ以外にも無機リン酸Piやフルクトース2,6-ビスリン酸がエフェクターであるが，Galazzoらのモデル式(1.5)には組み入れられていない．

式(1.4)や式(1.5)に示す反応機構を積み上げ，図1.14に示す代謝パスウェイ，さらには細胞内の巨大な代謝パスウェイにいたる表現を図1.15に示す．図1.15の(c)と(d)には代表的な代謝パスウェイのデータベースであるKEGGの代謝パスウェイを示している[43]．KEGGの代謝パスウェイではおもな基質と生成物をネットワークのノードとし，酵素名を付与したリンクでそのノード間を結んでいる．ここで示されている化学反応ネットワークが，大腸菌で10^{-15}L，出芽酵母で10^{-12}L，ヒトで10^{-11}Lほどの小さな空間の中に組み入れられており，精巧な分子集積回路を構成している．

図1.15(d)に示す代謝パスウェイの中央には，上方から下方に向けて解糖系からクエン酸回路にいたる糖質代謝パスウェイがある．周りには酸化的リン酸化などのエネルギー代謝パスウェイ，アミノ酸代謝パスウェイ，ヌクレオチド代謝パスウェイ，脂肪酸やアラキドン酸などの脂質代謝パスウェイなどが描かれている．これらパスウェイはコンパートメントとして空間的に，また細胞の発生・分化・増殖などの各過程に応じ時間的に配置，連結され，全体として複雑なネットワーク構造を構成している．そして，ヒト細胞など好気性生物の細胞では，解糖系などすべての異化経路（化合物の分解経路）は細胞へのエネルギー供給源としてのクエン酸回路に収斂している．代謝パスウェイは酵素濃度や酵素活性，細胞内コンパートメント化などにより制御されているが，さらにフィードバック制御など精巧な制御機構が代謝パスウェイ全体に張りめぐらされており，パスウェイ間は協調し，外乱に対するホメオスタシス機能を維持し，さらに成長，分化などの細胞機能を担っている．なお，ヒトなどの多細胞生物では，組織や細胞によって機能しているパスウェイに違いが生じており，図1.15(d)に示されるすべてのパスウェイがある時間，ある場所で常に機能しているわけではない．

図1.15(d)に示す代謝パスウェイには糖質代謝をはじめ10のおもなパスウェ

1.4 化学反応ネットワークシステムとしての細胞

(a)
$$\frac{d[\text{F6P}]}{dt} = v = \frac{\frac{V_{\max}[\text{G6P}]}{K_{\text{m}}} - \frac{V_{\text{p}}[\text{F6P}]}{K_{\text{P}}}}{1 + \frac{[\text{G6P}]}{K_{\text{m}}} + \frac{[\text{F6P}]}{K_{\text{P}}}}$$

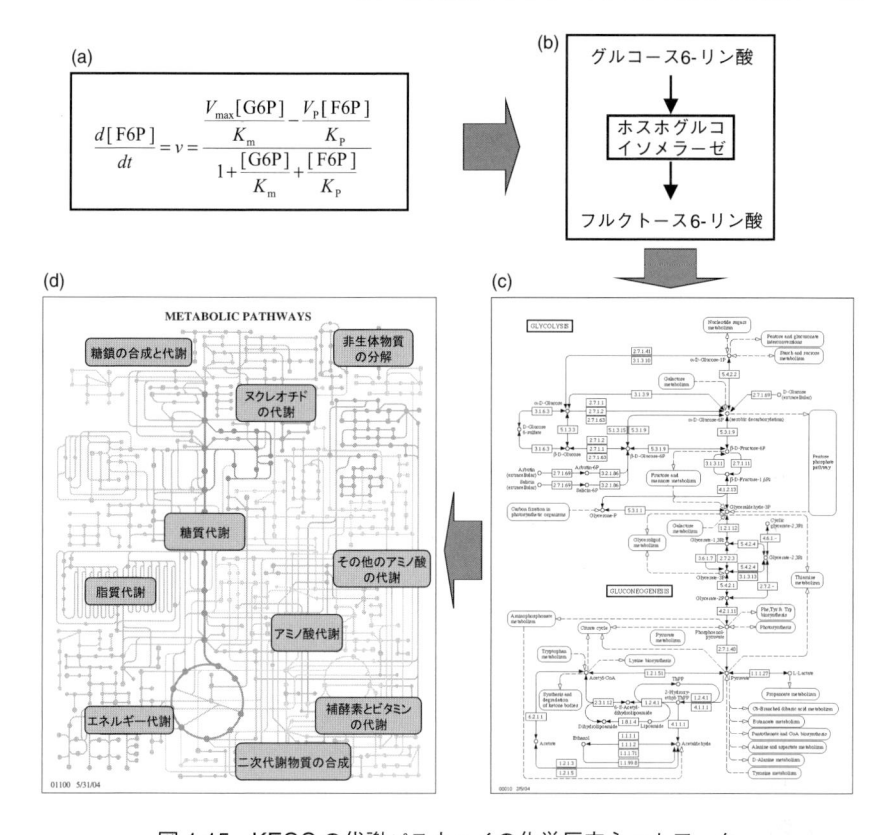

(b) グルコース6-リン酸 → ホスホグルコイソメラーゼ → フルクトース6-リン酸

(c) GLYCOLYSIS / GLUCONEOGENESIS パスウェイ図

(d) METABOLIC PATHWAYS
- 糖鎖の合成と代謝
- 非生体物質の分解
- ヌクレオチドの代謝
- 糖質代謝
- その他のアミノ酸の代謝
- 脂質代謝
- アミノ酸代謝
- エネルギー代謝
- 補酵素とビタミンの代謝
- 二次代謝物質の合成

図 1.15 KEGGの代謝パスウェイの化学反応ネットワーク

KEGGの代謝パスウェイでは，大腸菌をはじめ，ヒトにいたるまでの多くの種の代謝パスウェイがデータベース化されており，1万をこえる化合物と数千の酵素がマッピングされている．そして，解糖系パスウェイやクエン酸回路などのパスウェイが(c)および(d)のように図示されている．MaらはKEGGの代謝パスウェイデータベースにある5,166個の反応から重合反応などを除き，4,772個の反応を抽出し，ゲノムDNAが解読されている80種の生物種について代謝ネットワークを再構築している[44]．その結果によると，4,772個の反応のうち1,969個が不可逆反応とされている（化学反応は本来的には可逆反応であるが，細胞内で実質的に不可逆である反応も存在する）．また，1つの酵素は複数の反応を触媒し，1つの反応は複数の酵素によって触媒されている場合があるが，たとえば，脂肪酸合成酵素（EC番号2.3.1.85）は31の反応を触媒している．すなわち(d)に示されるイメージ以上にパスウェイは複雑に協調している．KEGGの代謝パスウェイをもとにしつつ，各種生物のゲノムDNAの情報から代謝パスウェイを構築する試みもなされてきている．Romeroらはヒトの2,709の酵素を896の酵素反応にマッピングしている[45]．また，Duarteらはヒトの2,004のタンパク質と2,766の代謝産物を3,311の代謝および輸送反応にマッピングしている[14]．［文献43より許可を得て転載・一部改変］

イが記されているが，図からも明らかなように，それらパスウェイは連結された1つのネットワークを構成している．細胞は個々のパスウェイを厳格に孤立した存在として意識しているわけではない．Guimeraらはネットワークのノード（結節点）とエッジのみに注目し，より強く連結している部分をモジュールとして取り出している[46]．大腸菌の例では19のモジュールが抽出され，モジュール間は連結されて1つの代謝パスウェイが形成されている．代謝産物の80％前後はモジュール間の連結に関与しておらず，かつモジュール内でもほかの代謝産物と多くは連結していない．すなわち，比較的少数の代謝産物がモジュール内の連結およびモジュール間の連結に関与している．個々のモジュールは厳密にはKEGGが分類する個々のパスウェイに対応していない．しかし，17個のモジュールについては，そこに所属する代謝産物の1/3以上はKEGGが定義している同一のパスウェイに所属しており，パスウェイとモジュールの関連性は維持されている．Guimeraらはモジュールの連結構造からみて，代謝パスウェイはピルビン酸の所属するモジュールとアセチルCoAの所属するモジュールを中心に構成されているとしている．彼らが解析したヒトを含む12種の生物種をみると，ピルビン酸とアセチルCoAはモジュール内でもモジュール間でもほかの多くの代謝産物と連結している数少ない代謝産物であり，かつピルビン酸はピルビン酸脱水素酵素複合体によってアセチルCoAに変換され，それらは解糖系とクエン酸回路を結びつけるノードを形成している．

　Guimeraらの研究にもみられるが，KEGGに代表される分子集積回路の概念は，細胞内化学反応ネットワークをノードとリンクからなるグラフとして粗視化し，大域的な視点から分析する道を拓いてきた[47]．代謝ネットワークのグラフ表現は多様であるが，多くの場合，図 1.16 に示す化合物グラフ表現と反応グラフ表現が用いられている．化合物グラフでは反応を共有する化合物（反応物および生成物）のあいだにリンクが張られる．反応グラフではある化合物を反応物あるいは生成物として共有する酵素のあいだにリンクが張られる．それぞれのノードxには，各ノードに結びつくリンクの数が「ノードの次数」$k(x)$として定義される．図1.16(c)の化合物グラフを例にとると，ノードG6PはNADP$^+$，NADPH，6PGLと結びついているため，$k(\mathrm{G6P})=3$となる．1つの化合物グラフで次数がkなるノードの割合は$P(k)$と表示され，(c)の化合物

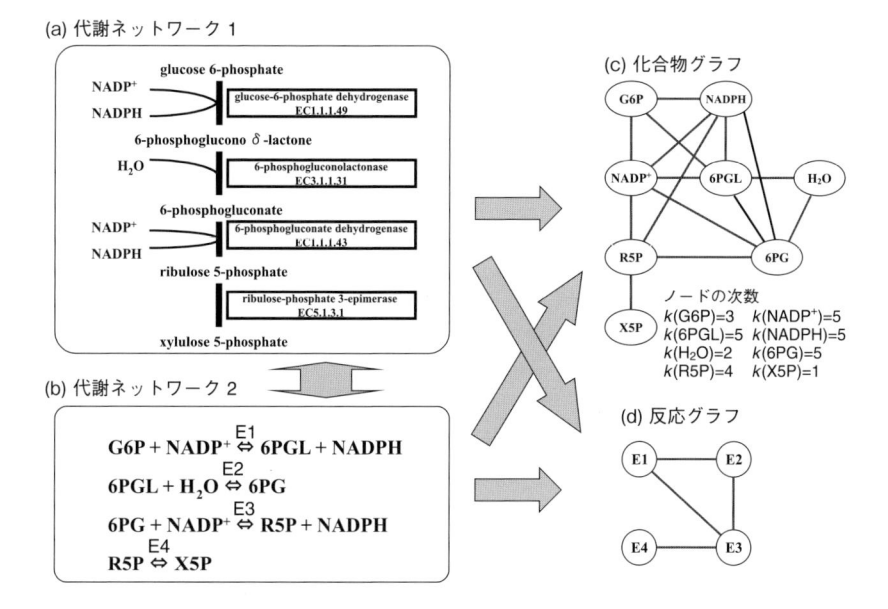

1.4 化学反応ネットワークシステムとしての細胞

図 1.16 代謝ネットワークのグラフ表現[48]

(a) と (b) に示す2つの代謝ネットワークは，表現は異なるが同等であり，相互に変換可能である．一方，(c) と (d) に示す化合物グラフと反応グラフは代謝ネットワークに戻らないかぎり，相互変換はできない．なお，不可逆反応は方向性をもった有向グラフとなるが，ここでは単純化して無向グラフとしている．

グラフの例では，$P(1) = P(2) = P(3) = P(4) = 1/8$，$P(5) = 4/8$ となる．また，ノード x とノード y のあいだには，2つのノードを結ぶもっとも短いリンクの数として，最短経路長 $l(x,y)$ が定義される．(c) の例では，$l(\mathrm{G6P}, \mathrm{R5P}) = 2$ となる．グラフGに含まれるすべてのノード対について最短経路長を計算し，その平均値を求めるとそれは平均ノード間距離 $l(G)$ となる．

一般に代謝パスウェイを表現するグラフGの特性として，**図 1.17** (a) に示すランダムネットワークか，(b) に示すスケールフリーネットワークかという特性がある．ランダムにノード間にリンクを張ると，その次数分布はポアソン分布 $P(k) = \mathrm{e}^{-r} r^k / k!$ になり，多くのノードは $k = r$ に近い次数をもつ．一方，次数分布がべき乗分布 $P(k) = C k^{-r}$ になる場合，そのグラフはスケールフリーネットワークといわれる．スケールフリーネットワークはランダムネットワークに

(a) ランダムネットワーク：次数分布 $P(k)=e^{-r}r^k/k!$

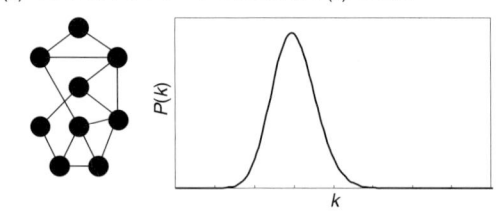

(b) スケールフリーネットワーク：次数分布 $P(k)=Ck^{-r}$

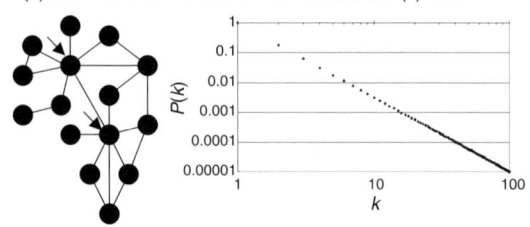

図1.17　代表的なネットワーク構造

ランダムネットワークの場合には極端に大きなリンクの数（次数k）を示すノードはない．ノードの総数をNとすると，平均ノード間距離は$\log N$に比例する．一方，スケールフリーネットワークの場合には，矢印で指示している2つのノードのように次数の大きなノードがハブとして存在する．平均ノード間距離は$\log(\log N)$に比例し，ランダムネットワークよりも短くなる．

比べ不均質であり，多くのノードの次数kは小さいが，大きな次数kをもつ一部のノード（ハブ）が存在し，ハブが全体のネットワーク構造を決めている．その意味で，ハブに位置する代謝産物や酵素は生物学的に重要な機能を有すると推定されている．先に述べたように，Guimeraらが生物学的に重要な代謝産物としているピルビン酸とアセチルCoAも代謝ネットワークのハブに位置している．また，ハブを介せば2つのノード間の距離は短くなり，グラフ全体の平均ノード間距離は小さく，スモールワールド性を満たすと予想される．

Jeongらは43種類の微生物の代謝ネットワークのグラフ構造を調べ，個々の化合物がk個の反応に関与している確率$P(k)$はべき乗分布であり，すべての微生物でスケールフリー性を示しているとした[49]．大腸菌の場合には778の化合物からなる代謝ネットワークが対象となり，当該化合物が基質となる酵素反応の数kの分布$P(k)$も，当該化合物が生成物となる酵素反応の数kの分布

$P(k)$ もともにべき乗分布であり，$r = 2.2$ であった．また，平均ノード間距離も 43 種の微生物のあいだで差はみられず，ほぼ 3.3 であった．これらの結果から Jeong らは，代謝ネットワークの構造は種間を通して同一であり，かつ頑健（robust）なスケールフリーネットワークであると結論づけている．ただ，Jeong らの代謝ネットワークには ATP や ADP，および NADP$^+$ などの補酵素も含められている．そのため，図 1.16 (c) の例でいえば，G6P と R5P の最短経路は G6P—NADP$^+$—R5P となり，最短経路長 $l(\text{G6P}, \text{R5P}) = 2$ となる．しかし代謝ネットワークで G6P から R5P にいたる反応経路は G6P → 6PGL → 6PG → R5P と 3 つの反応を経由する．すなわち Jeong らの「平均ノード間距離ほぼ 3.3」は化学反応に伴う分子構造の変化を無視したものとなっている．Ma らはこの欠点を避けるため，ATP，ADP，NADH，NAD$^+$，H$_2$O，CO$_2$，Pi などの分子を代謝ネットワークから除き，4,772 の反応からなる代謝ネットワークを再構築し，まず，大腸菌，古細菌，真核生物（ヒト）で $P(k)$ がべき乗分布となることを確認している [44]．ついで，大腸菌，古細菌，真核生物の平均ノード間距離が 8.20，8.50，9.75 と，Jeong らの大腸菌での値 3.2 よりも長くなるとしている．また，Arita は反応に伴う基質と生成物の分子構造変化を考慮したグラフの構成方法をとり，大腸菌の場合に平均ノード間距離は 8.4 であるとしている [50]．このように，どのようなグラフを対象とするかによって結果の詳細は異なるが，代謝をはじめとする反応ネットワークを全体として粗視化し，その大域的性質を解析する試みは，化学反応ネットワーク解析に新しい分析視点を提供している．

1.4.3 シグナル伝達系

細胞は周りの環境からくる情報（シグナル分子）をとらえ，情報に適応した転写系や代謝系の制御を行うため，シグナル伝達系を構築している．シグナル伝達系では細胞外からのシグナル分子の刺激が受容体に与えられて以降，細胞内のタンパク質の分子修飾（タンパク質の特定の残基のリン酸化やアセチル化，メチル化など）が次々と下流のタンパク質に起こり，シグナル分子固有の伝達経路が活性化されていき，細胞にシグナル分子固有の応答をもたらす．ステロイド，甲状腺ホルモンなどの脂溶性のシグナル分子は核内受容体を直接刺激し，核内受容体を介して標的遺伝子の制御を行う．一方，上皮増殖因子 EGF

やTNFα，TGF-βなどの水溶性のシグナル分子は細胞膜を透過できないため，細胞膜上の受容体を介して細胞応答をもたらす．図1.15に示している代謝パスウェイは，酵素反応の基質が化学変化していく過程，すなわち物質の流れとしてモデル化されているが，シグナル伝達系は修飾されたタンパク質（シグナル伝達因子）がその酵素活性や結合能，局在性を変化させ，次のタンパク質の修飾をもたらす過程が物質の流れとしてではなく，情報の流れとしてモデル化されている [51]．

比較的単純なシグナル伝達経路をたどるとされるTGF-βの場合，シグナル伝達因子にはR-Smad（受容体調節性Smad：Smad2やSmad3），Co-Smad（Smad補助因子：Smad4），I-Smad（阻害性Smad：Smad6やSmad7）の3種類がある．**図1.18**の左部分にそのシグナル伝達系を示す．TGF-βがⅡ型受容体に結合すると，細胞膜上にあるⅠ型受容体がリクルートされ，複合体が形成される．その結果，Ⅱ型受容体によりⅠ型受容体がリン酸化され，そのリン酸化酵素活性が活性化されることにより，Smad2やSmad3がリン酸化され活性化される．転写制御因子であるSmad2/3はSmad4と複合体を形成することにより，核内に移行し，増殖抑制機構としてはたらくp21，さらには細胞外マトリックスであるコラーゲンなどの産生を促進する．TGF-β刺激は同時にI-SmadであるSmad7の産生をも促進する．産生されたSmad7はSmad2/3のリン酸化を競合的に阻害し，TGF-β刺激に対するフィードバック阻害ループを形成することになる．一方，図1.18の右部分に示す上皮増殖因子EGFによりEGF受容体（EGFR）に伝えられたシグナルは，Grb2からSos，Rasに伝えられ，RasによるMAPKカスケード（MAPKKK→MAPKK→MAPK）の活性化につながる．そして，最終的に活性化されたMAPKは核内に移行し，多くの転写制御因子を活性化することによりEGF標的遺伝子の発現を促進する．その1つにI-SmadであるSmad7が含まれており，増殖因子であるEGFの刺激により産生されたSmad7は増殖抑制因子であるTGF-βのシグナル経路を遮断する機能を果たす．この現象はシグナル伝達経路において，多様な分子機構により実現されているクロストーク（cross-talk）の一例となっている．SmadにしてもMAPKにしてもその活性型は核内に移行し，標的遺伝子の発現を促進するが，細胞表面の活性型受容体の濃度に敏感に対応した応答をするため，核内と細胞質間の継続的往来，核–細

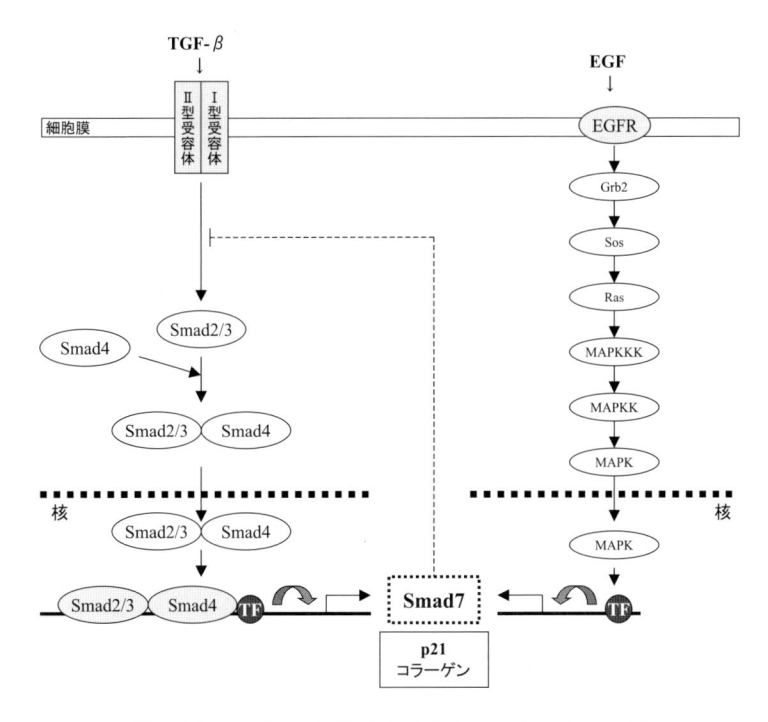

1.4 化学反応ネットワークシステムとしての細胞　39

図 1.18　シグナル伝達系とそのクロストークの一例

TGF-β の I 型，II 型受容体はともに細胞質ドメインにリン酸化酵素部分をもつ．細胞増殖因子 EGF の刺激は種々のタンパク質の活性化を介して，MAPKK キナーゼ（MAPKKK）と MAPK キナーゼ（MAPKK），MAP キナーゼ（MAPK）の 3 層のリン酸化酵素からなる MAPK カスケードに伝えられる．図は古典的 MAPK カスケードの場合を示しており，MAPKKK として RAF や MOS が，MAPKK として MEK が，そして MAPK には ERK が位置する．なお，受容体および受容体複合体の時間的・空間的な動的挙動は複雑であり，詳細な反応過程が明らかにされているわけではない．

胞質シャトリング（nucleo-cytoplasmic shuttling）が行われている．ただ，その分子機構は不明な点が多い．

　シグナル伝達系におけるグラフ表現 X→Y は，多くの場合，酵素タンパク質 X による酵素タンパク質 Y の修飾であり，その結果，酵素タンパク質 Y の活性化がもたらされる．一方，代謝系におけるグラフ表現 X→Y は反応物（基質）X がある酵素により生成物 Y に変換される過程を示し，両者の矢印は異なった意味を表現している．図 1.18 に示されている MAPK カスケードでは，MAPKKK

に伝えられた入力シグナルがMAPKKそしてMAPKへと伝達されており，その過程はMAPKKK→MAPKK→MAPKと表現されているが，ここで示される矢印→はATPを基質としたタンパク質のリン酸化に対応している．MAPKKKの活性化機構の詳細は不明であるが，MAPKKとMAPKの活性化については詳細な研究がなされてきており，定められた2か所の残基のリン酸化が2段階で進行する反応機構が提案されている（図1.19）．すなわち，入力シグナルにより活性化されたMAPKKK* はMAPKKの2つの残基を2段階でリン酸化し，その結果，活性化されたMAPKK-PPはMAPKを同じく2段階でリン酸化し，活性化されたMAPK-PPを生成する．この2段階のリン酸化はMAPKカスケードの場合，リン酸化酵素MAPKKKあるいはMAPKKによりMAPK(K)からMAPK(K)-Pが生成したのち，一度酵素と生成物は解離し，再度MAPK(K)-Pがリン酸化酵素と複合体を形成し，最終生成物であるMAPK(K)-PPが生成する反応機構（distributive mechanism）をとるとされている．この反応機構はMAPK(K)からMAPK(K)-Pが生成したのち，それらがリン酸化酵素複合体から解離することなく続けて2段階目のリン酸化が進行するとする反応機構（processive mechanism）とは異なっている．また，MAPKK，MAPKのリン酸化部位はそれぞれに特異的な脱リン酸化酵素により脱リン酸化される．

　図1.19(b)に示す2段階のリン酸化過程を含む3階層のカスケード構造はMAPKカスケードに特徴的な構造であり，入力シグナルに対する出力シグナルの応答関数が示す応答の強さ，応答の持続時間，応答の時間遅れ以外にも，超感受性や双安定性，履歴現象などの多様な応答の分子基盤とされている[53-56]．(c)にはMAPKカスケードの示す入力シグナルと出力シグナルのあいだの超感受性を示している．Huangらによると，カエルの卵母細胞からの抽出物を用いた実験で，入力シグナル強度としてのMAPKKKの活性と出力シグナル強度としてのMAPKの活性のあいだには(c)に示すシグモイド型スイッチ関数の関係があり，そのヒル（Hill）係数Hは4.9であるとしている[53]．さらに，HuangらはMAPKKとMAPKの全酵素濃度をそれぞれ$1.2\,\mu M$とした条件で，(b)に示す反応の分子機構を用いたシミュレーション解析を行い，シグモイド型スイッチ関数という実験結果が再現されることを示している．この研究は個々の酵素機能をシステムとして把握する重要性をも示唆している．すなわち，MAPKカ

1.4 化学反応ネットワークシステムとしての細胞

(a) MAPKカスケード

入力シグナル
↓
MAPKKK
↓
MAPKK
↓
MAPK
↓
出力シグナル

(b) MAPKカスケードの酵素反応機構

入力シグナル
↓(E1)
MAPKKK ⇌ MAPKKK*
E2

MAPKK ⇌ MAPKK-P ⇌ MAPKK-PP

MAPKK P'ase

MAPK ⇌ MAPK-P ⇌ MAPK-PP

MAPK P'ase

↓
出力シグナル

(c) MAPKカスケードの入出力関数

シグモイド関数
$y=f(x)=x^H/(K+x^H)$

(縦軸: 出力シグナル, 横軸: 入力シグナル)

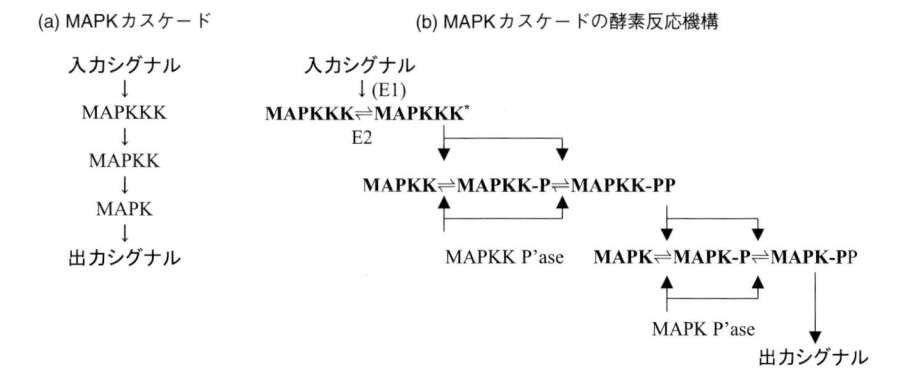

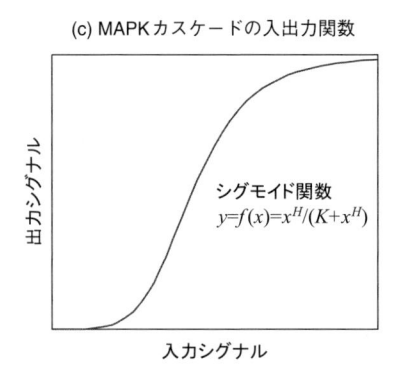

図 1.19　MAPK カスケードのシグナル伝達

(b) では入力シグナルは酵素 E1 による MAPKKK の活性化をもたらすとしている．また，MAPKKK の不活性化を酵素 E2 によるとしている．MAPKK P'ase は MAPKK の脱リン酸化酵素を，MAPK P'ase は MAPK の脱リン酸化酵素を示す．MAPK-PP から出力シグナルへの矢印→はリン酸化され活性化された MAPK-PP の核内への移行と，標的遺伝子の転写制御を示している．代謝系では「酵素濃度に比べ基質濃度は過剰である」との仮定のもとに解析される場合が多いが，(b) からも明らかなように，シグナル伝達系では多くの場合，基質は同時に次の段階にシグナルを伝達する酵素でもあり，両者が同程度の濃度で細胞内に存在する．また，個々の矢印はリン酸化反応と脱リン酸化反応の対であり，それらが異なった酵素によって触媒されている．これら 2 つの点はシグナル伝達系の反応に特徴的な点であり，代謝系とは異なった反応特性，動的挙動を示すことになる [52]．(c) は (a) や (b) に示す入力シグナル強度（例：酵素 E1 の濃度や MAPKKK の活性）と出力シグナル強度（例：MAPK の活性や標的遺伝子の転写量）の関係をシグモイド関数で模式的に示している．

スケードを構成する個々の酵素機能は，リン酸化あるいは脱リン酸化反応の触媒として理解されうるが，それらがMAPKカスケードの構成要素として機能する場合には，それら個々の酵素機能にはない超感受性，あるいはシグモイド型スイッチ関数機能が現れてくる．

細胞は環境から常に単一のシグナルを受けているわけではない．異なった情報を有する複数のシグナルが同一のシグナル伝達系を利用しつつも，それぞれの情報に応じた適切な細胞応答をもたらしている．MAPKカスケードはシグナル伝達系の幹線道路ともみられ，多くの受容体からくる情報の処理を行っている．また，細胞増殖とアポトーシスといった相反する細胞応答を求めるシグナルが同時に到達した場合の処理も，シグナル伝達系間の調整によりすみやかに処理されている．これら複雑な情報処理は，シグナル伝達系間のクロストークによってなされており，シグナル伝達系は多くの孤立した経路から構成されているのではなく，それらが統合されたネットワークとして機能している．

JanesらはヒL大腸がん細胞株HT-29を用いた実験で，アポトーシスを誘発するTNFα刺激と生存シグナルであるインスリン刺激をともに与えた場合，TNFα単独刺激の場合の細胞死に比べ，クロストークの結果，HT-29の細胞死は30％ほど減少することを実験的に明らかにしている[57]．TNFαとインスリンは多くの共通のシグナル伝達系を活性化させるが，Janesらによると，細胞死の減少はPI-3キナーゼ経路の下流に位置するAktの活性化に起因している．また，同じくJanesらはTNFαによるHT-29細胞株の刺激がTGF-αおよびIL-1α，IL-1受容体拮抗物質IL-1raの細胞外分泌をもたらすとし，それら3つのリガンドの自己分泌によるTNFα受容体に始まるシグナル伝達，TGF-αに始まるシグナル伝達，およびIL-1受容体に始まるシグナル伝達間でのクロストークを解析している[58]．その結果，Janesらは細胞内ネットワークによる直接的なクロストークとともに自己分泌カスケード（autocrine cascade）を介した間接的なクロストークの重要性を指摘している．

SasagawaらはPC12細胞を用いてERKシグナル伝達ネットワークのクロストークを解析している[59]．PC12細胞を神経細胞成長因子NGFで刺激すると，ERKは持続的に活性化し，神経様細胞に分化する．一方，EGFで刺激すると，ERKは一過性の活性しか示さず，細胞は分化せずに増殖する．同一のMAPK

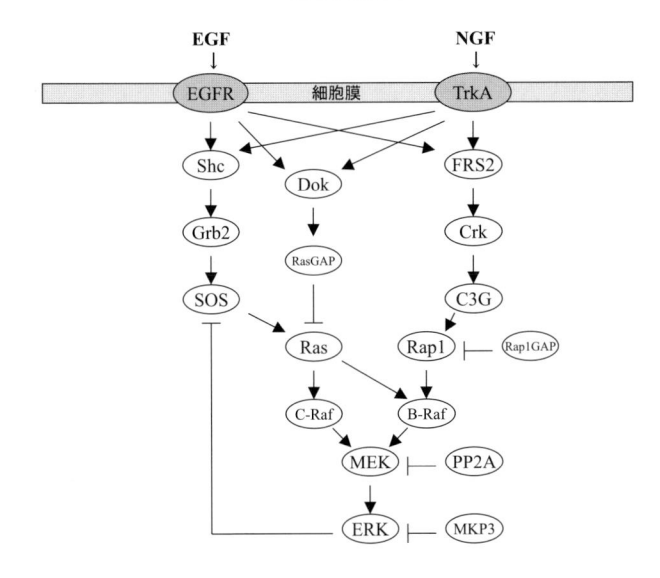

1.4 化学反応ネットワークシステムとしての細胞

図 1.20 EGF 刺激と NGF 刺激のクロストーク

EGF, NGF 刺激により Shc や Dok などのアダプタータンパク質が細胞膜にリクルートされ,受容体と結合する. そのことが基点になりシグナルが下流に伝達されていく. Ras に達した刺激は, MAPKKK である Raf を活性化し, MAPKK である MEK, MAPK である ERK へとシグナルが伝達される. NGF 刺激ではさらに, FRS2 を介し, Crk から C3G, Rap1 そして MAPK カスケードにシグナルが伝達される.［文献 59 より許可を得て転載・一部改変］

カスケードが異なったシグナルに対し適応応答している例である. Sasagawa らが解析対象としてモデル化したシグナル伝達系を**図 1.20**に示す.

Sasagawa らによると, 図 1.20 に示す Ras から MAPK カスケードにいたる経路は刺激の増加速度を検知し, Rap1 から MAPK カスケードにいたる経路は刺激の終濃度を検知する. この組合せによって ERK の活性化パターンが決定されるが, EGF 刺激と NGF 刺激の違いの原因の 1 つは, FRS2 の受容体との結合能の差にあり, FRS2 は EGFR よりも TrkA により高い結合能を示す. そのため, NGF 刺激では Rap1 から MAPK カスケードへの経路がより活性化され, その結果, ERK は持続的に活性化されることになる. 一方, Santos らは異なった機構を提案している [60]. Santos らによると, EGF 刺激の場合には ERK から Raf にいたる負のフィードバックループが起動し, ERK の一過性の応答がもたらされるのに対し, NGF 刺激の場合には ERK から Raf にいたる正のフィードバッ

クループが起動し，ERKの持続的な応答がもたらされる．このように，MAPKカスケードが多様な入力情報を処理する機構には，いまだ解明しつくされていない多くの分子機構が組み込まれていると考えられる．

シグナル伝達系は驚くほど複雑であり，カスケード間のクロストークを含め，統合されたネットワーク構造を解明する試みが始められたところである．Natarajanらは22種類の受容体特異的リガンドの単独および対でのマクロファージ刺激を行い，Ca^{2+}やcAMP，Akt，p38，ERKなど41種類の出力シグナルを計測し，クロストークの解析を行っている[61]．また，図1.8に示すHanahanらの「細胞の集積回路図」はがん細胞に特化してはいるが，シグナル伝達系のネットワークとしての壮大な統合の試みのひとつである．

1.4.4 化学反応ネットワークの統合

細胞内の化学反応ネットワークとして，転写制御ネットワーク，代謝パスウェイ，シグナル伝達系を述べてきたが，細胞内ネットワークのそれら3つのネットワークへの区分は研究の歴史的な経緯によるものであり，細胞がそれら区分を意識しているわけではない．実際，ATPやNADといった低分子だけでなく，解糖系の酵素であるヘキソキナーゼや乳酸脱水素酵素などが多機能分子として，転写制御ネットワークや代謝パスウェイ，シグナル伝達系の制御に関与している例が多く見いだされている．その一例を表1.3に示す[62]．ATPは細胞内の普遍的なエネルギー伝達体であり，ATPの加水分解反応によって生じる自由エネルギーは代謝パスウェイにおける反応進行の推進力となっている．また，ATPはRNA合成の直接の前駆物質でもある．さらには，シグナル伝達

表1.3 多機能分子による化学反応ネットワークの横断

分子	転写制御	シグナル伝達	代謝パスウェイ
ATP	核酸合成	リン酸化	反応推進エネルギー
NAD	転写調節	Ca^{2+}シグナル	補酵素
インスリン	—	PI3K-Aktシグナル	グルコース取り込み
ヘキソキナーゼ	—	細胞死の制御	解糖系
乳酸脱水素酵素	転写活性	—	解糖系
ホスホイノシチド	クロマチン構造調節	PI3K-Aktシグナル	脂質代謝
シアル酸	—	細胞死シグナル	オリゴ糖合成

系においてタンパク質（酵素）のリン酸化反応の基質でもある．図1.19 (b)の MAPKカスケードの分子機構ではATPが明示的には示されていないが，活性化されたMAPKK-PPやMAPK-PPはATPを基質としたリン酸化反応によって生成されている．先に述べたHuangらによるMAPKカスケードの計算機シミュレーションではATP濃度は一定とされているが，このことはATP濃度を一定に保つ代謝パスウェイとMAPKカスケードが反応ネットワーク上連結していることを前提としている．ヘキソキナーゼは解糖系の最初の反応「グルコース→グルコース6-リン酸」を触媒する酵素であるが，同時にミトコンドリアにおけるヘキソキナーゼ活性がアポトーシスを制御していることが知られている．また，シアル酸は糖タンパク質の重要な構成成分であるが，同時に細胞死シグナル伝達系にも関与している．このように表1.3に例示されている多機能分子は転写制御ネットワーク，代謝パスウェイ，シグナル伝達系を連結する鍵分子として位置づけることができる．

　多機能分子とは異なった視点ではあるが，ヒトをはじめとするゲノムDNAの塩基配列の解読は，DNAや抗体，タンパク質のチップ技術や質量分析技術などの計測技術とともに，細胞内化学反応ネットワークの統合をもたらしつつある．ゲノムDNAの塩基配列の解読は，細胞内に存在する全mRNAと全タンパク質を列挙することを可能にした．その結果，細胞内の多くのmRNAの存在量を時間軸上で計測するDNAチップ技術が生み出され，質量分析技術によって細胞内の多くのタンパク質の存在量や相互作用を時間的・空間的分解能をもって同定・計測することが可能となっている．また，KEGGなどの代謝パスウェイに記されている代謝産物のリストなどをもとに，細胞内の多くの代謝産物の存在量を計測するためにも質量分析技術は用いられている．これら計測技術から生み出される情報は「-ome情報」（ゲノム，トランスクリプトーム，プロテオーム，メタボローム）と称されているが，それぞれは転写制御ネットワーク，シグナル伝達系，代謝パスウェイのそれぞれのネットワークを拡充し，詳細化するための基礎データとなっている．

　従来，細胞内化学反応ネットワークは個々の反応経路の研究成果を積み上げていく方向で構築されてきた．「-ome情報」は細胞内分子（遺伝子，RNA，タンパク質，代謝産物）の存在量や相互作用データ（DNA-タンパク質，タンパ

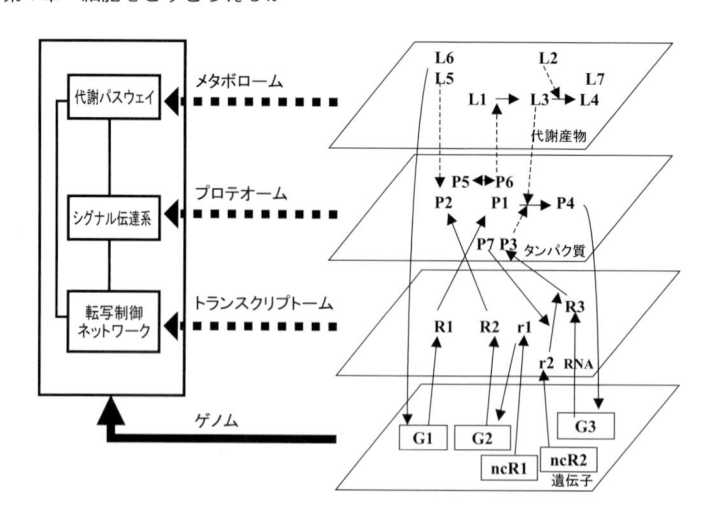

図 1.21　細胞における遺伝情報の流れと化学反応ネットワーク

セントラルドグマは端的には，DNA に記された遺伝情報が RNA，タンパク質へと流れていくことを主張しており，かつ計測技術はおもに DNA，RNA，タンパク質，代謝産物を個別に単一次元で計測する方法を提供し，「-ome 情報」を個々に構築してきた．そのため，細胞内化学反応ネットワークの理解もそれら分子階層を多かれ少なかれ意識してきたが，細胞そのものはそれら階層を意識してはいない．なお，図の矢印は模式的であり，かつすべての矢印を表現しているわけではない．

ク質-タンパク質など) の総体から化学反応ネットワークを俯瞰的に見る視点を提供している．「-ome 情報」とネットワークのおもな関係を**図 1.21** に示す．ゲノム情報はすべてのネットワーク構築の基礎データであるが，直接的にはゲノムに記されたタンパク質をコードする遺伝子情報から新たに代謝パスウェイを構築する試みが，微生物やマウス，ヒトでなされつつある [45, 63, 64]．また，ChIP-Chip 技術によるタンパク質（転写制御因子）と DNA との相互作用情報は Lee らによって転写制御ネットワークの体系的な構築に用いられている [38]．トランスクリプトーム情報からの転写制御ネットワークの同定では膨大なデータ駆動型の解析が求められているが，Basso らはヒト B 細胞の解析を行い，そこから得られた新規制御関係をクロマチン免疫沈降法で確認している [65]．プロテオーム情報からのシグナル伝達系の解析では，Scott らによるタンパク質-タンパク質相互作用データからのネットワーク構築 [66] や，Gaudet らによる

抗体マイクロアレイなどのデータを用いたシグナル伝達系のクロストークの解析[67]が行われている．これら「-ome情報」を用いたネットワーク解析は新たなネットワーク構造の解明にも寄与しているが，さらには多次元計測技術による統合化された「-ome情報」の活用により，今後，個々の転写制御ネットワーク，シグナル伝達系，代謝パスウェイを横断したネットワークの理解が深まるものと期待される．

1.5 生物学的世界像の統一

20世紀初頭のPlanckの問題意識にもあるように，古くから，研究対象への自然観（世界像）が存在するかぎりにおいて，その最終的な目的は，複雑でかつ多様な自然現象の集合体を1つの統一的な体系にまとめあげることにあると意識されてきた[68]．17世紀の古典力学の自然観や20世紀初頭の量子物理学の自然観はその意識の現われとされる．ただ，20世紀初頭あるいは現在においてもKirchhoffに代表される「（物理学の）最終的な目的は現象の真実でかつ定量的な記述にある」との考えはあったし，ありうる．過去，この2つの考えはその時どきに競合し，論争し，結果として自然の認識を高めてきている．生命をいかに把握するかについての生物学的世界像の構築についても同じ流れにあり，2つの考えは常に競合し，かつ共存してきている．20世紀中期のシュレーディンガーの「生命とは何か」やワトソンらのDNAの二重らせんモデルは統一的な生物学的世界像を構築しようとする動きのひとつとみることができる．ただ，その後の生物学は過去にない勢いで多くの生命現象を明らかにし，膨大な諸事実の集合体を構成してきた．微生物や，ヒトを含む高等生物のゲノムDNAの塩基配列の解読は，その流れをさらに加速させている．システム生物学は，それら「諸事実の集合体」をもとにして，いかに統一的な生物学的世界像を構築するかを研究課題としており，いまようやく新たな歩みを始めたところである．

過去，生命に関し統一した世界像を構築しようとする試みは，工学系，物理化学系，情報科学系のそれぞれの側面からなされてきた（図1.22）．

古くはLa Mettrieが「人間機械論」（1947年）において，人間を「自らゼン

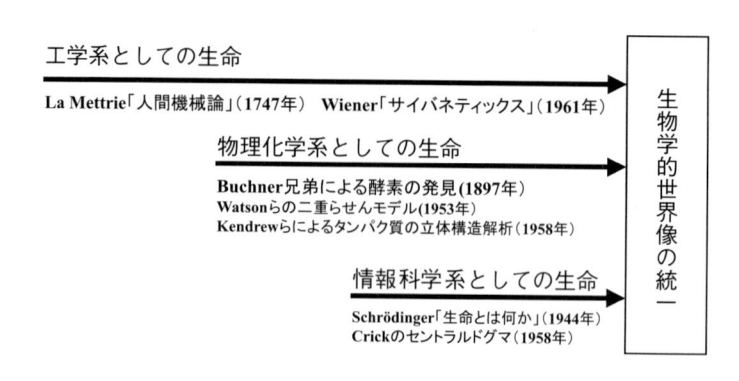

図 1.22　生命像の重層的理解と統一

工学系としての生命
La Mettrie「人間機械論」(1747年)　Wiener「サイバネティックス」(1961年)

物理化学系としての生命
Buchner兄弟による酵素の発見(1897年)
Watsonらの二重らせんモデル(1953年)
Kendrewらによるタンパク質の立体構造解析(1958年)

情報科学系としての生命
Schrödinger「生命とは何か」(1944年)
Crickのセントラルドグマ(1958年)

→ 生物学的世界像の統一

マイを巻く機械であり，永久運動の生きた見本である」ととらえ，多くの研究者は血液や心臓，その他の臓器を工学的隠喩で把握しようとしていた[69]．この「工学系としての生命」の流れはWienerの『サイバネティックス―動物と機械における制御と通信―』(1961年) ではより高度化され，通信制御系として人間を含む動物が把握されている [70]．Wienerによれば，記憶し学習する機械や自己増殖する機械は構成可能であり，その考えは「動物とよばれる生命のある機械」にも適応しうるとされる．ここでのWienerの自己増殖する細胞像は，「遺伝型質を担う部分―いわゆる遺伝子gene―が自分に似た別の遺伝型質を担う構造を作り出す」機械である．現在においては，Wienerの提起した通信制御系における「負性フィードバック」の考えは，アロステリック酵素による代謝系の制御において分子実体を伴って実現されていることが明らかになっている．また，Wienerが「サイバネティックスと思想的には非常に類似の現象である」とした遺伝子の複製過程や「ウイルスがその宿主の組織と液から自分に似せてほかのウイルス分子を作る機構」の分子実体も明らかにされている．このように，「工学系としての生命」の流れはいまや「物理化学系としての生命」および「情報科学系としての生命」に融合しつつある．

物理化学系としての生命の把握は19世紀後半に始まり，1897年にはBuchner兄弟により酵素が発見され，初めて生体内(*in vivo*)の反応を試験管内(*in vitro*)の反応で，すなわち物理化学系として研究しうる道を拓いた [71]．その後，1953年のワトソン-クリックによるDNA二重らせんモデルおよび1958年のKendrew

らによるタンパク質の立体構造の解明は，複製，転写，翻訳，代謝を含む細胞内の化学反応に核酸やタンパク質が関与し，その分子構造特異性により細胞機能が維持，制御されていることを明らかにした．物理化学系としての生命像の立場からは，細胞は物理化学法則に拘束された分子の集合体である．ただ，細胞の構造と機能を個々の分子の構造と機能に帰着させることはできず，それら分子の集合体が構成する細胞内化学反応ネットワークの構造および機能としてはじめて細胞は把握されうる．

情報科学系としての生命の把握は，1944年のシュレーディンガーによる講演「生命とは何か」に始まり，クリックによる遺伝情報の流れとしてのセントラルドグマへと発展してきた．その後，分子実体を伴った情報概念は，細胞のあらゆる過程で隠喩として用いられ，細胞の機能の理解を進めてきた．さらには，細胞そのものを分子計算機とみる見方もある．たとえば，大腸菌に感染する細菌ウイルス（バクテリオファージ）はその溶菌生活環（吸着→侵入→複製→集合→放出）を通して，大腸菌を分子計算機として利用しているとの見方である．細菌ウイルスはまず，大腸菌に吸着し，細菌ウイルスゲノムを大腸菌内に侵入させる．その後，大腸菌の転写装置，翻訳装置の助けを借りて，細菌ウイルスゲノムの複製と細菌ウイルスタンパク質の合成を行う．それらゲノムとタンパク質は大腸菌内で集合し，子孫が大量に生産される．そして生活環の最後には大腸菌が破裂（溶菌）し，細菌ウイルスの子孫が大腸菌外に放出される．この過程は細菌ウイルスにとっては子孫を生み出す過程であるが，大腸菌を分子計算機とみる立場からは細菌ウイルスの"copy"という情報処理過程ととらえることができる．

これら工学系，物理化学系，情報科学系としての生命理解は個別に進められてきた側面が強いが，「生命の設計図」といわれるゲノムDNAの塩基配列の解読により新たな段階に入っている．まず，細胞内に現れる遺伝子およびタンパク質のすべての候補リストを手に入れることができ，チップ技術や1分子計測技術をはじめとする計測技術の進歩により，細胞単位でそれら生体高分子をはじめとする分子の動的挙動を網羅的かつ体系的に明らかにすることが可能となってきている．そこから生み出される「諸事実の集合体」は，工学系にとっても物理化学系にとっても情報科学系にとっても共通の知的資産となっており，

それらを基盤に生物学的世界像を統一する試みが，意識するとしないとにかかわらず進められている．その一端をシステム生物学は担おうとしている．システム生物学は細胞の構造と機能を「生体分子がいつ・どこで・誰と相互作用しているのかを示す場」としての化学反応ネットワークの構造と機能としてとらえ，そこに工学系，物理化学系，情報科学系としての生命像の統一を図ろうとしている．まだ始まったばかりであり，モデルの多さに比べ理論の少ない幼児期の試行錯誤の段階にあるが，今後，多くの生命がたどってきたと同じ進化の道をシステム生物学も歩むことになる．

第2章

システム生物学の方法

■はじめに

　システム生物学は個々の化学反応過程がネットワークとして組織化された化学反応ネットワーク（化学反応系）をおもな研究対象としている．化学反応ネットワークの構造と機能はきわめて多様であり，研究目的に応じ多くの研究方法が取り入れられてきている．本章では，それらシステム生物学の基盤となる研究方法について述べる．

　化学反応ネットワークからなる細胞の構造と機能を規定するもっとも基本的な法則は熱力学によって与えられている．化学反応を考察対象としているかぎり成立している質量保存則や，マクロな系の発展方向を示す熱力学第2法則などが基本法則としてある．それら基本法則が細胞の構造と機能を規定してはいるが，熱力学は時間に無頓着である．化学反応ネットワークを構成する生体分子の細胞内における時間的変化，動的挙動は確率過程論や反応速度論によって解析されている．とくに反応速度論は，「生体分子の濃度の時間変化は時間に関して1階の微分方程式によって記述される」という広範な適用範囲をもつ法則を提示しており，システム生物学においてもっとも多用されている研究方法となっている．数学的定式化の面からみると，反応速度論は力学系（研究）の一分野とみなしうる．

　確率過程論や反応速度論は化学反応ネットワークを構成する個々の化学反応過程の反応機構（例：ミカエリス–メンテン機構）を考察対象とするが，一方，化学反応ネットワークのグラフ構造を物質収支則に従い記述する化学量論係数行列に考察対象を限定し，定常状態にある細胞の構造と機能を解析する立場として，化学量論解析がある．

　これら各種研究方法は，比較的少数の酵素からなる小規模な化学反応ネットワークの解析に用いられてきたが，ゲノム情報をもとに構築されつつある細胞内の大規模な化学反応ネットワークの解析への適用も試みられている．とくに，生化学システム理論や化学量論的ネットワーク解析は，個々の反応過程を粗視化し（比喩的に述べれば，視点を木から森に移し），ネットワークとしての構造と機能を大域的に解析する理論的基盤を提供している．

　また，チップ技術や質量分析技術などにより得られるmRNAやタンパク質

などの体系的な細胞内発現情報から，トップダウン的に生体分子間の相互作用ネットワークを推定する試みもなされている．代謝パスウェイやシグナル伝達系などの化学反応ネットワークは従来，個々の反応過程のボトムアップ的な積み上げにより構築されてきたが，今後はボトムアップとトップダウンの両研究方法が融合して用いられていくことになる．

2.1 化学反応解析の基礎

　化学反応は反応物と生成物の組織化された相互作用関係を示す反応式（例：$ATP^{4-} + H_2O = ADP^{3-} + HPO_4^{2-} + H^+$）で記述される．反応式はどのような分子が反応に関与するかを示すと同時に，反応の前後における質量保存則を示している．熱力学や反応速度論はその反応式をもとに，個々の反応の進行方向，進行する先に位置する平衡状態や定常状態，また化学反応の時間的な挙動（分子濃度の時間変化）を解析する．そこでは熱力学ポテンシャルや微分方程式を用いた定式化がなされている．反応速度論では多変数の非線形微分方程式を取り扱うが，数学的には力学系といわれ，変数である分子種（反応物や生成物）の数が少ない場合には動的な挙動についての見通しのいい解析結果が得られる．

　熱力学や反応速度論は多くの場合，化学反応をマクロな変数である濃度で記述するが，細胞内では転写制御因子のように数個あるいは数十個という少ない分子が関与する反応も多くみられる．そのような場合には細胞の機能発現においてゆらぎが大きな役割を果たすようになり，確率過程として化学反応をとらえる必要が生じてくる．

　また，化学反応の速度論や反応機構の詳細に立ち入ることなく，物質収支則のみから化学反応ネットワークの静的な性質を解析しようとする方法として化学量論解析がある．

2.1.1 熱力学

　熱力学では考察している系内（たとえば1つの細胞内）の1つ1つの分子のミクロな運動をみることはなく，分子集団が示す温度T（以下ではすべて絶対

温度表示とする)や体積 V, 圧力 p, 分子 k のモル数 N_k といった状態変数と,内部エネルギー U やエントロピー S といった状態関数でもって系のマクロな状態を解析しようとする．それら状態変数や状態関数で記述されるマクロな世界には，力学や統計力学で記述されるミクロな世界とは異なる統一的な世界像があり，異なるレベルでの法則（例：熱力学の第1法則や第2法則）が存在し，細胞もその法則に拘束されている．

熱力学で考察する系は，外界とのあいだでのエネルギー（熱浴の熱や力学的エネルギー）や物質（たとえばグルコースなどの分子）の交換といった相互作用の状況により，孤立系，閉鎖系，開放系に分類される．

　　孤立系：外界とのあいだでエネルギーも物質も交換しない．

　　閉鎖系：外界とのあいだでエネルギーのみ交換する．

　　開放系：外界とのあいだでエネルギーも物質も交換する．

孤立系を想定することは困難であるが，たとえば，ある1つの細胞とその周りの環境をすべて合わせた系として孤立系は想定される．その場合，細胞内ではエントロピーが減少し，熱力学の第2法則に反して秩序形成が進んでいても，環境を合わせた全系では孤立系としてエントロピーは増大し，熱力学第2法則に矛盾はしない．閉鎖系の例としては，化学反応が進行している試験管内が想定される．そこでは試験管内への分子の流出入はなく，系は時間の経過とともに平衡状態に向かっていく．この平衡状態への発展方向は，ギブズ（Gibbs）の自由エネルギーなど，環境の拘束条件（例：温度と圧力一定）によって定まる各種熱力学ポテンシャルの極値原理によって規定されている．すなわち平衡状態は熱力学ポテンシャルが極値をもつ状態として定義される．開放系の例としては，ある1つの細胞が考えられる．そこでは外部との熱交換だけでなく，外部環境からの分子の流入や代謝産物の細胞外への流出がみられる．多くの場合，開放系は環境条件に適応したある定常状態に向かう．酵母培養液にグルコースを添加後，培養液中でのグルコースの減少速度とエタノールの増加速度が一定になる状態では，化学反応システムとしての解糖系は定常状態にあると考えられる．定常状態が平衡状態の近傍に位置する場合には，外乱により乱された系の非定常状態から定常状態への発展はエントロピー生成速度極小という極値原理に規定される[72]．一方，平衡状態から遠く離れた系では定常状態とともに

散逸構造が形成されうる．散逸構造の例として，概日周期など生化学反応における定常的な振動現象があげられる．この場合には孤立系や閉鎖系，さらには平衡状態近傍に位置する開放系とは異なり，系が発展していく先の状態を予測する一般的な極値原理は存在せず，プリゴジンらによると「平衡状態から遠く離れた非平衡系が発展していく状態を独自に予測する極値原理が存在しないことが，非平衡系の基本的特性である」とされる [72].

(1) 熱力学第1法則

熱力学第1法則，すなわちエネルギー保存則は，系の状態が状態1から状態2に変化したとき，外界から流入した熱量を dQ，外界との相互作用で外力が系になした仕事を dW，外界からの物質流入によるエネルギー増分を dZ とすると，内部エネルギーの変化 dU （単位はcalやジュールJとなる）は

$$dU = U_2 - U_1 = dQ + dW + dZ \tag{2.1}$$

で与えられると主張する．ミクロな運動法則からマクロな法則を導こうとする統計力学の立場からは，ニュートンの運動法則などミクロな運動法則がエネルギー保存の原理に従うかぎり，熱力学第1法則は自然な帰結である．式(2.1)からエネルギー変化 dU は，孤立系では $dU = 0$，閉鎖系では $dU = dQ + dW$，開放系では $dU = dQ + dW + dZ$ となる．外力のなした仕事 dW としては，圧力 p 下での体積変化 dV に伴う仕事 $dW = -pdV$ や表面積変化に伴う仕事，さらには電気的仕事などがあり，式(2.1)の dW はそれら仕事の総和であるが，以下では体積変化に伴う仕事のみを考慮する．物質の流出入に伴うエネルギー変化 dZ は，流出入する分子 k の分子数変化を dN_k（単位はたとえばモル数molとなる），当該分子の化学ポテンシャルを μ_k（単位はたとえばcal/molとなる）とすると

$$dZ = \sum_k \mu_k \, dN_k \tag{2.2}$$

となる．

(2) 熱力学第2法則

熱力学第2法則，すなわちエントロピー増大の法則は，系内の不可逆過程に

よってエントロピー S は増大すると経験的に主張する．細胞内でみられる化学物質の拡散や化学反応は不可逆過程の典型例である．プリゴジンらによると，系のエントロピー変化 dS は，系内の不可逆過程に伴うエントロピー生成 d_iS と，外界とのエネルギーおよび分子の交換によるエントロピー変化 d_eS の和

$$dS = d_iS + d_eS \tag{2.3}$$

として表現しうるが，この場合，熱力学第2法則は d_iS について

$$d_iS \geqq 0 \tag{2.4}$$

となる．可逆過程の場合には等号が成立する．一方，d_eS については熱力学第2法則による拘束はなく，正にも負にも，また0にもなりうる[73]．たとえば，系内からの熱の流出は d_eS に負の寄与をする．（統計力学はエントロピー増大の法則を確率現象として把握し，ある状態からエントロピーの大きな状態への移行の確率はエントロピーの小さな状態への移行の確率に比べ圧倒的に大きく，エントロピーの減少は自然界では事実上観測されないと主張する．）

孤立系の場合 $d_eS = 0$ であるから，熱力学第2法則は $dS = d_iS \geqq 0$ となり，系のエントロピー S は系内の不可逆過程により常に増加し，エントロピー最大の平衡状態に達する．平衡状態は細胞が死んでいる状態であり，細胞が熱力学第2法則に抗して生きていくためには，開放系として $dS = d_iS + d_eS \leqq 0$，すなわち $d_eS \leqq -d_iS \leqq 0$ なる負のエントロピー d_eS を細胞内に取り込む必要がある．このことはシュレーディンガーが「生物体は負のエントロピーを食べて生きている．すなわち，いわば負のエントロピーの流れを吸い込んで，自分の身体が生きていることによってつくり出すエントロピーの増加を相殺し，生物体自身を定常的なかなり低いエントロピーの水準に保っている」と比喩的に主張した内容である[15]．

閉鎖系では物質交換はないため，式(2.1)に示されている外界から流入した熱量 dQ と外界との相互作用で外力が系になした仕事 $dW\ (= -pdV)$ のみを考察することになり，熱力学第2法則は

$$d_eS = \frac{dQ}{T} = \frac{dU + pdV}{T}, \quad d_iS \geq 0 \tag{2.5}$$

となる．不可逆過程に伴う系内のエントロピー生成が $d_iS \geqq 0$ であるという熱力学第2法則は，種々の条件下で定義される熱力学ポテンシャルが極小値に向かうとして表現される．いま，化学反応が定温定圧という条件下で起こっている閉鎖系を考えると，ギブズの自由エネルギー G

$$G = U + pV - TS \tag{2.6}$$

が平衡状態への接近を表現する熱力学ポテンシャルになる．実際，式(2.6)を微分し，$dT = dp = 0$ および $Td_eS = dQ$ を用いると

$$\begin{aligned}dG &= dU + pdV + Vdp - TdS - SdT = dU + pdV - TdS = dQ - TdS \\ &= dQ - Td_eS - Td_iS = -Td_iS \leqq 0\end{aligned} \tag{2.7}$$

となる．最後の不等号は熱力学第2法則 $d_iS \geqq 0$ による．この式から，ギブズの自由エネルギー G が常に減少する方向に系は変化していき，ついには G 極小値なる平衡状態に到達することがわかる．閉鎖系にみられる平衡状態は安定であり，たとえばゆらぎによって系が平衡状態から少しずれても，系は熱力学ポテンシャル G の極小値として特徴づけられる安定な平衡状態へ向かって復帰する．

希薄溶液下で進行している可逆反応

$$aX_1 + bX_2 \rightleftharpoons cY_1 + dY_2 \tag{2.8}$$

についてみると，ある時刻 t での反応物の濃度と生成物の濃度が $[X_1]$，$[X_2]$，$[Y_1]$，$[Y_2]$ であった場合，次式で与えられる反応の進行に伴うギブズの自由エネルギー変化 Δ_rG の符号が，その時点での反応の進行方向を決める [74, 75]．

$$\begin{aligned}\Delta_rG &= \Delta_rG^0 + RT\ln\frac{[Y_1]^c[Y_2]^d}{[X_1]^a[X_2]^b} = RT\ln\frac{[Y_1]^c[Y_2]^d}{K_{eq}[X_1]^a[X_2]^b} \\ &\text{ただし，平衡定数 } K_{eq} = \frac{[Y_1]_{eq}{}^c[Y_2]_{eq}{}^d}{[X_1]_{eq}{}^a[X_2]_{eq}{}^b} = \exp(-\Delta_rG^0/RT)\end{aligned} \tag{2.9}$$

ここで R は気体定数 $(1.986\,\text{cal/K/mol} = 8.314\,\text{J/K/mol})$，$[\ ]_{eq}$ は反応物および生成物の平衡状態での濃度を示す．式(2.9)で与えられる Δ_rG の符号が $\Delta_rG > 0$

の場合には,式(2.8)の反応は反応物側,すなわち左に進行し,$\Delta_r G < 0$の場合には,反応は生成物側,すなわち右側に進行し,最終的には$\Delta_r G = 0$なる平衡状態に到達する.

なお,統計力学的見方によると,平衡状態にある系を特徴づける物理化学量(たとえば分子数や濃度)は実際上その平均値に等しいとみることができるが,平均値からのずれは常に生じており,「物理化学量は常にゆらいでいる」といわれる[76]. 化学平衡状態にある分子の分子数Nをみると,それはポアソン分布$P(N)$

$$P(N) = \frac{e^{-\langle N \rangle} \langle N \rangle^N}{N!} \tag{2.10}$$

に従ってゆらいでいる.ここで$\langle N \rangle$は分子数の平均値を示す.この式(2.10)から分子数のゆらぎ$dN = |N - \langle N \rangle|$について

$$\frac{\sqrt{\langle (dN)^2 \rangle}}{\langle N \rangle} = \frac{1}{\sqrt{\langle N \rangle}} \tag{2.11}$$

なる関係式が成立し,分子数が大きい場合にはゆらぎの効果はきわめて小さくなるが,分子数が小さくなると,ゆらぎの効果は無視できなくなることがわかる.

(3) 化学反応によるエントロピーの生成

孤立系や閉鎖系,開放系を含め一般に,化学反応が進行している系内の分子kのモル数の変化dN_kを,化学反応による変化$d_i N_k$と外界との分子交換による変化$d_e N_k$(孤立系や閉鎖系の場合には$d_e N_k = 0$であるが)の和

$$dN_k = d_i N_k + d_e N_k \tag{2.12}$$

として表すと,エントロピー変化$d_i S$および$d_e S$は分子kの化学ポテンシャルμ_kを用いて

$$T d_i S = -\sum_k \mu_k d_i N_k \tag{2.13}$$

$$T d_e S = dU + pdV - \sum_k \mu_k d_e N_k \tag{2.14}$$

と表現される．そして化学反応による分子数の変化を考慮した熱力学第2法則は次式で与えられる．

$$d_i S = -\frac{1}{T}\sum_k \mu_k d_i N_k \geq 0 \tag{2.15}$$

なお，式(2.13)と(2.14)を加えることにより，ギブズの関係式

$$TdS = dU + pdV - \sum_k \mu_k dN_k \tag{2.16}$$

が得られる．この関係式はギブズが化学ポテンシャルを導入するために用いた基本的な関係式である．式(2.13), (2.14), (2.15)に示す熱力学第2法則の表現は，形式的には，ギブズの関係式(2.16)の変数 dS および dN_k を外界との相互作用が寄与する項と系内の不可逆過程としての化学反応が寄与する項に分解して得た表現であるとみることもできる．いま，化学反応

$$X + E \underset{k_2}{\overset{k_1}{\rightleftharpoons}} Y \tag{2.17}$$

を考える．反応式(2.17)から分子数 N_X, N_E, N_Y の変化は独立ではなく反応進行度を ξ とすると，

$$\frac{dN_X}{-1} = \frac{dN_E}{-1} = \frac{dN_Y}{1} \equiv d\xi \tag{2.18}$$

なる関係式で拘束されており，熱力学第2法則(2.15)は反応進行度を用いて次式で与えられる．

$$d_i S = \frac{-\mu_X dN_X - \mu_E dN_E - \mu_Y dN_Y}{T} = \frac{\mu_X + \mu_E - \mu_Y}{T} d\xi \equiv \frac{A}{T} d\xi \geq 0 \tag{2.19}$$

ここで反応物XとEの化学ポテンシャルの和から生成物Yの化学ポテンシャルを引いた値としての A は親和力（affinity）とよばれ，化学反応の駆動力である．（学派により親和力 A と反応の進行に伴うギブズの自由エネルギー変化 $\Delta_r G$ が用いられる．両者の概念は異なるが，形式的には $\Delta_r G = -A$ である [72].）式(2.19)から系内の化学反応に伴う単位体積あたりのエントロピー生成速度は，

$$\frac{1}{V}\frac{d_i S}{dt} = \frac{1}{V}\frac{A}{T}\frac{d\xi}{dt} \equiv \frac{A}{T}v \geq 0 \tag{2.20}$$

となる．ここで，分子数 N をモル数で表示すると v は $\mathrm{mol}/V/\mathrm{sec} \equiv \mathrm{M}/\mathrm{sec}$ なる単位をもつ反応速度であり，濃度の関数として表されている反応速度に一致す

る．熱力学第2法則，式(2.20)から，$A>0$なる場合には$v>0$となり，反応は右方向に進み，$A<0$なる場合には$v<0$となり，反応は左方向に進む．反応式(2.17)の反応速度vが速度定数k_1, k_2を用いて

$$v = k_1[\mathrm{X}][\mathrm{E}] - k_2[\mathrm{Y}] \equiv v_f - v_b \tag{2.21}$$

ここで，[ ]は各分子のモル濃度(M)を示す．

k_1とk_2の単位はそれぞれ$\mathrm{M}^{-1}\mathrm{sec}^{-1}$, sec^{-1}である．と表現され，かつ反応が希薄溶液の中で進行し，親和力$A = \mu_X + \mu_E - \mu_Y$が

$$A = RT \ln K_{\mathrm{eq}} + RT \ln \frac{[\mathrm{X}][\mathrm{E}]}{[\mathrm{Y}]} = RT \ln \left(\frac{k_1[\mathrm{X}][\mathrm{E}]}{k_2[\mathrm{Y}]} \right) = RT \ln \left(\frac{v_f}{v_b} \right) \tag{2.22}$$

ただし，Rは気体定数，K_{eq}は平衡定数を示す．と表現される場合には，エントロピー生成速度は

$$\frac{1}{V} \frac{d_i S}{dt} = \frac{A}{T} v = R(v_f - v_b) \ln \left(\frac{v_f}{v_b} \right) \geq 0 \tag{2.23}$$

となる．この式は反応速度式からエントロピー生成速度を求める基本的な式であり，右辺の関数型からv_f, v_bが正なるいかなる値をとっても不等号は成立することがわかる．なお，系内でいくつかの反応が同時に進行している場合には，個々の反応で親和力A_kや反応進行度ξ_k，反応速度v_kが定義され，式(2.20)で示されるエントロピー生成速度は

$$\frac{1}{V} \frac{d_i S}{dt} = \frac{1}{V} \sum_k \frac{A_k}{T} \frac{d\xi_k}{dt} \equiv \sum_k \frac{A_k}{T} v_k \geq 0 \tag{2.24}$$

となる．細胞内で一般的に生じているように，ある分子が複数の反応に関与することによりそれら反応が連結した反応系を構成している場合には，個々の反応で式(2.20)の関係が成立している必要はなく，個々の項は正あるいは負でありうるが，総和としては式(2.24)が成立しているという状況が生じている．

(4) 熱力学からみた非平衡定常状態

熱力学第2法則から閉鎖系において化学反応系は熱力学関数（定温定圧下ではギブズの自由エネルギー）が極値を示す平衡状態に発展していく．一方，開

放系においては系の発展方向を示す一般的な極値原理は存在しないが,平衡状態の近傍(線形領域)においては系はエントロピー生成速度が極小値を示す定常状態に発展していく[72]. RT に比べ親和力 A が小さく,$|A/RT| \ll 1$ なる条件が成立する場合,化学反応は線形領域にあるとされる.式(2.21)と式(2.22)から

$$v = v_f - v_b = v_f(1 - e^{-A/RT}) \tag{2.25}$$

なる関係式が得られるが,右辺に v_f があるため親和力 A が反応速度 v を与える式にはなっていない.しかし,$|A/RT| \ll 1$ で,v_f が平衡状態での反応速度 $v_{f,eq}$ で近似しうるとき,式(2.25)は

$$v = \frac{v_{f,eq}}{RT} A \tag{2.26}$$

となり,v と A のあいだで線形関係が成立する.いま,線形領域にあるとの条件下で図 2.1 に示す化学反応系を考える.この系では分子 X と分子 Y の流出入により系内の X と Y の濃度は非平衡値で一定に保たれ,系内外の化学ポテンシャル μ_X,μ_Y も一定で固定されている.また,系内外の圧力および温度が一定に保たれるように熱の流出入 J_q がある.この定温,定圧,かつ分子 X と分子 Y の系内濃度一定という拘束条件下で図 2.1 の枠内に示す X,P,Q,Y 相互の化学変

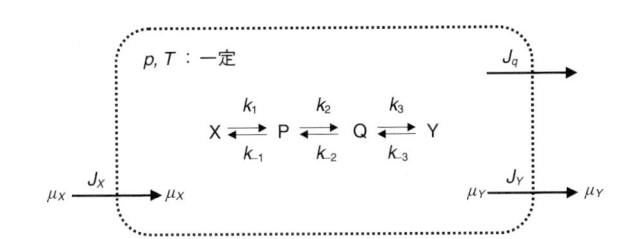

図 2.1 開放系の化学反応

それぞれの速度定数 k は $\sec^{-1}$ の単位をもち,各反応の速度 v は $v_1 = v_{f1} - v_{b1} = k_1[\mathrm{X}] - k_{-1}[\mathrm{P}]$,$v_2 = v_{f2} - v_{b2} = k_2[\mathrm{P}] - k_{-2}[\mathrm{Q}]$,$v_3 = v_{f3} - v_{b3} = k_3[\mathrm{Q}] - k_{-3}[\mathrm{Y}]$ で与えられているとする.平衡状態においては $v_1 = 0$,$v_2 = 0$,$v_3 = 0$ となるが,定常状態においては各反応速度 v_1,v_2,v_3 は境界条件(この図では [X] =一定,[Y] =一定)で規定される有限の値をもつ.なお,反応速度論によると $d[\mathrm{P}]/dt = v_1 - v_2$,$d[\mathrm{Q}]/dt = v_2 - v_3$ であり,定常状態の条件 $d[\mathrm{P}]/dt = d[\mathrm{Q}]/dt = 0$ から,$v_1 = v_2 = v_3$ となる.

換が進展している．化学反応が分子の濃度や温度，圧力などが均一な条件下で進行しているとすると，エントロピー生成速度（σと略記する）は式(2.24)から

$$\frac{1}{V}\frac{d_i S}{dt} \equiv \sigma = \sum_k \frac{A_k}{T} v_k = \frac{A_1 v_1 + A_2 v_2 + A_3 v_3}{T} \tag{2.27}$$

となる．ここで，線形領域の条件(2.26)から$v_k = L_k A_k/T$とすると，式(2.27)は

$$\sigma = \frac{L_1 A_1{}^2 + L_2 A_2{}^2 + L_3 A_3{}^2}{T^2} \tag{2.28}$$

となる．さらに系内の親和力の和はμ_X，μ_Yが一定(const.)であるため，

$$A_1 + A_2 + A_3 = (\mu_X - \mu_P) + (\mu_P - \mu_Q) + (\mu_Q - \mu_Y) = \mu_X - \mu_Y$$
$$\equiv A_T = \text{const.} \tag{2.29}$$

となり，式(2.29)を式(2.28)に代入すると，エントロピー生成速度σについて次式が得られる．

$$\sigma = \frac{L_1 A_1{}^2 + L_2 A_2{}^2 + L_3 (A_T - A_1 - A_2)^2}{T^2} \tag{2.30}$$

この式にエントロピー生成速度極小の条件$\partial\sigma/\partial A_1 = \partial\sigma/\partial A_2 = 0$を適用すると，系が定常状態にある条件$v_1 = v_2 = v_3$が得られる．この結果を含め一般的に，線形領域にある開放系でのエントロピー生成速度極小の条件は，反応速度論における定常状態の条件と同等であることが示される[72]．

このエントロピー生成速度が極小値をとるという条件により，平衡状態の近傍に位置する化学反応系の時間発展方向として定常状態が位置づけられ，かつその定常状態は安定であることが保証される．平衡状態から遠く離れた化学反応系の発展方向については一般的な極値原理は存在しないとされる．プリゴジンらの提唱する一般的発展基準は，化学反応系から生じる散逸構造形成の可能性を暗示しうるのみであり，実際にその過程が存在することを証明するためには系の時間発展を記述する反応速度論（反応動力学 kinetics）に基づく微分方程式系の解を求める必要が生じてくる[77]．

(5) 質量作用の法則

ここで，熱力学と反応速度論との関連で注意を要する質量作用の法則について記述しておく．いま，化学量論係数を $\{a_i\}$，$\{b_i\}$ とする化学反応

$$a_1 A_1 + a_2 A_2 + \cdots + a_n A_n \rightleftharpoons b_1 B_1 + b_2 B_2 + \cdots + b_m B_m \tag{2.31}$$

を考える．この反応が化学平衡状態にあるとすると，ギブズの自由エネルギー G が個々の分子のモル数の関数 $G = G(N_{A_1}, N_{A_2}, \ldots, N_{A_n}, N_{B_1}, N_{B_2}, \ldots, N_{B_m})$ として極小値をもち，たとえば N_{A_1} について

$$\frac{dG}{dN_{A_1}} = \frac{\partial G}{\partial N_{A_1}} + \frac{\partial G}{\partial N_{A_2}} \frac{dN_{A_2}}{dN_{A_1}} + \cdots + \frac{\partial G}{\partial N_{B_m}} \frac{dN_{B_m}}{dN_{A_1}} = 0 \tag{2.32}$$

となる．反応に伴う反応物や生成物の分子数の変化には反応式(2.31)から以下の条件が課せられている．

$$\frac{dN_{A_i}}{dN_{A_1}} = \frac{a_i}{a_1}, \quad \frac{dN_{B_j}}{dN_{A_1}} = -\frac{b_j}{a_1} \tag{2.33}$$

そして，式(2.33)を式(2.32)に代入することにより，化学平衡の条件として，

$$a_1 \frac{\partial G}{\partial N_{A_1}} + a_2 \frac{\partial G}{\partial N_{A_2}} + \cdots + a_n \frac{\partial G}{\partial N_{A_n}} = b_1 \frac{\partial G}{\partial N_{B_1}} + b_2 \frac{\partial G}{\partial N_{B_2}} + \cdots + b_m \frac{\partial G}{\partial N_{B_m}} \tag{2.34}$$

が得られる．この条件にギブズの自由エネルギー G と化学ポテンシャル μ のあいだの関係式

$$\left(\frac{\partial G}{\partial N_k} \right)_{T, p, N_{i \neq k}} = \mu_k \tag{2.35}$$

を代入すると

$$a_1 \mu_{A_1} + a_2 \mu_{A_2} + \cdots + a_n \mu_{A_n} = b_1 \mu_{B_1} + b_2 \mu_{B_2} + \cdots + b_m \mu_{B_m} \tag{2.36}$$

となる．形式的には式(2.31)の分子の記号 A_i，B_j を化学ポテンシャル μ_{A_i}，μ_{B_j} に置き換えることにより化学平衡の条件式(2.36)が得られる．希薄溶液での反応の場合，分子 k の化学ポテンシャル $\mu_k(T,p)$ はモル濃度 c_k と基準状態の化学ポテンシャル $\mu_k^0(T,p)$ を用いて

$$\mu_k(T,p) = \mu_k^0(T,p) + RT \ln c_k \tag{2.37}$$

と表せる．この関係式を化学平衡の条件(2.36)に代入することにより，平衡状態での分子のモル濃度$[A_k]_{\text{eq}}$, $[B_k]_{\text{eq}}$に関しての化学平衡の条件

$$\sum_k a_k \mu_{A_k}^0(T,p) + RT \sum_k a_k \ln[A_k]_{\text{eq}} = \sum_k b_k \mu_{B_k}^0(T,p) + RT \sum_k b_k \ln[B_k]_{\text{eq}}$$

$$\sum_k a_k \mu_{A_k}^0(T,p) - \sum_k b_k \mu_{B_k}^0(T,p) = RT \ln \frac{\prod_k [B_k]_{\text{eq}}^{b_k}}{\prod_k [A_k]_{\text{eq}}^{a_k}} \tag{2.38}$$

が得られる．ここで平衡定数$K(T,p)$を

$$\ln K(T,p) = \frac{\sum_k a_k \mu_{A_k}^0(T,p) - \sum_k b_k \mu_{B_k}^0(T,p)}{RT} \tag{2.39}$$

として導入すると，式(2.38)から，平衡状態において各分子のモル濃度のあいだの比は

$$K(T,p) = \frac{\prod_k [B_k]_{\text{eq}}^{b_k}}{\prod_k [A_k]_{\text{eq}}^{a_k}} \tag{2.40}$$

となる．ここでKは温度や圧力だけに依存する定数であり，式(2.40)は質量作用の法則といわれる[76]．

質量作用の法則にも現れているが，熱力学そのものは分子の動的挙動に無頓着であり，系内の反応がどのように進行したかも知らない．このことは熱力学の強さであるとともに弱さでもある．そのため，細胞内の化学反応の過程，すなわち動的挙動を解析しようとすると，反応速度論に依拠することになる．そのとき，たとえば化学反応式

$$A + B \to C \tag{2.41}$$

の速度式に関して，「分子Cの濃度[C]の時間変化$d[C]/dt$は質量作用の法則により，

$$\frac{d[C]}{dt} = k[A][B] \tag{2.42}$$

となる．定数kは速度定数である」と記されることがある．この記述は不適切

であり，一般的には反応速度は濃度のべき関数

$$\frac{d[\mathrm{C}]}{dt} = k[\mathrm{A}]^a[\mathrm{B}]^b \tag{2.43}$$

となり，反応の次数 a と b は化学量論係数とは必ずしも一致せず，反応時系列の実測データから求められなければならない [78]．ただ，反応の衝突説に従うと素反応（elementary reaction）の場合には，各反応物の次数 a や b を化学量論係数におき，式(2.42)で示されるように速度式を推定することは妥当ではある．

2.1.2 確率過程としての化学反応

細胞は物理化学の法則に従って生きており，細胞内で起きている複製，転写，翻訳，代謝，シグナル伝達などは化学反応として把握しうる．その表現形式は多様であり，熱力学に代表されるマクロスコピック（macroscopic）な表現，統計力学に代表されるミクロスコピック（microscopic）な表現に対して，確率過程としての表現はメゾスコピック（mesoscopic）な表現ととらえることができ，前2者の中間に位置し，それらをつなぐ役割を果たしている．熱力学的な平衡状態にある系はゆらぎに対して安定であり，ゆらぎによる平衡からのずれを補償する．また，式(2.11)からもわかるように，解析する分子の数が大きい場合にはゆらぎの影響はきわめて小さくなる．このため，ゆらぎの重要性はあまり認識されなかったが，最近は計測技術の進歩もあり，細胞内で1つ1つのRNAやタンパク質の挙動が解析可能となり，ゆらぎが生命機能に果たす役割の重要性が指摘されてきている．また，細胞内での存在量がきわめて少ない転写制御因子のようなタンパク質の動的挙動の解析も進んでいる．このような「数の少なさに起因する生命現象の解析」にはメゾスコピックな解析が大きな役割を果たしている [79, 80]．

細胞の化学的状態は細胞内分子の濃度で表現される場合が多いが，ここでは細胞内分子の数 x（多種類の分子を考える場合には x はベクトルとなる）で細胞の化学的状態を表現する．それら濃度や数による表現では，細胞内に存在する個々の分子の空間的個性は無視されている．あるいは，空間的個性が無視しうる均一な局所領域での解析に限定している．さらに，ここでは細胞内の反応過程をマルコフ過程で近似する．この根拠そのものは堅牢ではないが，確率

過程を非マルコフ過程として取り扱うための技術は現時点では一般的ではない [81-83]．マルコフ過程の例としては細胞内で生体分子が空間的にゆれ動いているブラウン運動がある．個々の分子をきわめて短い時間間隔で観察するとその過程はブラウン運動ではないが，細かな記述を捨て，空間的にも時間的にも観察を粗視化すると，それら分子の運動はブラウン運動，すなわちマルコフ過程としてモデル化されうる．このことは系の時間発展のマルコフ化といわれる．化学反応の場合には，時間 dt のあいだに状態 x_1 から x_2 へ遷移する条件付き確率 $P(x_2, t_1+dt \mid x_1, t_1)$，すなわち遷移確率が計測しうることを認め，その遷移のくり返しでもって系の時間発展を記載しうるとして，化学反応のマルコフ化が行われる．

いま，大腸菌の細胞を閉鎖系とみなし，その系内の60個の分子X（たとえば転写制御因子 Cro）が2量体Dへの会合と解離の反応を行っているとする．

$$2X \rightleftharpoons D \tag{2.44}$$

大腸菌の体積は 10^{-15} L ときわめて小さいが，思考実験として，その中を観察することができ，時刻 t_i における分子Xおよび分子Dの数 x_i, d_i を10分間にわたり時々刻々と計測したとする．その計測結果を

$$x_1(t_1), x_2(t_2), x_3(t_3), \ldots, x_N(t_N) \tag{2.45a}$$
$$d_1(t_1), d_2(t_2), d_3(t_3), \ldots, d_N(t_N) \tag{2.45b}$$

とする．図2.2には，同じ大腸菌について，時刻0に分子Xが20個，その2量体Dも20個あったとして，その後の経過をグラフ化している．

反応式(2.44)は会合反応 $2X \rightarrow D$ と解離反応 $D \rightarrow 2X$ からなっている．時間の経過とともに2つのX分子が衝突し会合する過程と，2量体Dが2つのX分子に解離する過程が細胞内では起こりうる．図2.2(a)のサンプル過程1では，観測開始後15.9秒間は何ごとも起こらず，分子数は不変である．15.9秒の時点で会合反応が起こり，X分子の数は18個に，そしてD分子の数は21個に変化している．その後，30.9秒，32.4秒と続けて会合反応が起こり，その時点でX分子の数は14個にまで減少している．その後59.1秒の時点で初めて解離反応が起こり，X分子の数は16個と増えている．その後の経過は図2.2(a)に示されるが，反応

(a) サンプル過程1

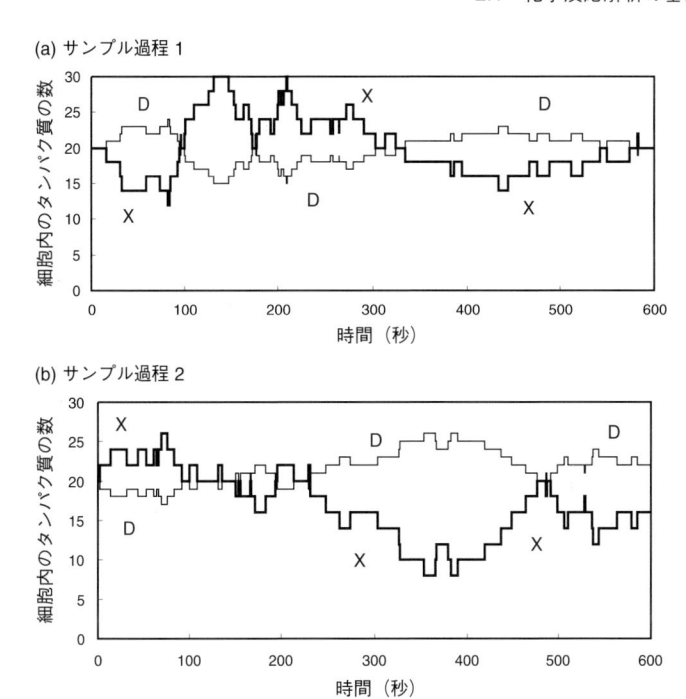

(b) サンプル過程2

図 2.2　大腸菌の細胞内での会合・解離反応 $2X \rightleftharpoons D$

時刻0に分子Xと分子Dがそれぞれ20個存在していたとして，会合・解離反応によるその後の各分子数の変化を計測している．ここでは反応式(2.44)の確率過程をシミュレーションし，その結果をグラフ化している．サンプル過程1と2は仮想的に同種の大腸菌を同じ条件におき，分子数の推移を計測した結果を示している．同じ条件下の反応であっても，分子数はまったく異なった時間推移を示す．

が定まった時間経過後に起こることはなく，突発的に起こっている．分子数はいつまで経っても一定することはなく，(a)に示す10分の範囲内では，X分子もD分子も20個の周りでゆらいでいる．また，反応の経過に再現性はみられない．すなわち，時刻0の「X分子は20個，D分子は20個」という状態が，時刻95.0秒，96.9秒，173.1秒など多くの時刻で現れているが，その後の経過はまったく異なっている．反応式(2.44)では反応を閉鎖系とみているため，各時刻 t_i での系の状態はX分子の数 x_i のみで定められるが，図2.2のように，その時間経過は確定的ではなく確率的に推移する．このような過程は確率過程といわれ，

ある時刻 t_i での分子数 x_i （および d_i ）は確率変数 X （および D ）の実現値とみなされる．図2.2のサンプル過程1とサンプル過程2で同じ時刻 t_i の分子Xの数 x_i はある同一の確率法則に基づいて実現した値ではあるが，ほとんどの場合異なった値をとる．実際の実験ではその差は多くの場合，実験誤差として取り扱われるが，図2.2に現れているゆらぎは確率過程そのものの性質によっている．

反応式(2.44)のサンプル過程である図2.2の確率法則は，素朴には式(2.45)に示される観測をくり返し，各時刻 $t_1 < t_2 < t_3 < \cdots < t_N$ で $x_1(t_1), x_2(t_2), x_3(t_3), \ldots, x_N(t_N)$ が実現される同時確率分布 $P_N(x_1,t_1;x_2,t_2;x_3,t_3;\ldots;x_N,t_N)$ を計測することにより定義される．一般の確率過程の場合には ∞ の観測時点 t_i の数が必要となるが，多くの物理化学の反応はマルコフ過程であるとしてモデル化され，その場合には確率 $P(x_i, t_i)$ ，および $x_1(t_1)$ が計測されたという条件下で $x_2(t_2)$ が観測される確率，すなわち条件付き確率 $P(x_2, t_2 \mid x_1, t_1)$ の2種類の確率ですべての同時確率分布が定義されうる．すなわち確率 $P(x_i, t_i)$ と条件付き確率 $P(x_2, t_2 \mid x_1, t_1)$ のみで系の時間発展は完全に記述される．

いま，マルコフ過程としてモデル化される系の3時点での同時確率分布 $P_3(x_1,t_1;x_2,t_2;x_3,t_3)$ を考えると，

$$P_3(x_1,t_1;x_2,t_2;x_3,t_3) = P(x_3,t_3 \mid x_2,t_2) P(x_2,t_2 \mid x_1,t_1) P(x_1,t_1) \tag{2.46}$$

となる．この式の両辺の x_2 についてすべての分子数の総和をとり，さらに2時点での同時確率分布を条件付き確率で表現すると，

$$\sum_{x_2} P_3(x_1,t_1;x_2,t_2;x_3,t_3) = \sum_{x_2} P(x_3,t_3 \mid x_2,t_2) P(x_2,t_2 \mid x_1,t_1) P(x_1,t_1)$$
$$P_2(x_1,t_1;x_3,t_3) = P(x_1,t_1) \sum_{x_2} P(x_3,t_3 \mid x_2,t_2) P(x_2,t_2 \mid x_1,t_1)$$
$$P(x_3,t_3 \mid x_1,t_1) = \sum_{x_2} P(x_3,t_3 \mid x_2,t_2) P(x_2,t_2 \mid x_1,t_1) \tag{2.47}$$

となる．この関係式はチャップマン-コルモゴロフ (Chapman-Kolmogorov) 方程式といわれマルコフ過程を規定する基本的な方程式である．反応式(2.44)で記述される反応が定常的(stationary)，すなわち同時確率分布 $P_N(x_1,t_1\,;\,x_2,t_2\,;\,x_3,t_3\,;\,\ldots\,;\,x_N,t_N)$ と任意の時間 h だけずらした $P_N(x_1,t_1+h\,;\,x_2,t_2+h\,;\,x_3,t_3+h\,;$

…; x_N, t_N+h) とが一致し，かつ均一 (homogeneous)，すなわち条件付き確率 $P(x_2,t_2\,|\,x_1,t_1)$ が $dt=t_2-t_1$ のみの関数 $P_{dt}(x_2\,|\,x_1)$ である場合，図2.2に示すサンプル過程の確率法則を規定するマスター方程式（条件付き確率に対する発展方程式）はチャップマン-コルモゴロフ方程式から導かれる．いま，時間 dt のあいだに状態 x_1 から x_2 へ遷移する条件付き確率 $P(x_2,t_1+dt\,|\,x_1,t_1)$，すなわち遷移確率が存在し，かつ

$$P(x_2,t_1+dt\,|\,x_1,t_1) = \{1-\alpha(x_1)dt\}\delta_{x_1,x_2} + W(x_2\,|\,x_1)dt + o(dt) \qquad (2.48)$$

という条件を満たすことを仮定する．ここで $W(x_2\,|\,x_1)$ は状態 x_1 から状態 x_2 への単位時間あたりの遷移確率であり，$\alpha(x_1)$ は条件付き確率 $P(x_2,t_1+dt\,|\,x_1,t_1)$ が

$$\sum_{x_2} P(x_2,t_1+dt\,|\,x_1,t_1) = 1 \qquad (2.49)$$

なる条件（遷移確率の規格性）を満たさなければならないことから，

$$\alpha(x_1) = \sum_{x_2} W(x_2\,|\,x_1) \qquad (2.50)$$

となる．チャップマン-コルモゴロフ方程式(2.47)と式(2.48)から，マルコフ過程のマスター方程式が次式で得られる [82]．

$$\frac{dP(x_3,t\,|\,x_1,t_1)}{dt} = \sum_{x_2}\{W(x_3\,|\,x_2)P(x_2,t\,|\,x_1,t_1) - W(x_2\,|\,x_3)P(x_3,t\,|\,x_1,t_1)\} \qquad (2.51)$$

この方程式は線形の微分方程式であり，初期条件である確率分布 $P(x_1,t_1)$ が与えられると任意の時刻 t での確率分布 $P(x_3,t\,|\,x_1,t_1)$ は「数学的には」容易に求めることができる．ただし，実際には，方程式の次元（考慮すべき状態の数）が大きくなり，解くことは困難である．化学反応式(2.44)および図2.2の場合でみても，状態を定める分子Xの数は最大で60としており，状態の数は31（分子Xの数が $60,58,\ldots,2,0$ の状態），したがってマスター方程式は31元の線形微分方程式となる．細胞内の分子数が数百でかつ数種類の分子が関与する反応系の場合には，考慮すべき状態の数は通常は取り扱えない大きさとなる．

式(2.51)のマスター方程式では，状態 x_1 から x_2 への単位時間あたりの遷移確率 $W(x_2|x_1)$ の計測あるいは計算可能性が前提となる．状態が量子力学的状態としてとらえることができれば，第1原理から遷移確率 W を計算することは可能であるが，精度の問題や扱える系が限られるという問題がある．一方，系の状態を記述する変数が分子数である化学反応の場合には考察対象となる個々の反応過程について遷移確率 W の関数型が以下のように与えられている．

(a) $rX \to D$： Xの分子数が $(x+r)$ なる状態から x なる状態への遷移
単位時間あたりの遷移確率 $W(x|x+r)=c(x+r)(x+r-1)\ldots(x+1)/r!$
$r=1$ の場合には，$W(x|x+1)=c(x+1)$ となる．

(b) $X+Y \to D$： X，Yの分子数が $(x+1,y+1)$ なる状態から (x,y) なる状態への遷移
単位時間あたりの遷移確率 $W(x,y|x+1,y+1)=c(x+1)(y+1)$

Malek-Mansourらによると，これらの関数型が「ギブズの自由エネルギーなど熱力学的ポテンシャルが極値をとる状態として定義される平衡状態において，ゆらぎに伴う分子数の分布はポアソン分布となる」という式(2.10)に示されている統計力学からの要請と両立しうる唯一の関数型となる[84]．ここで現れる係数 c は確率速度定数であり，[時間]$^{-1}$ の次元をもつ．化学反応の場合の遷移確率 $W(x_2|x_1)$ の計測は，上記(a)や(b)で現れている確率速度定数 c と通常の実験から計測されるマクロスコピックな速度定数 k との関係式を求めることに対応する．考察対象としている系の体積を V，アボガドロ数を $N_a(6.022 \times 10^{23})$ とし，おもな反応式について両者の関係式を以下に示す[85]．なお( )内は各速度定数の単位を示し，Z は $Z=N_a V$ としている．

(a) $0 \to X$： 系外から系内への分子Xの流入速度定数 k (M/sec)
$c=kZ$

(b) $X \to D$： Xの1次反応の速度定数 k (1/sec)
$c=k$

(c) $X+Y \to D$： 分子XとYについての2次反応の速度定数 k (M^{-1}sec^{-1})
$c=k/Z$

(d) $2X \to D$： 分子Xについての2次反応の速度定数 k (M^{-1}sec^{-1})
$c=2k/Z$

この関係式から明らかなように，速度定数 k と異なり，確率速度定数 c は体積 V に依存して変化する．そのため確率過程として細胞内化学反応を解析するときには，細胞の大きさ（体積）が重要な要素となる．

マスター方程式 (2.51) で $dP(x_3, t \mid x_1, t_1)/dt = 0$ と置いた定常状態においては，次式が得られる．

$$\sum_{x_2} W(x_3 \mid x_2) P_{\mathrm{st}}(x_2 \mid x_1, t_1) = \sum_{x_2} W(x_2 \mid x_3) P_{\mathrm{st}}(x_3 \mid x_1, t_1) \tag{2.52}$$

ここで P_{st} は定常状態での条件付き確率である．詳細釣合いの原理はこの総和の中の個々の項で

$$W(x_3 \mid x_2) P_{\mathrm{st}}(x_2 \mid x_1, t_1) = W(x_2 \mid x_3) P_{\mathrm{st}}(x_3 \mid x_1, t_1) \tag{2.53}$$

なる等式の成立を主張する．このような条件がいつも成立するわけではないが，化学反応過程においてこの条件が成立すると仮定される場合は多い [86-88]．その場合には，式 (2.53) は定常状態での条件付き確率 P_{st} や単位時間あたりの遷移確率 W への強い拘束条件となる．

Gillespie は，個々の化学反応過程の確率的側面を分析し，式 (2.51) のマスター方程式と整合性をもった化学マスター方程式（chemical master equation）を構成している [89, 90]．以下では考察対象となる反応系の中に分子種が N 種あり，M 個の反応過程 $R_1, R_2, \ldots, R_M$ があるものとする．反応式 (2.44) の例では分子種は X と D, すなわち $N = 2$, 反応過程は会合反応と解離反応，すなわち $M = 2$ であった．そして，時刻 t での反応系（たとえば細胞）の状態をその時刻での N 種の分子の数 $x = (x_1, x_2, \ldots, x_N)$ で定義する．Gillespie が化学マスター方程式を構成するにあたって前提とした条件は以下の3つである．

条件 G_1：ある時刻 t での分子数が x であった場合，その後の時間 $[t, t + dt)$ のあいだに反応 R_i が起こる確率は $a_i dt + o(dt)$ である．ここで $o(dt)$ は dt よりも早く 0 になる量を示す．$a_i = c_i h_i(x)$ であり，c_i は [時間]$^{-1}$ の次元をもつ確率速度定数，$h_i(x)$ は反応に関与する分子を x 個の分子から取り出す場合の数である．

条件 G_2：ある時刻 t での分子数が x であった場合，その後の時間 $[t, t + dt)$

のあいだに反応がまったく起こらない確率は $1-\sum_i a_i dt + o(dt)$ である．

条件 G_3：時間 $[t, t+dt)$ のあいだに2つ以上の反応が起こる確率は $o(dt)$ である．

この3つの条件から，時刻 t_0 でX分子の数が x_0 であるという条件付きで，後の時刻 t にX分子の数が x となる確率 $P(x,t\,|\,x_0,t_0)$ と，さらに dt 時間後の確率 $P(x,t+dt\,|\,x_0,t_0)$ の関係式が得られる．いま，自己分解反応 X→0 を例にとると確率 $P(x,t+dt\,|\,x_0,t_0)$ は次式で与えられる．

$$P(x,t+dt\,|\,x_0,t_0) = \{ch(x+1)dt+o(dt)\}P(x+1,t\,|\,x_0,t_0) \\ +\{1-ch(x)dt+o(dt)\}P(x,t\,|\,x_0,t_0)+o(dt) \qquad (2.54)$$

この式の右辺第1項は時刻 t で分子数 $(x+1)$ であった状態から自己分解反応が起こり，分子数 x の状態に推移する確率を，右辺第2項は時刻 t で分子数 x であった状態から自己分解反応が起こらない確率を，右辺第3項は時間 dt のあいだに2度以上反応が起こる確率はきわめて少ないことを示している．ここで関数 h の引数 $(x+1)$ に現れる数字1は自己分解反応「1X→0」の分子Xの化学量論係数である．一般に化学量論係数が a, b, c なる反応 R_i

$$a\mathrm{X}+b\mathrm{Y}\rightarrow c\mathrm{Z} \qquad (2.55)$$

を考えた場合，この反応による各分子 X，Y，Z の変化量ベクトル r_i は $r_i = (-a, -b, c)$ と定義される．この変化量ベクトル r_i を用いると多くの反応が関与する一般的な関係式

$$P(x,t+dt|x_0,t_0) = \sum_i \{c_i h_i(x-r_i)dt+o(dt)\}P(x-r_i,t\,|\,x_0,t_0) \\ +\left\{1-\sum_i c_i h_i(x)dt+o(dt)\right\}P(x,t\,|\,x_0,t_0)+o(dt) \qquad (2.56)$$

が得られる．ここでは多くの反応に関与するすべての分子種の数をベクトル x で示している．この式 (2.56) から一般的な条件付き確率の発展方程式としての化学マスター方程式 (2.57) が得られる．

$$\frac{dP(x,t\,|\,x_0,t_0)}{dt} = \sum_i \{c_i h_i(x-r_i)P(x-r_i,t\,|\,x_0,t_0) - c_i h_i(x)P(x,t\,|\,x_0,t_0)\}$$
(2.57)

マスター方程式(2.51)の右辺は考察すべき状態についての総和であるが,化学マスター方程式(2.57)の右辺は考察すべき反応過程についての総和であり,反応式(2.44)のような化学反応経路の集合体としての化学反応系を解析する場合に適した表現となっている.しかし,どちらも考察すべき状態の数の線形微分方程式であり,その次元の数からみてマスター方程式から直接解をイメージすることは困難である.いま,きわめて単純化された例として反応式(2.44)を取り上げ,化学マスター方程式の解を得る.微分方程式の次元を最小にするため,X分子の総数は2とする.その場合,考察すべき状態はX分子の数x,D分子の数dで表現される$(x=2, d=0)$と$(x=0, d=1)$の2つである.反応式(2.44)は会合反応$R_1:2\mathrm{X}\to\mathrm{D}$と解離反応$R_2:\mathrm{D}\to2\mathrm{X}$の2つの反応を含むため,式(2.57)の化学マスター方程式は次のようになる.

$$\begin{aligned}\frac{dP(x,d,t\,|\,x_0,d_0,t_0)}{dt} &= \frac{c_1(x+2)(x+1)}{2}P(x+2,\,d-1,\,t\,|\,x_0,d_0,t_0) \\ &\quad -\frac{c_1 x(x-1)}{2}P(x,d,t\,|\,x_0,d_0,t_0) \\ &\quad + c_2(d+1)P(x-2,\,d+1,\,t\,|\,x_0,d_0,t_0) \\ &\quad - c_2 d P(x,d,t\,|\,x_0,d_0,t_0)\end{aligned}$$
(2.58)

反応式(2.44)は閉鎖系で保存則$x_T = x+2d$が成立しているため,独立変数をxのみとすると,式(2.58)は

$$\begin{aligned}\frac{dP(x,t\,|\,x_0,t_0)}{dt} &= \frac{c_1(x+2)(x+1)}{2}P(x+2,\,t\,|\,x_0,t_0) \\ &\quad -\frac{c_1 x(x-1)}{2}P(x,t\,|\,x_0,t_0) \\ &\quad + c_2\left(\frac{x_T-x}{2}+1\right)P(x-2,\,t\,|\,x_0,t_0) \\ &\quad - c_2\frac{x_T-x}{2}P(x,t\,|\,x_0,t_0)\end{aligned}$$
(2.59)

となり,$x_T=2$の場合には,2つの状態$(x=2, d=0)$と$(x=0, d=1)$の条件付き確率$P(2,t\,|\,x_0,t_0)$と$P(0,t\,|\,x_0,t_0)$についての連立微分方程式

$$\begin{aligned}\frac{dP(2,t\,|\,x_0,t_0)}{dt} &= -c_1 P(2,t\,|\,x_0,t_0) + c_2 P(0,t\,|\,x_0,t_0)\\ \frac{dP(0,t\,|\,x_0,t_0)}{dt} &= c_1 P(2,t\,|\,x_0,t_0) - c_2 P(0,t\,|\,x_0,t_0)\end{aligned} \tag{2.60}$$

が得られる．ただし，条件付き確率には $P(2,t\,|\,x_0,t_0) + P(0,t\,|\,x_0,t_0) = 1$ が常に成立しているため，上記2つの微分方程式は独立ではなく，1次元微分方程式となり，$P(2,t\,|\,x_0,t_0)$ と $P(0,t\,|\,x_0,t_0)$ は，$t_0=0$ における初期条件を $P(2,t_0)=P_{20}$，$P(0,t_0)=P_{00}=1-P_{20}$ とすると，次式で与えられる．

$$\begin{aligned}P(2,t\,|\,x_0,t_0) &= \frac{c_2}{c_1+c_2} + \left\{P_{20} - \frac{c_2}{c_1+c_2}\right\} e^{-(c_1+c_2)t}\\ P(0,t\,|\,x_0,t_0) &= \frac{c_1}{c_1+c_2} + \left\{P_{00} - \frac{c_1}{c_1+c_2}\right\} e^{-(c_1+c_2)t}\end{aligned} \tag{2.61}$$

すなわち，ある時間 t での系内のX分子は $P(2,t\,|\,x_0,t_0)$ の確率で2個，$P(0,t\,|\,x_0,t_0)$ の確率で0個という状態をとるが，いかなる初期条件から出発しても時間の経過とともにそれぞれの条件付き確率は $P(0,t\,|\,x_0,t_0)=c_1/(c_1+c_2)$ と $P(2,t\,|\,x_0,t_0)=c_2/(c_1+c_2)$ に収束していく．このことはマスター方程式(2.51)および(2.57)に一般的に成立することであり，いかなる初期条件から出発しても時間の経過とともに条件付き確率は一義的な定常分布に近接する[91]．

式(2.61)に示されるように，化学マスター方程式(2.57)も分子の種類や数が数個のうちは容易に解を求めることができるが，分子の種類や数が多くなってくるときわめて困難となる．Gillespieは化学マスター方程式を直接解くのではなく，そのサンプル過程（図2.2に示されている反応のタイムコース）を効果的にシミュレートする方法を開発した．その前提となる条件は先に述べた条件 G_1，G_2，G_3 であり，それらは系内の反応がポアソン過程で生起することを示している．Gillespieはその条件 G_1，G_2，G_3 が成立していると，ある時刻 t に状態 x にあった系内で，時間 $[t+\tau, t+\tau+d\tau)$ のあいだに反応 R_i が生起する確率 $P(\tau,i\,|\,x,t)$ が次式で与えられることを示した．

$$P(\tau,i\,|\,x,t) = c_i h_i(x) e^{-a(x)\tau} \tag{2.62}$$

$$\text{ただし，}\quad a(x) = \sum_{i=1}^{M} c_i h_i(x)$$

$a(x)$ は系内の M 個の反応のどれかが単位時間に生起する確率である．式(2.62)は系内でいつ反応が生起するのか，それはどの反応かを示してくれる．まず，時刻 t の τ 時間後に系内である 1 つの反応が生起する確率 $P(\tau)$ は，i について $P(\tau,i|x,t)$ の総和をとることにより次式で与えられる．

$$P(\tau) = a(x)e^{-a(x)\tau} \tag{2.63}$$

$P(\tau)$ はパラメータ $a(x)$ の指数分布となっている．一般に指数分布は，一定の時間間隔に生起する反応の回数がポアソン分布であるときに，つぎつぎに生起する反応の時間間隔を示している．一方，時刻 $t+\tau$ に生起した反応が R_i である確率 $P(反応=R_i)$ は，τ について $P(\tau,i|x,t)$ を 0 から ∞ まで積分することにより，次式で与えられる．

$$P(反応=R_i) = \frac{c_i h_i(x)}{a(x)} \tag{2.64}$$

式(2.62)をもとに化学マスター方程式のサンプル過程をシミュレートする各種方法が考えられるが[92]，もっとも素朴な方法として式(2.63)と式(2.64)に基づく Gillespie の直接法を以下に示す．

[Gillespie の直接法]

(1) 系内の各反応 i の確率速度定数 c_i を定める．

(2) $t=t_0$ における反応の初期条件として各分子の数 $x=(x_1,x_2,\ldots,x_N)$ を定める．

(3) c_i および x を用いて計算される h_i から，各反応の単位時間あたりの生起確率 $a_i(x)$ を $a_i(x) = c_i h_i(x)$ で求める．

(4) 系内でどれか 1 つの反応が単位時間あたりに生じる確率 $a(x)$ を求める．

(5) 2 つの一様乱数 rnd_1 と rnd_2 を発生させる．rnd_1 と rnd_2 の値域は $[0,1)$ である．

(6) 反応の生起時刻 $t+\tau$ を $\tau = \ln(1/rnd_1)/a(x)$ で計算する．
  [逆関数法により一様乱数から指数分布(2.63)の乱数を発生させる．]

(7) 時刻 $t+\tau$ にどの反応 R_i が生起したかを次式で決める．

$$\sum_{k=1}^{i-1} a_k < a(x) rnd_2 \leq \sum_{k=1}^{i} a_k$$

[式(2.64)の分布に従い，反応 R_i を決める.]

(8) 分子の数 x を時刻 $t+\tau$ に生起した反応 R_i の変化量ベクトル r_i を用いて $x \to x+r_i$ と変更する．

(9) $t=t+\tau$ と，時刻を τ だけ進めて(3)に戻る．

この直接法により反応式(2.44)のサンプル過程をシミュレートした結果が図2.2である．式(2.62)に基づく方法によると，化学マスター方程式を構成することが困難な場合でも，比較的容易にサンプル過程を生成することができる．

Gillespieの直接法により化学マスター方程式で記述される個々の反応過程の1つ1つの反応を実際の時間経過でシミュレートすることが可能であるが，多くの反応過程を含む大規模な反応系や分子数の多い系の場合には式(2.62)の $a(x)$ が大きくなり，式(2.63)の指数分布からもわかるように系内でつぎつぎと生起する反応の平均時間間隔 $1/a(x)$ が小さくなり，ある定められた時間にわたりシミュレートするためには計算効率が悪化する．Gillespieらは条件 G_1, G_2, G_3 に基づきつつ，付加的な条件を導入し，化学マスター方程式の近似として τ 飛躍法（τ-leap method）や化学ランジュバン方程式を導出し，計算効率の改善を図っている[93,94]．ただ，それら付加的な条件の成立条件や，計算の高速化のために導入された時間刻み幅の設定方法など，課題も残されている[95-98]．

細胞内のすべての反応過程を確率過程としてモデル化することも計算効率の点から困難であり，かつ合理的ではない．たとえば，核内での分子数の少ない化学反応（あるいは遅い反応）を確率過程でモデル化し，細胞質での分子数の多い化学反応（あるいは速い反応）を常微分方程式で記述される化学反応式でモデル化し，それらを統合する方法が考えられる．このように異なった時間スケールあるいは空間スケールで進行する細胞内の化学反応過程をモデル化する方法は多重スケールモデル化法（multiscale modeling method）といわれ，研究が進められているが，現時点では「科学というよりは芸術」の段階にある[99,100]．

2.1.3 反応速度論

化学反応の定量的な解析は，L. F. Wilhelmy (1850)がスクロース（ショ糖）の加水分解反応

$$\text{スクロース} \xrightarrow{k} \text{グルコース} + \text{フルクトース} \tag{2.65}$$

でスクロースのモル濃度 [A] の時間変化を微分方程式

$$\frac{d[A]}{dt} = -k[A] \tag{2.66}$$

によって記述されるとしたことに始まる．ここで k は速度定数であり，[時間]$^{-1}$ の次元をもつ．微分方程式 (2.66) は反応速度式といわれ，スクロースの反応開始時の濃度（初期濃度）を $[A]_0$ として解くと，スクロース濃度 [A] の時間変化は

$$[A] = [A]_0 e^{-kt} \tag{2.67}$$

で与えられる．また，反応 (2.65) の各時刻 t での反応速度 v は

$$v = -\frac{d[A]}{dt} = k[A] = k[A]_0 e^{-kt} \tag{2.68}$$

となる．このような L. F. Wilhelmy の実験結果から得られる経験則は
 ① 反応速度式は時間に関して1階の微分方程式で記述される
 ② 反応速度は濃度によって決まり，反応の進行に伴い濃度が変化するため，時間とともに反応速度は変化する
ことを明らかにしている．反応物や生成物として n 個の分子が関与する一般の化学反応では，各分子の濃度 c_i の時間変化は，

$$\frac{dc_i}{dt} = f_i(c_1, c_2, \ldots, c_n) \tag{2.69}$$

の形になる．分子の空間的な分布が一様ではなく，拡散現象などを考慮しなければならない場合には，右辺の関数は空間についての濃度の偏微分係数を含み，式 (2.69) は偏微分方程式となる．しかし，多くの場合には考察している系は均質にかき混ぜられていると仮定し，右辺の関数は式 (2.69) のように濃度のみの関数で表現される．ただ，その関数型は一般には濃度に関して非線形であり，ほとんどの場合，式 (2.69) は数値的にしか解くことはできない．

1基質1生成物の酵素反応機構（uni uni 機構）の場合，ミカエリス-メンテン機構と称される反応式

$$S + E \underset{k_2}{\overset{k_1}{\rightleftharpoons}} ES \xrightarrow{k_3} E + P \tag{2.70}$$

が基本的な反応式として用いられている．ミカエリス-メンテン機構では，酵素 E は基質 S に結合し，酵素-基質複合体 ES を形成し，その結果，反応の遷移状

態の自由エネルギー障壁が低くなり，酵素 E による触媒反応が促進される．そして，触媒反応が終了すれば，生成物 P を放出するとともに，酵素は元の状態 E に戻り，次の反応に寄与していく．ここでは酵素-基質複合体の存在が仮定されているが，その存在は分光解析や複合体の結晶の単離により証明され，さらには X 線結晶解析により酵素-基質複合体の立体構造が明らかにされている．反応式 (2.70) の反応速度式は

$$d[S]/dt = -k_1[S][E] + k_2[ES] \tag{2.71a}$$

$$d[E]/dt = -k_1[S][E] + k_2[ES] + k_3[ES] \tag{2.71b}$$

$$d[ES]/dt = k_1[S][E] - k_2[ES] - k_3[ES] \tag{2.71c}$$

$$d[P]/dt = k_3[ES] \tag{2.71d}$$

となる．ここで反応過程 S + E → ES の反応速度 v_1 を $v_1 = k_1[S][E]$ としているのは，その過程が素過程（素反応）であるとモデル化しているためであり，同様に反応過程 ES → S + E の反応速度 v_2 を $v_2 = k_2[ES]$，反応過程 ES → P + E の反応速度 v_3 を $v_3 = k_3[ES]$ としている．反応速度式 (2.71) を数値計算した結果を**図 2.3** に示す．反応の初期条件は，$[S]_0 = 10\,\mathrm{mM}$，$[E]_0 = 0.01\,\mathrm{mM}$ で，その他の化学種の濃度は 0 としている．この条件は実験室でよく行われる条件で，酵素に比べ基質濃度が大過剰である．

反応開始直後（遷移相）に酵素-基質複合体 ES と酵素 E の濃度は大きく変化する．その後，酵素-基質複合体と酵素の濃度はほぼ一定の値で推移し，その間，基質と生成物の濃度は単調に変化している．基質濃度が 0 に近づくと酵素-基質複合体と酵素の濃度はまた大きく変化する．初期条件の基質濃度を小さな値（たとえば 5 mM）にした場合，遷移相を除き，基質や酵素-基質複合体，酵素の時間変化は図 2.3 の「基質濃度 5 mM」の時刻（ほぼ 35 分）以降と同じ推移をたどる．図 2.3 から，酵素濃度に比べ基質濃度が大過剰なる条件下では，反応開始直後と反応終了直前を除き，$d[ES]/dt = 0$ なる定常状態がほぼ成立しているといえる．かつ，ここで示されている定常状態は，反応 S + E ⇌ ES の正方向および逆方向の速度が一致している平衡状態の近傍に位置しており，図 2.3 の $d[ES]/dt \approx 0$ なる領域では同時に $k_1[S][E] \approx k_2[ES]$ が成立している．このこ

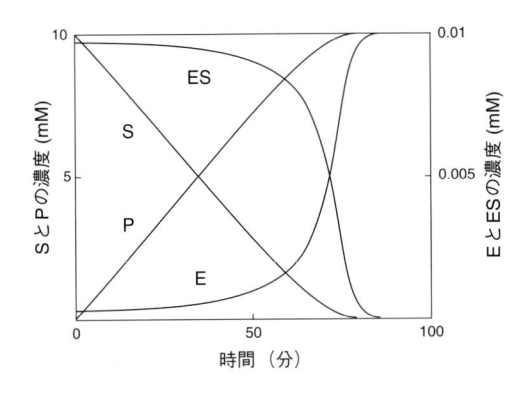

図 2.3 ミカエリス-メンテン機構の数値計算例

反応式 (2.70) のシミュレーション結果を示す．用いた速度定数は $k_1 = 1,050\,\mathrm{mM^{-1}min^{-1}}$，$k_2 = 300\,\mathrm{min^{-1}}$，$k_3 = 15\,\mathrm{min^{-1}}$，初期濃度は $[\mathrm{S}]_0 = 10\,\mathrm{mM}$，$[\mathrm{E}]_0 = 0.01\,\mathrm{mM}$ である．式 (2.71) で記述される微分方程式系は一般に「硬い微分方程式系」になり，ルンゲ-クッタ法などでは解くことができず，「硬い微分方程式系」に適した解法が用いられなければならない [101]．反応開始直後は遷移相といわれ，初期状態から定常状態に移る時期にあたる．その遷移は急速であるため，図では表示できていない．速度定数 k_1 や k_2 は遷移相の計測により得ることができる．その計測手法としてはストップトフロー法や温度ジャンプ法がある．

とは $k_3 \ll k_2$ なる条件が成立している場合に成り立ち，その条件が満たされない反応速度式の場合には，定常状態は平衡状態から離れたところに位置する．一方，図2.3の70分近傍の反応終了直前のESの挙動からも推測されるように，基質濃度と酵素濃度とが拮抗する場合には，定常状態そのものが成立する保証はなくなる．

反応式 (2.70) を組み合わせ，代謝マップなどに示されている多くの酵素が関与する化学反応系の反応速度式（多次元常微分方程式）を構成し，その動的な挙動を解析することは計算機上可能である．しかし，細胞内の化学反応を解析する場合には，細胞膜を介した外界との物質交換過程（たとえば細胞外のグルコースの取り込み過程）を規定する境界条件，反応の初期条件（定常状態から出発する場合には細胞内での代謝産物や酵素の濃度），そして反応速度式 (2.71) にも示されている各反応過程の速度定数の設定が必要となる．境界条件については，図2.1に示す開放系の化学反応で用いた「外界と物質交換する反応物や生成物の細胞内濃度を一定」とする方法，細胞内外への流出入速度を一定とす

る方法，あるいは外界での反応物をS，細胞内の代謝産物をP，輸送体をEとして，物質交換過程そのものを式(2.70)に示すミカエリス-メンテン機構などでモデル化する方法，細胞内の代謝産物濃度を[P]としてその流出速度を$k[P]$とする方法などがある．反応の初期条件は考察対象とする代謝産物（反応物や生成物）および酵素の時刻0での濃度である．大腸菌や酵母，ラットの肝臓細胞や筋肉細胞，ヒトの赤血球などの代謝産物や酵素についてはAlbeらが多くの文献を整理した結果を示している[102]．ラットの肝臓細胞でみると，代謝産物の濃度は$10\,\mu$Mから$10{,}000\,\mu$Mのオーダーと広い範囲で分布している．またラット肝臓細胞の酵素触媒部位の濃度（触媒部位の数は当該酵素のサブユニットの数と同じであると仮定している）とその基質濃度との比（基質濃度/酵素触媒部位濃度）は，1から10,000のオーダーで分布している．これら代謝産物や酵素の濃度は細胞単位で与えられているが，細胞内のコンパートメントを考えた場合，比（基質濃度/酵素触媒部位濃度）はより小さい値を示している可能性がある．境界条件や初期条件に比べ，設定すべき速度定数の数の多さと，速度定数を決定する実験方法の困難さから，すべての速度定数を正確に設定することは一般に困難である．文献などから速度定数（初期条件も同じであるが）を設定することが困難な場合には，細胞間や反応式間での速度定数の転用可能性（transferability），または速度定数の変化に対する細胞の頑健性（robustness）を作業仮説に取り入れ，オーダーとしての速度定数の設定を行い，そこで設定された速度定数を変動させた場合，反応系の挙動がどれほど変化するかといった感度解析を行い，シミュレーション結果の妥当性が検討されている．ただ，その場合にも設定すべき速度定数の多さは解析を複雑にするため，一般的には定常状態近似や迅速平衡の仮定が取り入れられている．

反応速度式(2.71)は，$d[ES]/dt = 0$なる定常状態がほぼ成立している範囲内であれば，より簡単な微分方程式系，すなわちミカエリス-メンテンの式

$$\frac{d[P]}{dt} = \frac{V_{\max}[S]}{K_m + [S]} \tag{2.72}$$

ただし$V_{\max} = k_3 E_T$, $K_m = (k_2 + k_3)/k_1$, $E_T = [E] + [ES]$
となる[103]．K_mはミカエリス定数といわれる．式(2.72)のミカエリス-メンテン式では式(2.70)に示すミカエリス-メンテン機構$S + E \rightleftharpoons ES \rightarrow E + P$は反

応式 S → P に簡略化され，反応への酵素の寄与は $V_{\max}$ に埋め込まれている．ただ，反応式の簡略化 S → P から反応速度式までも簡略化して $d[\text{P}]/dt = k[\text{S}]$ とするのではなく，反応速度式(2.71)の非線形性を保持しているところにミカエリス-メンテン式(2.72)の特質があり，多くの細胞内化学反応の基本的なモデル式として用いられている．式(2.72)には多くの含意がある．まず，基質濃度 [S] が増加するにつれて，反応速度 $d[\text{P}]/dt$ は単調に増加し，漸近的に $V_{\max}$ に近づく．このことは酵素反応の示す飽和性を表現している．ミカエリス定数 K_{m} については [S] = K_{m} のとき，反応速度は $V_{\max}/2$ となる．K_{m} 値の意義は多様であるが，ひとつに K_{m} 値は細胞内の基質濃度の近似値を示すであろうとされている．([S] ≪ K_{m} であれば，当該酵素反応は基質濃度の変化に過敏であり，かつ高い酵素活性をむだにしている．また，[S] ≫ K_{m} であれば，反応速度は $V_{\max}$ に近い値を示し，基質濃度の変化に鈍感になる．）実際，Maher らがラット小脳の神経細胞に存在しているグルコース輸送体 GLUT3 の各種速度論的パラメータを計測した結果によると，K_{m} 値は 2.9 mM と一般的な神経細胞間のグルコース濃度 1〜2 mM に近い値を示しており，彼らは神経細胞の代謝要求に適応した K_{m} 値であると指摘している [104]．なお，生化学実験では「単位時間あたり 1 つの酵素分子が触媒反応で処理する基質分子の数」として代謝回転数 k_{cat} が計測されているが，式(2.70)で示される反応機構の場合には，$k_{\mathrm{cat}} = k_3$ となる．

式(2.70)で示すミカエリス-メンテン機構では生成物 P の生じる反応は不可逆反応であるとしたが，より一般的には次式で示されるように，その段階も可逆反応として取り扱われる．

$$\text{S} + \text{E} \underset{k_2}{\overset{k_1}{\rightleftharpoons}} \text{ES} \underset{k_4}{\overset{k_3}{\rightleftharpoons}} \text{E} + \text{P} \tag{2.73}$$

この場合にも反応速度式(2.71)と同様の反応速度式をたて，$d[\text{ES}]/dt = 0$ なる定常状態近似が成立すると仮定すると，式(2.72)と同様に

$$\frac{d[\text{P}]}{dt} = \frac{\dfrac{V_{\max}[\text{S}]}{K_{\mathrm{m}}} - \dfrac{V_{\text{P}}[\text{P}]}{K_{\text{P}}}}{1 + \dfrac{[\text{S}]}{K_{\mathrm{m}}} + \dfrac{[\text{P}]}{K_{\text{P}}}} \tag{2.74}$$

ただし，$V_{\max} = k_3 E_T$, $K_{\mathrm{m}} = (k_2 + k_3)/k_1$, $V_{\text{P}} = k_2 E_T$, $K_{\text{P}} = (k_2 + k_3)/k_4$

なる簡略化された反応速度式が得られる．可逆反応であるため，反応速度式には基質濃度とともに生成物濃度が含まれてくる．式(2.74)からもわかるように，反応の進行方向は速度定数および基質Sと生成物Pの濃度に依存して変化する．この速度式がモデル式として用いられている例としては，可逆的に進行しやすい異性化反応（グルコース6-リン酸 $\rightleftharpoons$ フルクトース6-リン酸）を触媒するホスホグルコイソメラーゼや，ギブズの自由エネルギー変化の小さい反応（2-ホスホグリセリン酸 $\rightleftharpoons$ ホスホエノールピルビン酸）を触媒するエノラーゼなどがある．

ミカエリス-メンテン機構は一般的には2分子の結合過程S+E$\rightleftharpoons$ESとそれに続く1分子反応の過程があると考えられる．1分子反応過程において複数の反応中間体（例：酵素-基質複合体），たとえばESとEPが存在する反応

$$S+E \underset{k_2}{\overset{k_1}{\rightleftharpoons}} ES \underset{k_4}{\overset{k_3}{\rightleftharpoons}} EP \underset{k_6}{\overset{k_5}{\rightleftharpoons}} E+P \tag{2.75}$$

の場合には，ESとEPに定常状態近似を仮定すると，生成物Pの生成速度は

$$\begin{aligned}\frac{d[P]}{dt} &= \frac{(k_1 k_3 k_5 [S] - k_2 k_4 k_6 [P])E_T}{k_2 k_4 + k_2 k_5 + k_3 k_5 + k_1(k_3+k_4+k_5)[S] + k_6(k_2+k_3+k_4)[P]} \\ &= \frac{\dfrac{V_{\max}[S]}{K_m} - \dfrac{V_P[P]}{K_P}}{1 + \dfrac{[S]}{K_m} + \dfrac{[P]}{K_P}}\end{aligned} \tag{2.76}$$

ここで，$V_{\max} = k_3 k_5 E_T / (k_3 + k_4 + k_5)$,
$K_m = (k_2 k_4 + k_2 k_5 + k_3 k_5)/(k_1 k_3 + k_1 k_4 + k_1 k_5)$,
$V_P = k_2 k_4 E_T / (k_2 + k_3 + k_4)$,
$K_P = (k_2 k_4 + k_2 k_5 + k_3 k_5)/(k_6 k_2 + k_6 k_3 + k_6 k_4)$

となる．右辺第2式のパラメータ$V_{\max}$, K_m, V_P, K_Pの定義式は異なるが，関数型は反応中間体が酵素-基質複合体ESのみであるとした式(2.74)と同じである．このことは一般的にいえることであり，異性化によって順次生成される反応中間体の数は定常状態近似によって求められる速度式の型に何ら影響を与えない．あるいは逆に，定常状態の解析から酵素反応の反応中間体の数に関する情報を得ることはできない．しかし，反応式(2.75)でPとともに生成する安定

型酵素 E が異性化（isomerization）による転換を受けてはじめて初期の安定型酵素 E に戻るという反応機構（iso uni uni 機構）の場合には，定常状態近似での速度式は式 (2.74) や式 (2.76) とは異なった関数型となる．いま，生体膜に埋め込まれた輸送体による物質取り込み機構（細胞外の物質 S を細胞内に P として取り込む酵素反応機構）のモデルにもなる

$$S + E \underset{k_2}{\overset{k_1}{\rightleftharpoons}} ES \underset{k_4}{\overset{k_3}{\rightleftharpoons}} FP \underset{k_6}{\overset{k_5}{\rightleftharpoons}} F + P, \quad F \underset{k_8}{\overset{k_7}{\rightleftharpoons}} E \qquad (2.77)$$

なる反応を考える．ここで輸送体 E の基質結合部位は細胞外に向いており，基質 S との複合体 ES は反応 ES ⇌ FP により基質結合部位が細胞内に向いた複合体 FP に転化し，細胞外基質 S を細胞内基質 P として輸送する．基質結合部位が細胞内に向いている安定型酵素 F は異性化反応 F ⇌ E により基質結合部位が細胞外に向いている安定型酵素 E に転化し，膜輸送の 1 サイクルが完了する．この反応機構の場合には定常状態近似により，基質の流入速度は

$$\frac{d[P]}{dt} = \frac{(k_1 k_3 k_5 k_7 [S] - k_2 k_4 k_6 k_8 [P]) E_T}{D_1 + D_2 [S] + D_3 [P] + D_4 [S][P]} \qquad (2.78)$$

ただし，$D_1 = (k_7 + k_8)(k_2 k_5 + k_2 k_4 + k_3 k_5)$,
$D_2 = k_1 (k_3 k_5 + k_3 k_7 + k_4 k_7 + k_5 k_7)$,
$D_3 = k_6 (k_2 k_4 + k_2 k_8 + k_3 k_8 + k_4 k_8)$,
$D_4 = k_1 k_6 (k_3 + k_4)$

となる．式 (2.74) や (2.76) に比べ iso uni uni 機構の速度式 (2.78) では分母に [S][P] の項が現れている．ただ，反応 FP ⇌ F + P が実質的に不可逆反応とみなせる場合には式 (2.78) はミカエリス-メンテンの式と同じ型に帰着する．

数学的には定常状態近似は，一部の化学種濃度の時間変化を 0 と仮定することにより，微分方程式の一部を代数方程式に変換する方法であるが，同様の方法として迅速平衡の仮定がある．迅速平衡の仮定では，ある可逆反応がほかの反応過程に比べて迅速であり，その可逆反応は常に速やかに平衡状態に達していると考える．ミカエリス-メンテン機構 (2.70) での迅速平衡の仮定は，S + E ⇌ ES なる可逆反応が常に平衡状態にあるとして，

$$[ES] = \frac{k_1 [S][E]}{k_2} \qquad (2.79)$$

とする．この式と酵素濃度の保存式 $E_T = [\mathrm{E}] + [\mathrm{ES}]$ とから，

$$[\mathrm{ES}] = \frac{E_T[\mathrm{S}]}{K_s + [\mathrm{S}]} \tag{2.80}$$

ただし，解離定数 $K_s = k_2/k_1$
となり，

$$\frac{d[\mathrm{P}]}{dt} = k_3[\mathrm{ES}] = \frac{k_3 E_T[\mathrm{S}]}{K_s + [\mathrm{S}]} \tag{2.81}$$

となる．このように迅速平衡の仮定では，生成物Pの生成速度が反応式(2.70)のもっとも遅い反応 $\mathrm{ES} \to \mathrm{E} + \mathrm{P}$ の速さで決まると考える．なお，式(2.81)では定常状態近似でのミカエリス定数 K_m が解離定数 K_s に置き換わっており，両者は $k_3 \ll k_2$ の場合に近似的に一致する．

多くの酵素反応では，反応速度の基質依存性は式(2.72)に示される双曲線型となるが，アロステリック酵素ではシグモイド型（S字型）の経験的な速度式

$$\frac{d[\mathrm{P}]}{dt} = \frac{V_\mathrm{max}[\mathrm{S}]^h}{K_\mathrm{m}^{\;h} + [\mathrm{S}]^h} \tag{2.82}$$

がよく用いられる．V_max は基質濃度 ∞ のときの反応速度，K_m は $V_\mathrm{max}/2$ の反応速度を与える基質濃度である．h はヒル係数であり，以下に示す仮想的な反応機構から導かれる経験的なパラメータである．いま，酵素Eに h 個の結合部位があり，そこに h 個の基質Sが同時に結合して酵素-基質複合体 ES^h が作られ，それが生成物に分解すると考えると，次式の反応式が得られる．

$$\mathrm{E} + h\mathrm{S} \xrightleftharpoons{K_h} \mathrm{ES}^h \xrightarrow{k_h} \mathrm{E} + h\mathrm{P} \tag{2.83}$$

ここで，K_h は ES^h の解離定数，k_h はPの生成速度定数である．いま，迅速平衡を仮定すると，解離定数の式

$$K_h = \frac{[\mathrm{E}][\mathrm{S}]^h}{[\mathrm{ES}^h]} \tag{2.84}$$

と $E_T = [\mathrm{E}] + [\mathrm{ES}^h]$ から

$$[\mathrm{ES}^h] = \frac{E_T[\mathrm{S}]^h}{K_h + [\mathrm{S}]^h} \tag{2.85}$$

が得られ，反応速度 $d[\mathrm{P}]/dt$ は

$$\frac{d[\mathrm{P}]}{dt} = hk_h[\mathrm{ES}^h] = \frac{hk_h E_T[\mathrm{S}]^h}{K_h + [\mathrm{S}]^h} \tag{2.86}$$

となる．この速度式は式(2.82)と同じシグモイド型の関数型を示している．なお，「酵素 E に h 個の結合部位があり」との考えからすると，ヒル係数 h は正の整数と期待されるが，シグモイド型の速度式(2.82)を用いて実際の酵素反応実験から推計した場合にはヒル係数は一般的には整数にならない．このことは h 個の基質が1段階で同時に酵素に結合するという反応式(2.83)の簡略化に起因しているが，むしろヒル係数を酵素の基質結合部位の数とは考えず，酵素反応のシグモイド性の強さ，あるいは協同性の大きさを表現する尺度として，より広い概念でとらえるべきである．この考えからすると1未満のヒル係数も許容され，実際しばしば観測される $h<1$ なる酵素は負の協同性を示す酵素と称される．図2.4にヒル係数を変化させた場合のシグモイド型の速度式(2.82)のグラフを示す．すべてのグラフで $V_{\max} = 1\,\mathrm{mM/sec}$, $K_{\mathrm{m}} = 1\,\mathrm{mM}$ としているため，$[\mathrm{S}] \to \infty$ で $d[\mathrm{P}]/dt$ は漸近的に1に近づく．また，$h>1$ の場合，$[\mathrm{S}] = 0\,\mathrm{mM}$ の近傍では反応速度は0に近く，$[\mathrm{S}] = K_{\mathrm{m}} = 1\,\mathrm{mM}$ の近傍で反応速度は急速に増加している．このことから，強い正の協同性を示すアロステリック酵素が K_{m} の近傍での基質濃度の変化に敏感に応答し，微妙な反応制御に寄与していることがわかる．一方，負の協同性を示す酵素（図で $h=0.5$ の場合）ではシグモイド性はみられず，$[\mathrm{S}] = 0\,\mathrm{mM}$ の近傍で反応速度が急激に変化している．

これまで，1基質1生成物の酵素反応について述べてきたが，反応物が2基質2生成物（bi bi 機構）の場合，

$$\mathrm{A} + \mathrm{B} \rightleftharpoons \mathrm{P} + \mathrm{Q} \tag{2.87}$$

ミカエリス-メンテン機構に基づく詳細な反応型式は多様でかつ複雑になる．代表的な反応型式としては，ordered bi bi 機構，random bi bi 機構，ping pong bi bi 機構がある．ordered bi bi 機構では基質 A と B の酵素への結合，および生成物 P と Q の酵素からの解離の順序が決まっており，反応式は次式で示される．

$$\begin{aligned}&\mathrm{E} + \mathrm{A} \rightleftharpoons \mathrm{EA}, \quad \mathrm{EA} + \mathrm{B} \rightleftharpoons \mathrm{EAB}, \quad \mathrm{EAB} \rightleftharpoons \mathrm{EPQ}, \\ &\mathrm{EPQ} \rightleftharpoons \mathrm{EQ} + \mathrm{P}, \quad \mathrm{EQ} \rightleftharpoons \mathrm{E} + \mathrm{Q}\end{aligned} \tag{2.88}$$

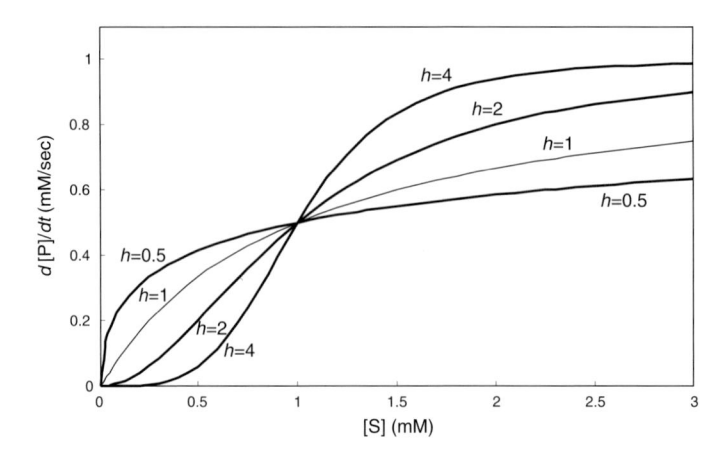

図 2.4 数々のヒル係数における [S]〜d[P]/dt プロット

式 (2.82) で,$V_{\max} = 1\,\mathrm{mM/sec}$,$K_{\mathrm{m}} = 1\,\mathrm{mM}$ としたグラフである.$h>1$ は正の協同性を示し,$h<1$ は負の協同性を示している.$h=1$ はミカエリス-メンテン式に対応する.これら協同性は1つの指標 h で表現されているが,アロステリック酵素の詳細な反応モデルとしては MWC(Monod-Wyman-Changeux)機構や KNF(Koshland-Nemethy-Filmer)機構があり,その場合には協同性をヒル係数 h のように1つの指標で単純に示すことはできない [101].なお,シグモイド型関数としてはほかに発生生物学においてよく用いられているロジスティック関数 $k/(1+a\cdot e^{-b[\mathrm{S}]})$ もあるが,その場合には酵素反応機構との対応は薄くなる.

random bi bi 機構では基質の結合および生成物の解離の順序が任意であり,反応式は次式で示される.

$$\mathrm{E+A \rightleftharpoons EA}, \quad \mathrm{E+B \rightleftharpoons EB}, \quad \mathrm{EA+B \rightleftharpoons EAB}, \quad \mathrm{EB+A \rightleftharpoons EAB},$$
$$\mathrm{EAB \rightleftharpoons EPQ}, \tag{2.89}$$
$$\mathrm{EPQ \rightleftharpoons EQ+P}, \quad \mathrm{EPQ \rightleftharpoons EP+Q}, \quad \mathrm{EQ \rightleftharpoons E+Q}, \quad \mathrm{EP \rightleftharpoons E+P}$$

これら ordered bi bi 機構と random bi bi 機構では,2つの基質が酵素に結合し,酵素-基質複合体 EAB が形成されてのちに生成物が生じる.このため,それら2つの機構は定序機構(sequential mechanism)といわれる.一方,非定序機構といわれる ping pong bi bi 機構では,2番目の基質 B が酵素に結合する前に最初の生成物 P が生成する.その反応式は次式で示される.

$$\begin{aligned}&\mathrm{E+A \rightleftharpoons EA}, \quad \mathrm{EA \rightleftharpoons FP}, \quad \mathrm{FP \rightleftharpoons F+P}\\&\mathrm{F+B \rightleftharpoons FB}, \quad \mathrm{FB \rightleftharpoons EQ}, \quad \mathrm{EQ \rightleftharpoons E+Q}\end{aligned} \quad (2.90)$$

これら反応式から定常状態近似や迅速平衡近似を用いて反応速度式を求めることはきわめて複雑であるが，反応式(2.87)が実質的には$A+B \rightarrow P+Q$なる不可逆反応とみなせる，あるいはPとQの濃度が0近傍にあり逆反応がほとんど無視できる条件下では，反応速度v（$d[\mathrm{P}]/dt$あるいは$d[\mathrm{Q}]/dt$）は比較的簡単に表現できる．すなわちordered bi bi機構やrandom bi bi機構などの定序機構では

$$v = \frac{V_{\max}[\mathrm{A}][\mathrm{B}]}{K_{iA}K_{mB} + K_{mB}[\mathrm{A}] + K_{mA}[\mathrm{B}] + [\mathrm{A}][\mathrm{B}]} \quad (2.91)$$

となり，ping pong bi bi機構では

$$v = \frac{V_{\max}[\mathrm{A}][\mathrm{B}]}{K_{mB}[\mathrm{A}] + K_{mA}[\mathrm{B}] + [\mathrm{A}][\mathrm{B}]} \quad (2.92)$$

となる．式(2.91)や式(2.92)の各パラメータの速度定数による表現は個々の反応機構によって異なり，また個々の酵素について反応機構を実験的に識別する手続きは複雑ではあるが，それらについてはSegelが詳細にとりまとめている[105]．

これまで述べてきたミカエリス-メンテン機構は基質濃度や酵素濃度という濃度概念で把握しうる酵素反応を扱っている．一方，細胞内では空間的な構造から「1個の酵素が触媒する反応」を考察する必要も生じ，その場合にもミカエリス-メンテン機構が成り立っているのかは自明のことではない．Englishらはβ-ガラクトシダーゼを膜に固定化し，1分子酵素反応の動的挙動を蛍光計測により解析している[106]．濃度概念で把握した（多くの酵素のアンサンブルを平均した）実験ではβ-ガラクトシダーゼはミカエリス-メンテン機構に従うとされているため，1分子酵素反応においても式(2.93)に示すモデル反応式がまず作業仮説として用いられている．

$$\mathrm{E} \underset{k_2}{\overset{k_1[\mathrm{S}]}{\rightleftharpoons}} \mathrm{ES} \overset{k_3}{\longrightarrow} \mathrm{E+P} \quad (2.93)$$

1分子酵素反応では基質Sは酵素に比べ常に大過剰に存在しているため，酵素-基質複合体形成の速度定数は$k_1[\mathrm{S}]$となり，その次元は[時間]$^{-1}$である．生成

物Pのみが蛍光を発する条件下で，1つの酵素が存在する小さな空間の蛍光強度を観測すると，基質が溶液内拡散により膜に固定された酵素に近づき，反応が進行するまでは蛍光は観測されない．そして反応が進行し，酵素-基質複合体ESから生成物Pが生成されると蛍光が観測される．Englishらの実験では，反応終了後，生成物Pはすぐに蛍光計測領域である酵素固定位置から離れていくため，観測される蛍光はすぐに消える．すなわち蛍光はES → E + Pという反応過程が生起した瞬間に突発的に観測され，消えていく．そして次の基質が酵素に近づき反応が終了すると，また突発的な蛍光観測がなされる．基質濃度[S]をある値に固定し長時間にわたる蛍光強度の計測実験を行うことにより，順次蛍光が観測される時間間隔，すなわち待ち時間 τ_i ($i=1,N$)，およびその平均値 $\langle \tau \rangle$ が得られる．Englishらは基質濃度を $10\,\mu$M，$20\,\mu$M，$50\,\mu$M，$100\,\mu$M と変化させ，それら個々の条件で蛍光強度を観測した結果，待ち時間の平均値 $\langle \tau \rangle$ と基質濃度[S]とのあいだに，

$$\frac{1}{\langle \tau \rangle} = \frac{k_3[\mathrm{S}]}{K_\mathrm{m} + [\mathrm{S}]} \tag{2.94}$$

なる関係式が成立することを見いだしている．反応速度を v とすると，$v = 1/\langle \tau \rangle$ であるため，この関係式(2.94)は多数の酵素のアンサンブル平均をした結果得られるミカエリス-メンテンの式(2.72)と同等であり，Englishらの実験は1分子酵素反応においてもミカエリス-メンテン機構が成立していることを示している．計算機シミュレーションにおいても，同様の結果は得られる．式(2.93)に示すモデル反応式の確率過程をGillespieの方法でシミュレーションした結果を**図2.5**に示す．図2.5 (a) は1分子酵素反応の蛍光計測（Englishらの実験と同じく生成物Pのみが蛍光を発するとしている）を0.4秒間にわたり行い，その間の蛍光強度をグラフ化している．初期条件は酵素Eの分子数が1，酵素-基質複合体ESの分子数が0である．反応開始後0.001秒にS + E → ESなる素反応が起こり，酵素-基質複合体ESが生じ，0.003秒でES → E + Pなる素反応が起こり，Pが生じると同時に蛍光が観測されている．図2.5 (b) は同じ実験の蛍光計測を長時間にわたり計測し，得られた待ち時間 τ の度数分布 $P(\tau)$ を示しており，待ち時間 τ の最頻値は $0.006\,\mathrm{sec} \leqq \tau < 0.008\,\mathrm{sec}$ にあり，平均値 $\langle \tau \rangle$ は $0.028\,\mathrm{sec}$ である．この値は式(2.94)の右辺を用いて計算された値と一致している．なお，

(a) Pの生成時刻の時系列

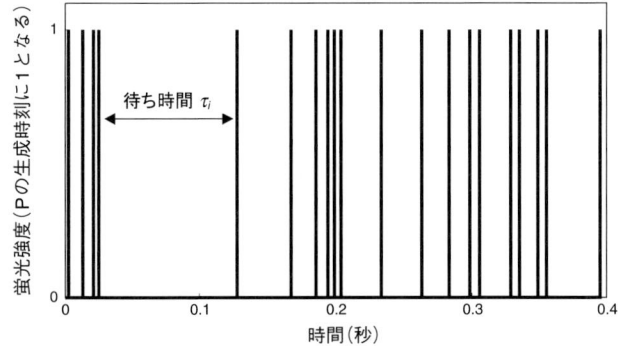

(b) 待ち時間の度数分布

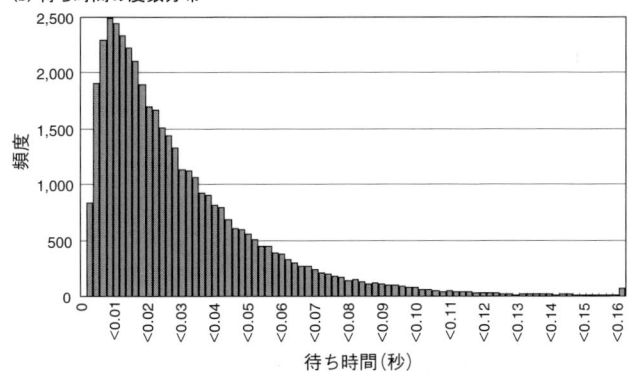

図 2.5　1分子酵素反応のシミュレーション結果

式 (2.93) に示す酵素反応で $k_1[\mathrm{S}] = 10\,\mu\mathrm{M}^{-1}\mathrm{sec}^{-1} \times 5\,\mu\mathrm{M} = 50\,\mathrm{sec}^{-1}$，$k_2 = 50\,\mathrm{sec}^{-1}$，$k_3 = 250\,\mathrm{sec}^{-1}$ として Gillespie の方法によるシミュレーションを行った．(a) では 0.4 秒間の反応経過を観測している．反応 $\mathrm{ES} \to \mathrm{E} + \mathrm{P}$ により P が生成した時刻の蛍光強度を 1 としてグラフ化している．(b) では 1,000 秒以上にわたり反応を観測し，そのあいだに得られた待ち時間 τ_i の分布（ここでは τ_i のサンプル数は 41,694 である）を示している．なお，(b) では 0.002 秒きざみで度数分布を作成している．グラフの右端は待ち時間 0.16 秒以上の度数である．

English らの 1 分子酵素反応の実験では，単に「時間平均とアンサンブル平均は一致してミカエリス-メンテン機構の妥当性を示す」のみでなく，1 分子酵素反応の計測によって明らかにされる酵素の立体構造のゆらぎや履歴現象も解析されている．また，Qian らはペルオキシダーゼの 1 分子酵素反応でも観測されている振動現象を反応機構 $\mathrm{S} + \mathrm{E} \rightleftharpoons \mathrm{ES} \rightleftharpoons \mathrm{EP} \rightleftharpoons \mathrm{E} + \mathrm{P}$ の確率過程モデルを用いて

解析している [107].

2.1.4 力学系としての化学反応系

反応速度論では，式 (2.69) や (2.71) にあるように，系内に存在する n 個の化学種の濃度 c_i について，n 個の 1 階の非線形微分方程式 $dc_i/dt = f_i(c_1, c_2, \ldots, c_n)$ を構成し，系の動的挙動をシミュレーションによって解析しようとする．細胞内の化学種の空間的分布をも解析しようとすると，その関数 f_i は空間についての濃度の微分係数を含み，偏微分方程式を取り扱うことになる．また，転写過程や 1 分子酵素反応のように数個というきわめて少ない分子数の反応を取り扱う場合には，濃度 c_i による表現ではなく，分子の個数 n_i による表現が用いられ，かつ系内の分子 i の個数が n_i である確率 $P(\{n_i\})$ に関する確率微分方程式での記述がなされる．一般に，このように系の時間発展の法則を数学的に記述し，その動的特性を局所的および大域的側面から解析する理論を力学系 (dynamical system) の理論といい，数学，物理学，化学，生物学を横断した一つの学問領域を形成している [108, 109].

ここでは，化学反応系を 1 階常微分方程式として記述される力学系の初期値問題

$$\frac{dc_i}{dt} = f_i(c_1, c_2, \ldots, c_n), \quad i = 1, 2, \ldots, n \qquad (2.95)$$

初期条件：時刻 $t = 0$ において，$c_i(0) = c_{i0}$

としてみる．任意の関数 f_i に対して初期値問題 (2.95) の解が存在するわけではないが，関数 f_i が連続で有界な関数であり，かつ Lipshitz の条件が満たされていれば，ある時刻 $t = 0$ における変数 c_i の初期条件の値 c_{i0} ($i = 1, n$) に対して，式 (2.95) の解は一意的に存在する．かつゆるやかな条件下で初期条件の値が非負であれば式 (2.95) の解は非負であることが保証される [108]．たとえば，関数 f_i として式 (2.71) に現れるべき関数が用いられている場合には，それらすべての条件が満たされており，化学反応系においては反応物や生成物の濃度は一意でかつ非負であるという自明の「非負解の一意的な存在」が保証されている．しかし，式 (2.71) に現れるべき関数をはじめ化学反応を記述する関数 f_i は多くの場合，多変数の非線形関数であり，方程式 (2.95) の解を解析的に求め，系の

動的特性を一般的に見通すことは困難である．ここでは比較的見通しのよい化学種を2つに限定した2因子反応系について，その解の一般的性質を考察する．

(1) 定常状態の安定性とその近傍での動的挙動

2つの化学種の濃度を x, y とすると，それらが従う微分方程式は

$$\frac{dx}{dt} = f(x, y)$$
$$\frac{dy}{dt} = g(x, y) \tag{2.96}$$

初期条件：時刻 $t = 0$ において，$x(0) = x_0$, $y(0) = y_0$ となる．この反応系の定常状態 (x_S, y_S) は連立方程式

$$f(x, y) = 0$$
$$g(x, y) = 0 \tag{2.97}$$

を解くことによって求められる．初期条件が $(x_0, y_0) = (x_S, y_S)$ のとき，明らかに定値関数 $x(t) = x_S$, $y(t) = y_S$ は式 (2.96) の解となるため，(x_S, y_S) は平衡点や不動点，特異点ともよばれる．一般的には，系の動的挙動は式 (2.96) の数値解を求めることによって明らかにされるが，初期値 (x_0, y_0) が定常状態 (x_S, y_S) の近傍にあり，かつ式 (2.96) で示される系が構造安定（微分方程式系に現れる関数 f, g を少し変化させても系の動的挙動に大きな変化が生じない場合，系は構造安定であるという．振動現象を示す図 2.6 の渦心点は構造不安定である）であれば，数値解を直接求めることなく，式 (2.96) の線形近似によって得られる線形化微分方程式を解析的に解くことにより，定常状態近傍での動的挙動を近似的に推測しうる．多くの場合，細胞内化学反応系は構造安定であると考えられており，線形化微分方程式による解析は「安全ではない（構造安定性の評価があらかじめ必要ではある）ものの非常に有用」であり，多用されている．

式 (2.97) から得られる定常状態は複数ありうるが，いま，それら定常状態の1つを (x_S, y_S) とすると，その点の近傍での式 (2.96) の線形化は，関数 f と g の偏微分係数

$$f_{xS} = \frac{\partial f(x_S, y_S)}{\partial x}, \quad f_{yS} = \frac{\partial f(x_S, y_S)}{\partial y}$$
$$g_{xS} = \frac{\partial g(x_S, y_S)}{\partial x}, \quad g_{yS} = \frac{\partial g(x_S, y_S)}{\partial y} \tag{2.98}$$

を用いて式(2.96)の右辺をテイラー展開し，1次の項までの近似

$$\frac{dx}{dt} = f_{xS}(x - x_S) + f_{yS}(y - y_S)$$
$$\frac{dy}{dt} = g_{xS}(x - x_S) + g_{yS}(y - y_S) \tag{2.99}$$

によって得られる．ここで得られた線形化微分方程式(2.99)は解析的に解くことができる．すなわち，まず偏微分係数を要素とする行列 J

$$J = \begin{pmatrix} f_{xS} & f_{yS} \\ g_{xS} & g_{yS} \end{pmatrix} \tag{2.100}$$

を定義し，その固有値 λ を固有値方程式

$$|J - \lambda I| = 0 \tag{2.101}$$

ここで，| | は行列式を，I は単位行列を示す．

から求める．その解は

$$\lambda = \frac{(f_{xS} + g_{yS}) \pm \sqrt{(f_{xS} + g_{yS})^2 - 4(f_{xS}g_{yS} - f_{yS}g_{xS})}}{2} \tag{2.102}$$

となり，その2つの固有値 λ_1 と λ_2 が異なる値をもつ場合，線形化微分方程式(2.99)の解は

$$x(t) - x_S = b_{x1}e^{\lambda_1 t} + b_{x2}e^{\lambda_2 t}$$
$$y(t) - y_S = b_{y1}e^{\lambda_1 t} + b_{y2}e^{\lambda_2 t} \tag{2.103}$$

となる．ここで定数 b は初期条件 $x(0) = x_0$, $y(0) = y_0$, および式(2.103)を式(2.99)に代入し，$\exp(\lambda_i t)$ の係数を等しいと置くことにより，一意的に定まる．一方，2つの固有値が同じ値 λ をもつ場合，線形化微分方程式(2.99)の解は

$$x(t) - x_S = b_{x1}e^{\lambda t} + b_{x2}te^{\lambda t}$$
$$y(t) - y_S = b_{y1}e^{\lambda t} + b_{y2}te^{\lambda t} \tag{2.104}$$

となり，定数 b は式(2.103)と同様に，初期条件と式(2.99)から一意的に定まる．

式(2.103)や式(2.104)から線形化微分方程式の定常状態の安定性は，式(2.102)で求められる固有値 λ によって規定されることがわかる．まず，2つの固有値の実部がともに負の場合，式(2.103)や式(2.104)の右辺は時間 $t \to \infty$ とともに0となるため，定常状態 (x_S, y_S) の近傍から出発した解はすべて時間の経過とともに指数関数的に定常状態 (x_S, y_S) にたどり着く．このような定常状態は「漸近安定である」といわれる．一度定常状態に達すると微分方程式の解の一意性から系は定常状態にとどまり続ける．細胞内の多くの化学反応系の定常状態は漸近安定であり，小さな外乱により系が一時的に定常状態 (x_S, y_S) から離れても，時間の経過とともに元の定常状態に戻ると考えられている．この漸近安定性は細胞の恒常性維持機能を示すホメオスタシス（homeostasis）の一例となる．ついで，固有値が正の実部をもつ場合には式(2.103)や式(2.104)の右辺は時間 $t \to \infty$ とともに $\pm\infty$ となるため，定常状態 (x_S, y_S) の近傍から出発した解は時間の経過とともに定常状態 (x_S, y_S) から遠ざかる．このような定常状態は「不安定である」といわれる．最後に，2つの固有値が純虚数の場合，$(x_0, y_0) \neq (x_S, y_S)$ であるかぎり，初期値から出発した系が定常状態にたどり着くことはなく，式(2.103)が描く軌道は定常状態 (x_S, y_S) の周りの楕円軌道を描く．このような解は振動解であり，定常状態は漸近安定ではないが，振動解が常に (x_S, y_S) の近傍に留まっているという意味で「安定である」といわれる．

このように線形化微分方程式(2.99)に関しては式(2.102)で求められる固有値の実部の正負や純虚数というきわめて簡単な考察からその定常状態の安定性に関して多くの情報を得ることができ，かつ特別な場合を除き，その情報から線形化前の非線形微分方程式(2.96)の定常状態の安定性を近似的に推測しうる．このような考察は2因子反応系に限らず，より多次元の力学系の定常状態の安定性にも適用可能であり，線形化微分方程式の固有値のすべての実部が負の場合には漸近安定であり，すべての実部が非正である場合には安定であり，少なくとも1つの実部が正であるときには不安定となる．このことは細胞内化学反応系のモデルの妥当性判断にも用いられている．すなわち，ミカエリス-メンテン機構などを用いて構築されたモデル方程式系の定常状態近傍での線形化微分方程式の固有値の実部に正の値が含まれていると，当該モデル方程式に用いら

れているパラメータに不適切なパラメータがあるとして変更され，安定な定常状態をもつモデル方程式系が立てられる．

2因子反応系(2.99)に限った場合には，さらに定常状態のより詳細かつ視覚的（具体的）な分類が可能であり，それらは**図2.6**の2次元空間上で6種類のパターンに分類される[109, 110]．図2.6 (a)～(d)で示される各パターンは式(2.103)や式(2.104)で得られる微分方程式の解$x(t)$と$y(t)$を2次元$(x(t), y(t))$表現したもので，相図といわれる．相図をみると，定常状態の安定性とともに，系の動的挙動を視覚的に把握できる．定常状態(x_S, y_S)は各パターンの中心部に位置している．2因子反応系(2.99)のパラメータ値，すなわち図2.6でx軸とy軸を構成する2つの値$trJ = f_{xS} + g_{yS}$, $detJ = (f_{xS}g_{yS} - f_{yS}g_{xS})$が与えられると，当該2因子反応系が図中の点$(trJ, detJ)$に位置づけられ，その結果，定常状態近傍の動的挙動についての視覚的な情報が得られる．図2.6 (a)は結節点といわれ，2つの実固有値がともに負の場合，(a-1)に示すように，相図の外辺から出発したすべての解軌道は時間の経過とともに中心にある定常状態に吸い寄せられていき，定常状態は安定な結節点になる．一方，2つの実固有値がともに正の場合，(a-2)に示すように，定常状態の近傍から出発した解軌道は時間の経過とともに定常状態から離れていき，定常状態は不安定な結節点になる．(b)は渦状点といわれ，実数部分が負の(b-1)は安定な渦状点になり，実数部分が正の(b-2)は不安定な渦状点になる．(c)は時間の経過とともに$\pm\infty$に発散する不安定な鞍状点になる．4つの直線からなる解軌道の交点が鞍状点となっている．その4つの直線のうち，ほぼ水平方向に走っている解軌道は左右両端から中心に向かう2つの軌跡を示しており，これらの2つの解軌道だけはほかの解軌道と異なり安定であり，安定多様体（stable manifold）といわれる．(d)は渦心点であり，時間的にみると非減衰振動解となっている．線形化微分方程式の解が結節点，渦状点，鞍状点の場合，元の非線形微分方程式も定常状態の近傍では同様の動的挙動を示す．特別な場合は渦心点で現われる．この場合，線形化微分方程式は構造不安定であり，非線形微分方程式の動的挙動は式(2.96)を直接数値的に解くことによって個々に確認される必要がある．なお，図2.6には$detJ = 0$，すなわち固有値の1つが0である場合を記してはいない．この場合，2次元の線形化微分方程式(2.99)は独立ではなく，実質的には1次元の微分

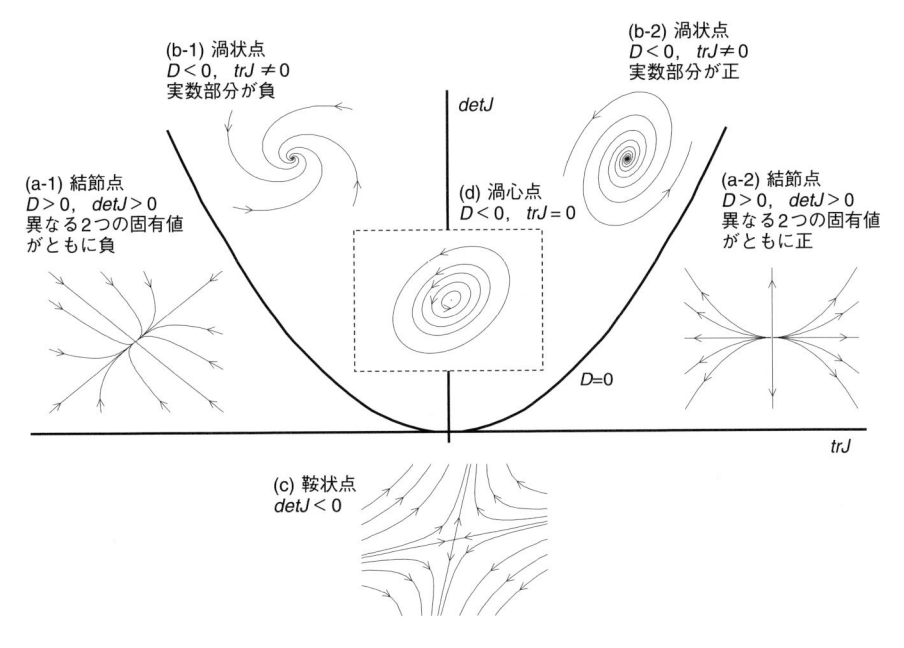

図 2.6　2 因子反応系の定常状態近傍での動的挙動のカタログ

$trJ = f_{xS} + g_{yS}$, $detJ = (f_{xS}g_{yS} - f_{yS}g_{xS})$, $D = (f_{xS} + g_{yS})^2 - 4(f_{xS}g_{yS} - f_{yS}g_{xS})$ である．全体は $trJ = 0$, $detJ = 0$, $D = 0$ の直線や曲線で区画化されており，各区画内の解軌道は同相のパターンを示す．(a-1) 相図の外辺域に位置する 12 の点を初期値にし，中心に吸い寄せられる 12 本の解軌道を描いている．(a-2) 定常状態の近傍に位置する 12 の点を初期値にし，外に発散していく 12 本の解軌道を描いている．(b-1) 相図の外辺域に位置する 4 つの点を初期値に，中心に渦巻状に吸い寄せられる 4 本の解軌道を描いている．(b-2) 定常状態近傍に位置する 2 つの点を初期値にし，外に渦巻状に発散していく 2 本の解軌道を描いている．(c) 相図の外辺域に位置する 14 の点を初期値にし，中心に位置する定常状態から遠ざかっていく 14 の解軌道を描き，同時に 4 本の直線状の解軌道を描いている．直線状の解軌道のうち，ほぼ垂直に伸びる 2 つの軌跡は中心近くの点を初期値にし，外に向け発散している軌跡となっている．また，ほぼ水平に伸びる 2 つの解軌道は外辺域から中心に吸い寄せられていく軌跡を示しており，この 2 つの解軌道のみは特異である．(d) 中心にある定常状態から少し離れたところに位置する 5 つの点を初期値にし，定常状態の周りを反時計回りに回る解軌道を描いている．

方程式となっており，元の非線形微分方程式の動的挙動に関する情報を保存しえていない [110]．なお，図 2.6 のある点に位置していた 2 因子反応系 (2.99) のパラメータ f_{xS}, f_{yS}, g_{xS}, g_{yS} の値が変化し，$trJ = 0$, $detJ = 0$, $D = 0$ で示される直線や曲線を横切る場合には相図のパターンに変化が生じる．$D = 0$ の

曲線を横切る場合には結節点と渦状点という同相（topologically equivalent）なパターン間での変化であるが，$trJ=0$（ただし $detJ>0$）や $detJ=0$ の直線を横切る場合には，その直線上で相図のパターンの大きな変化がみられる．

(2) 非線形系の大域的性質―多重定常状態と定常状態の分岐―

式(2.96)で示される非線形系の定常状態は一般的には複数個あり，個々の定常状態近傍での系の動的挙動は線形化微分方程式系での動的挙動を示す図2.6によって近似的に解析しうる．ただ，それら定常状態間の相互の関係は系の大域的性質であり，非線形微分方程式(2.96)を直接数値的に解く必要が生じる．また，非線形系が示す特徴的な動的挙動の一つである極限周期軌道（limit cycle）も，定常状態から離れたところに現れ，定常状態近傍での局所的解析ではなく大域的な解析が必要とされる．

Gardner らは**図2.7**に示す転写制御系を大腸菌内に構成し，レポーター遺伝子の発現量を計測することにより，多重定常状態を示す系の動的挙動を解析している [111]．この系は，リプレッサー1がプロモーター1からの転写を抑制し，リプレッサー2がプロモーター2からの転写を抑制するという相互抑制フィードバック系となっている．

図2.7のモデル式はもっとも簡単には次式で表現されている．

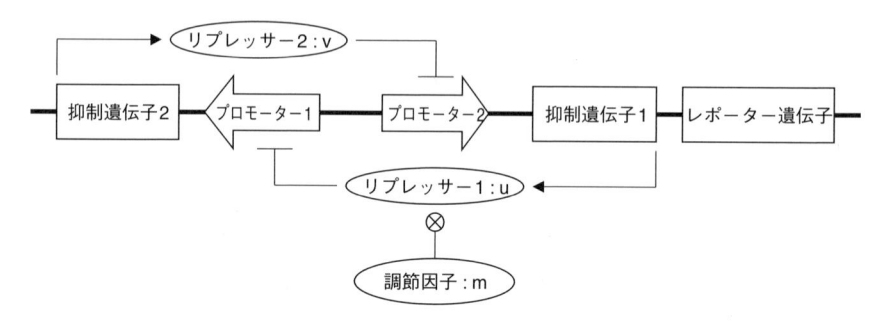

図 2.7　双安定状態をもたらす転写制御系

リプレッサー1と2は相互のプロモーター部位を負に制御している．Gardner らは多くの種類の転写制御系をプラスミド上に構築しているが，1つの例として調節因子にイソプロピルチオガラクトシドIPTG（図1.12参照）を用い，リプレッサー1の機能を調節し，転写制御系の動的挙動を解析している．

$$\frac{du}{dt} = \frac{a_1}{1+v^b} - u$$
$$\frac{dv}{dt} = \frac{a_2}{1+(mu)^g} - v \tag{2.105}$$

ここで u と v はリプレッサー 1 とリプレッサー 2 の濃度であり，a_1 と a_2 はそれぞれの合成速度（RNA ポリメラーゼの結合からポリペプチド合成にいたる実効合成速度）であり，b と g はそれぞれのリプレッサーがプロモーターに結合する際の協同性を示すヒル係数である．また，m はリプレッサー 1 の抑制機能を正 $(1 \leqq m)$ あるいは負 $(0 \leqq m < 1)$ に調節する強さを示している．式(2.105)の右辺第 1 項はリプレッサーによる相互の阻害効果を，第 2 項はリプレッサーの自己分解過程を示している．なお，式(2.105)ではすべての変数は無次元化されている．定常状態は $du/dt = dv/dt = 0$ を解くことにより求められるが，$a_1 = a_2 = 5$，$b = g = 3$，$m = 1$ の場合，3 つの定常状態解が得られる．

定常状態1： $u_0 = 4.9997$, $v_0 = 0.03969$
定常状態2： $u_0 = 1.379$, $v_0 = 1.379$ (2.106)
定常状態3： $u_0 = 0.03969$, $v_0 = 4.9997$

定常状態 1 はリプレッサー 1 が高濃度で存在し，リプレッサー 2 が低濃度で存在する状態であり，定常状態 3 は逆にリプレッサー 1 が低濃度で存在し，リプレッサー 2 が高濃度で存在する状態である．それぞれの定常状態の安定性をみるため，式(2.105)から得られる線形化微分方程式の固有値を求めると，定常状態 1 と 3 の場合には 2 つの負の実根が得られ，これら 2 つの定常状態は漸近安定であることがわかる．一方，定常状態 2 の場合には，1 つは正，1 つは負の実根であり，不安定な定常状態となっている．このような 2 つの漸近安定な定常状態をもつ系は双安定性（bistability）を示すといわれる．いま，初期値を変化させて，式(2.105)を数値的に解いた結果を**図 2.8** に相図として示す．

図 2.8 の破線で示した対角線は分離線（separatrix）といわれ，分離線の下方領域から出発した解軌道はすべて定常状態 1 に吸い込まれていき，分離線の上方領域から出発した解軌道は定常状態 3 に吸い込まれていく．定常状態 1 と 3 は安定結節点であり，その定常状態の近傍では図 2.6 (a-1) と同じパターンを示す．また定常状態 2 は不安定な鞍状点であり，その定常状態の近傍も図 2.6 (c)

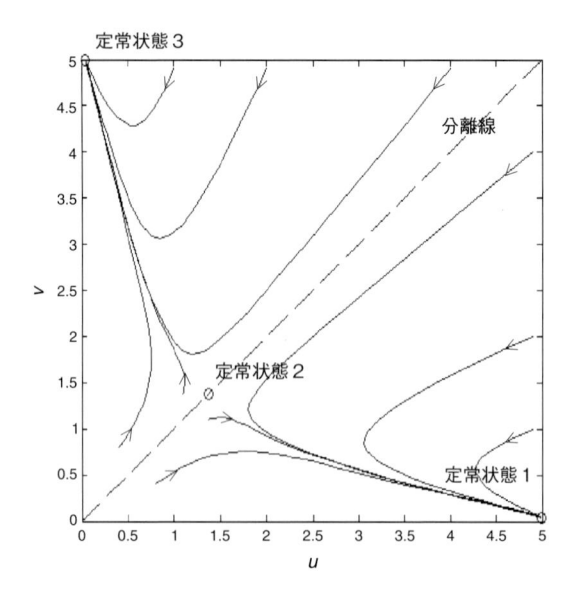

図 2.8 双安定状態をもたらす転写制御系の相図

式 (2.105) において $a_1 = a_2 = 5$, $b = g = 3$, $m = 1$ とした場合の解軌道を描いている．3つの ○ 印は定常状態を示し，実線で示す 10 の解軌道は時間の経過とともに定常状態 1 か定常状態 3 に吸い込まれていく．定常状態 1 と 3 は安定結節点であり，定常状態 2 は不安定な鞍状点である．なお，点線で示す分離線の上から出発する解軌道は分離線上に沿って定常状態 2 に吸い込まれていく．すなわち，初期値が分離線上にあり，かつ分離線上の系への外乱がその線上に拘束されている場合，鞍状点が安定結節点のようにふるまう．

と同じパターンを示す．ただ，それら3つの定常状態を含む大域的な系の動的な挙動については，図2.6の局所的な描像の組合せから推測することはできず，非線形微分方程式(2.105)を数値的に解くことによりはじめて正確な描像を得ることができる．

なお，定常状態1と3は安定結節点ではあるが，ある時間経過後，系がどちらの定常状態にたどり着いた場合でも，外乱により u や v の濃度が分離線をこえると，トグルスイッチのように他の定常状態にすみやかに移行する．このようなトグルスイッチの役割を果たす双安定状態は，λファージの溶菌-溶原性スイッチや *lac* リプレッサー系，MAPKカスケード，さらには細胞周期の制御系でもみられており，細胞の機能発現に重要な役割を果たしていると考えられて

いる [56, 112, 113].

図2.8は非線形微分方程式系の双安定な定常状態を示しているが，定常状態の個数は式(2.105)のパラメータa_1，a_2，b，g，mの値によって異なる．一般に，図2.8に示すような解の動的挙動（相図のパターン）が，あるパラメータのある値を境に劇的に変化する場合，その値で系は分岐するという．分岐にはさまざまな種類があるが，ここでは代表的な分岐である，定常状態の個数の変化（定常状態の分岐）と，定常状態の不安定化に伴う安定な極限周期軌道の出現（Hopf分岐）の2つについて述べる．

式(2.105)に示す転写制御系は2つの相互抑制フィードバックの協同性が強く($1<b,g$)，リプレッサーの実効合成速度a_1, a_2が大きな値をもつ場合に，図2.8に示すような双安定状態が生じやすい．また，リプレッサー1の抑制機能を調節するパラメータmによっても定常状態の個数は変化する．実際，$m=0$の場合には，式(2.105)から容易に，$v_0 = a_2$, $u_0 = a_1/(1+a_2^b)$が単一の定常状態になり，$m \to \infty$の場合には，$v_0 = 0$, $u_0 = a_1$が単一の定常状態になることがわかる．図2.8と同じパラメータで，mの値のみを変化させ，個々に定常状態を式(2.105)から求めた結果を**図2.9**に示す．図2.9は(m, u_0)をグラフ化しており，分岐図式（bifurcation diagram）といわれる．

$m=0$の定常状態A ($u_0 = 0.04$, $v_0 = 5.00$)に系がある状態で，mの値を5にまで上げると系は時間の経過とともに，定常状態X ($u_0 = 0.04$, $v_0 = 4.96$)に達する．この点Xは図2.9ではABの線上にある．mがBの点をこえると系は定常状態C ($u_0 = 5.0$, $v_0 = 0.0$)に移る．一方，系がCにある状態で，mの値を5にまで下げると，系は時間の経過とともに，定常状態Y ($u_0 = 5.0$, $v_0 = 0.0$)に達する．すなわち，同じ$m=5$という環境下であっても，初期に系がAに存在していたか，Cに存在していたかで，系が新たに到達する定常状態は異なる．この現象を履歴現象（hysteresis）という．双安定な系は常にこのような履歴現象を示す．Gardnerらは調節因子としてイソプロピルチオガラクトシドIPTGを用いた実験で，図2.9に示す定常状態間の遷移や双安定状態（履歴現象）を観測している [111]．

図2.9に示す定常状態の個数の変化に伴う分岐に対して，Hopf分岐では1つの定常状態の不安定化に伴う極限周期軌道の出現がみられる．極限周期軌道で

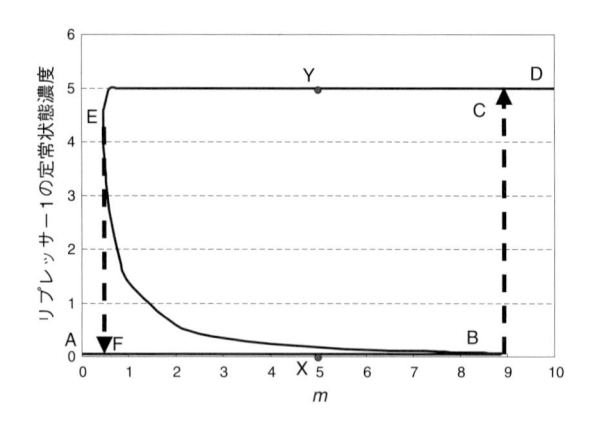

図 2.9　双安定状態をもたらす系の分岐図式

図 2.7 のモデル式 (2.105) の定常状態を m の関数として求め図式化している．m の値が A から F までは定常状態は 1 つであり，F から B までは 3 つの定常状態が現れる．m の値が B の点をこえると，定常状態は 1 つになる．このように定常状態の数が変化する m の点（この図では $m = 0.47$ と $m = 8.88$）を分岐点（bifurcation point）という．

は，その近傍から出発したすべての解軌道が当該周期軌道に $t \to \infty$ で巻きついていく．図 2.6 (d) に示した渦心点の周りの周期軌道の場合には，その近傍から出発した解軌道は異なった周期軌道を描き，渦心点は安定ではあるが，漸近安定ではなく，かつ系自体は構造不安定である．構造不安定な周期軌道を描く非線形系としては Lotka-Volterra 系があり，構造安定な極限周期軌道を描く非線形系としては，van der Pol 系がよく知られている [109, 110]．

細胞内において極限周期軌道を描く例として，解糖系の振動現象がある．解糖系は 1 分子のグルコースを 2 分子のピルビン酸に変換し，2 分子の ATP を生成する 10 段階の酵素反応からなる系であるが，ある条件下で周期的振動が観測される．酵母の場合，グルコース培地下で培養したのち，飢餓状態をつくり，その後グルコースを添加し，さらに数分後にシアン化物の添加などにより好気的条件から嫌気的条件に変化させると，NADH や ATP などの細胞内濃度の周期的変動がみられる．

Bier らは，周期的振動のエンジンは解糖系の 3 番目に位置する酵素ホスホフルクトキナーゼにあるとし，かつ解糖系のグルコースと ATP のみに着目し，それら 2 変数の非線形微分方程式系で酵母解糖系の振動現象をモデル化している

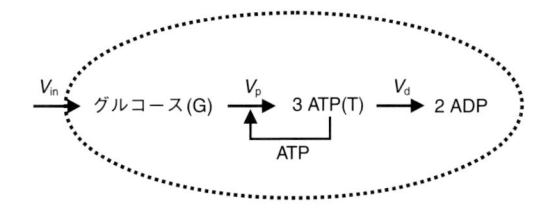

図 2.10　酵母解糖系の振動反応モデル

解糖系の振動現象のエンジンは解糖系の多くの酵素が担っており，ある1つの酵素には帰属できないとの見解もあるが，Bierらは解糖系を調節する主要な酵素であるホスホフルクトキナーゼPFKが振動現象のエンジンであるとしてモデルを構成している．PFKは実質的に不可逆な反応（フルクトース6-リン酸+ATP → フルクトース1,6-ビスリン酸+ADP+H^+）を触媒している．

(**図2.10**) [114, 115]．図中 V_{in} は細胞外から細胞内へのグルコースの定値入力を示し，V_p はグルコースの実効代謝速度であり，生成物ATPはこの反応の正の調節因子でもある．V_d はATPの分解反応速度である．

Bierらによると図2.10のモデル式は以下のように表現される．

$$\begin{aligned}\frac{dG}{dt} &= V_{in} - k_1 GT \\ \frac{dT}{dt} &= 2k_1 GT - \frac{k_p T}{K_m + T}\end{aligned} \quad (2.107)$$

ここで，G はグルコース濃度，T はATP濃度を示し，k_1 はホスホフルクトキナーゼ活性をモデル化している．

このモデル式では，パラメータ V_{in}, k_1, k_p, K_m がある値になると，ATPによる正のフィードバックループとミカエリス-メンテン型の分解反応があいまって極限周期軌道が生み出される．ここでは k_1, k_p, K_m を固定し，実験的にも調整しうる系内へのグルコースの流入量 V_{in} の変化に伴う定常状態の分岐をみる．個々の V_{in} の値に応じて，式(2.107)はただ1つの定常状態

$$(G_S, T_S) = \left(\frac{k_p - 2V_{in}}{2K_m k_1}, \frac{2K_m V_{in}}{k_p - 2V_{in}} \right) \quad (2.108)$$

をもつ．この式から $V_{in} < k_p/2$ であれば G_S と T_S がともに正なる定常状態が得られることがわかる．その近傍での式(2.107)の線形化微分方程式は

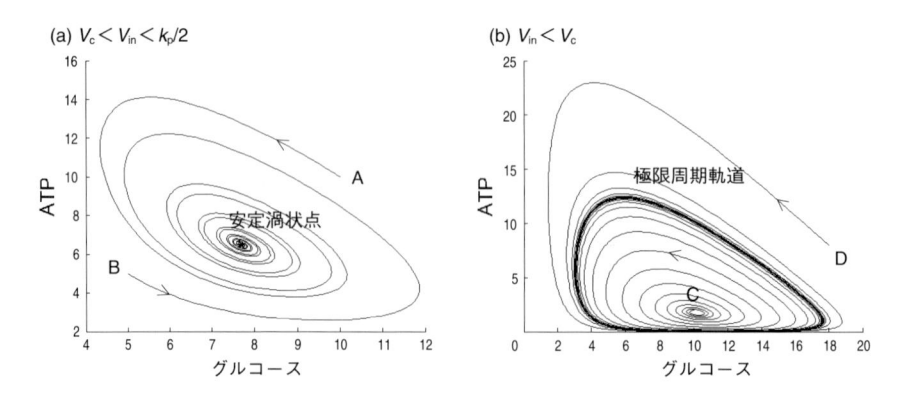

図 2.11　解糖系の振動解のモデル

モデル式 (2.107) で $k_1 = 0.02$, $k_p = 6$, $K_m = 13$ として解軌道を描いている．式 (2.111) から $V_c = 0.748$ となる．(a) では $V_{in} = 1.0$ としている．また (b) では $V_{in} = 0.36$ としている．(a) では 2 つの初期値 A と B から出発した解軌道が安定な渦状点 (7.7, 6.5) に吸い込まれている．(b) では不安定な定常状態 C（ここで用いたパラメータでは定常状態 C は不安定な渦状点となっている）の近傍および D から出発した 2 つの解軌道が極限周期軌道に巻き込まれている．なお，極限周期軌道の場合には，図 2.6 (d) に示されている渦心点と異なり，当該閉軌道の近傍にほかの閉軌道は存在しない．

$$\begin{aligned} \frac{dG}{dt} &= f_{GS}(G - G_S) + f_{TS}(T - T_S) \\ \frac{dT}{dt} &= g_{GS}(G - G_S) + g_{TS}(T - T_S) \end{aligned} \quad (2.109)$$

ただし，$f_{GS} = -k_1 T_S$, $f_{TS} = -k_1 G_S$,

$g_{GS} = 2k_1 T_S$, $g_{TS} = 2k_1 G_S - k_p K_m/(K_m + T_S)^2$

となり，固有値 λ は

$$\lambda = \frac{(f_{GS} + g_{TS}) \pm \sqrt{(f_{GS} - g_{TS})^2 + 4 f_{TS} g_{GS}}}{2} \quad (2.110)$$

となる．V_c を

$$V_c \equiv \frac{k_p - K_m \sqrt{k_1 k_p}}{2} \quad (2.111)$$

と定義すると，$V_c < V_{in} < k_p/2$ の領域で λ の実数部は負であり，系の定常状態は安定な結節点か安定な渦状点になる（**図 2.11**a）．一方，$V_{in} < V_c$ なる領域で λ の実数部は正となり，定常状態は不安定化し，同時にその状態から遠く離れたところに極限周期軌道が現れる（図 2.11b）．$V_{in} = V_c$ なる点で固有値は純虚

数となり，V_c は Hopf 分岐点といわれる．本来的に極限周期軌道は非線形の現象であり，系の大域的性質を現しており，定常状態近傍で線形化された局所的な系(2.109)では把握しきれないが，線形化された系での定常状態の不安定化は極限周期軌道が現れる必要条件になっている．Hopf 分岐点をこえ，極限周期軌道が生じた領域 $V_\mathrm{in} < V_c$ での解曲線を図2.11(b)に示しているが，この領域ではすでに定常状態は不安定化しており，不安定定常状態の近傍のC点から出発した軌道は時間の経過とともに極限周期軌道に巻きついていく．また極限周期軌道の外部の点Dから出発した軌道も時間の経過とともに極限周期軌道に巻きついていく．

2.1.5　化学量論解析

　細胞内に存在する多くの代謝産物の存在量は細胞機能の解析にとって重要な基礎的情報ではあるが，静的な存在量それ自体が細胞機能を担っているわけではなく，それら代謝産物間の動的な相互作用により形成される化学反応ネットワークが直接的には細胞機能を担っている．化学量論解析（stoichiometric analysis）は，化学反応ネットワークを構成する個々の反応経路の反応速度，とくに定常状態下での反応速度である流速（flux）が細胞機能を担う基本的要素であるとして，それら流速の推計を目的としている．反応速度 v_i は一般的には

$$v_i = f_i(X_1, X_2, \ldots, X_n, \{k\}, \{E\}, \{p\}) \tag{2.112}$$

で示されるように，系内のすべての化学種の濃度 $\{X_i\}$ や速度定数 $\{k\}$，酵素濃度 $\{E\}$，温度などの系を特徴づけるその他のパラメータ $\{p\}$ の関数であり，1つの酵素からなる酵素反応のモデルであるミカエリス-メンテン機構の場合には式(2.72)で示されるように，$f_i = k_3 E_T \cdot X_j / (K_\mathrm{m} + X_j)$ と表現される．化学量論解析では，それら反応速度の個々の関数型の詳細を考慮することなく，解析対象である化学反応ネットワークの定常状態における反応速度 $\{v_i\}$ を推計する．

　化学量論解析では，まず，系内のすべての代謝産物（反応物や生成物）と反応経路（系外との代謝産物の交換反応を含む）からなる化学反応ネットワークが定義される．この段階での代謝産物や反応経路のモデル化の誤りは不適切な流速の推計をもたらす．ついですべての代謝産物の反応速度式（動的な物質収支則）

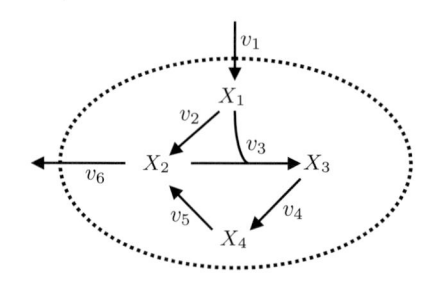

図 2.12　化学反応ネットワークのモデル

X_1, X_2, X_3, X_4 は代謝産物を示す．このモデルでは X_1 が系内に流入速度 v_1 で取り込まれ，反応速度 v_2 で X_2 に変換されている．X_3 は X_1 と X_2 から反応速度 v_3 で合成され，さらに反応速度 v_4 で X_4 に変換される．X_4 は反応速度 v_5 で X_2 に変換され，最終的には X_2 は流出速度 v_6 で系外に流出している．ここではすべての反応が不可逆反応であるとしているが，可逆反応は2つの不可逆反応に分解されてモデル化されうる．図中の流出入速度や反応速度 $\{v_i\}$ が細胞機能を担っており，環境条件や細胞の状態に応じた最適な細胞機能を実現するため，$\{v_i\}$ はそれぞれの状態ごとに異なった値をもつことになる．なお，化学量論解析では各代謝産物の濃度ではなく，反応速度 $\{v_i\}$ が解析対象となっている．

が反応速度 v_i を用いて定式化される．この定式化は通常，常微分方程式で表現されるが，化学量論解析は定常状態における流速の推計を行うため，時間微分項は0とされ，反応速度式は流速を変数とした連立1次方程式となる [116, 117]．代謝産物の数を n，流速の数を m とすると，一般的には $n<m$ であり，連立1次方程式の一意解を得るためには付加的な拘束条件が必要となる．通常は計測の容易さから m 個の流速のうち，系外との代謝産物の交換速度，すなわち流出入速度に対応する流速が計測され，連立1次方程式において定数とされる．

　いま，図 2.12 に示すモデルネットワークを考える [116]．ここでは細胞内の化学反応ネットワークが4種類の代謝産物 X_1, X_2, X_3, X_4 と6種類の反応経路の反応速度 $v_1, v_2, v_3, v_4, v_5, v_6$ でモデル化されている．

　この系の反応速度式（あるいは動的な物質収支則）は

$$\frac{dX_1}{dt} = v_1 - v_2 - v_3$$

$$\frac{dX_2}{dt} = v_2 - v_3 + v_5 - v_6$$

$$\frac{dX_3}{dt} = v_3 - v_4 \quad (2.113)$$

$$\frac{dX_4}{dt} = v_4 - v_5$$

となる．代謝産物の濃度の列ベクトルを X，反応速度の列ベクトルを v とすると，式(2.113)は

$$\frac{dX}{dt} = S \cdot v \quad (2.114)$$

となる．化学量論解析では定常状態 $dX/dt = 0$ のみを解析の対象としている．すなわち，系内の代謝産物のプールの大きさは変化しないとしている．この定常状態の仮説は，細胞内での化学反応は数秒から数分で進行するのに対して，流出入速度や反応速度 v_i の計測は数時間単位で行われるため，通常は満たされると考えられている．

このような定常状態において，化学量論解析の物質収支則は

$$S \cdot v = 0 \quad (2.115)$$

となる．ここで S は化学量論係数行列であり，解析対象となる化学反応ネットワークごとに定められる定係数の行列であり，式(2.113)の場合には

$$S = \begin{pmatrix} 1 & -1 & -1 & 0 & 0 & 0 \\ 0 & 1 & -1 & 0 & 1 & -1 \\ 0 & 0 & 1 & -1 & 0 & 0 \\ 0 & 0 & 0 & 1 & -1 & 0 \end{pmatrix} \quad (2.116)$$

となる．なお，一般に反応過程 i の反応式が

$$aX_1 + bX_2 \rightarrow cX_3 + dX_4 \quad (2.117)$$

である場合には，化学量論係数行列 S の第 i 列は次式で与えられる．

$$
\begin{array}{c}
 & v_i \\
\begin{array}{c} X_1 \\ X_2 \\ X_3 \\ X_4 \end{array}
\left(\begin{array}{ccc}
\cdots\cdots & -a & \cdots\cdots \\
 & -b & \\
 & c & \\
\cdots\cdots & d & \cdots\cdots
\end{array} \right)
\end{array}
\tag{2.118}
$$

化学量論解析では細胞など研究対象となる系の機能（生理状態など）を定常状態における反応速度ベクトル v でもって把握しようとするが，反応速度ベクトル v を求めるもっとも素朴な方法は，連立1次方程式(2.115)を解く方法であり，代謝パスウェイ解析から生みだされたという歴史的経緯から化学量論的代謝流速解析（stoichiometric metabolic flux analysis）といわれている [116, 117]．ここで流速は「$in\ vivo$ 反応速度」ともいわれ，その単位は [濃度] [時間]$^{-1}$ (たとえばモル数/体積/時間やモル数/重量/時間) である．図2.12で示される系の場合，解くべき方程式は式(2.113)から

$$
\begin{aligned}
v_1 - v_2 - v_3 &= 0 \\
v_2 - v_3 + v_5 - v_6 &= 0 \\
v_3 - v_4 &= 0 \\
v_4 - v_5 &= 0
\end{aligned}
\tag{2.119}
$$

と，4個の線形代数方程式から6変数の流速を求めることになり，解を求めるためには少なくとも2つの変数があらかじめ計測されている必要がある．ここでは，細胞外の代謝物との流出入の流速（図2.12では化学種 X_1 の系内への流入速度 v_1 と化学種 X_2 の系外への流出速度 v_6）を測定することにより，細胞内流速を物質収支則から決定することができる．すなわち，式(2.119)から

$$
\begin{aligned}
v_2 &= v_6 \\
v_3 &= v_1 - v_6 \\
v_4 &= v_1 - v_6 \\
v_5 &= v_1 - v_6
\end{aligned}
\tag{2.120}
$$

となり，細胞外との流出入に対応する流速 v_1 と v_6 からすべての細胞内流速を決定することができる．このように図2.12の例では容易に連立1次方程式(2.115)

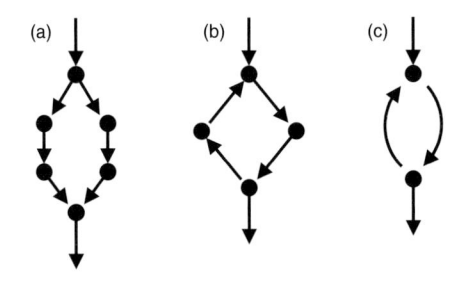

図 2.13 化学量論的代謝流速解析が失敗するネットワークの例
代謝産物の流出入の流速の計測のみでは連立 1 次方程式 (2.115) の一意的な解が求められない化学反応ネットワークの例を示している.

を解くことができたが，一般的には求めるべき流速の数に比べ，実験によって計測できる流速の数は少なく，式 (2.115) のみから解を求めることは困難である．とくに，分岐の多い複雑な化学反応ネットワークの流速を，容易に計測可能な細胞外との流出入の流速のみから求めるには数々の困難がある．その典型的な例を**図 2.13** に示す [116]．図 2.13 (a) では分岐した代謝パスウェイが並行しており，かつ各分岐パスウェイが計測可能な細胞外との流出入の流速をもたないため，2 つの分岐した流速を解くことはできない．(b) では，代謝パスウェイがサイクルを形成しており，かつ計測可能な細胞外との流出入の流速と連結していないため，サイクル内の流速は任意の値をとることができ，一意的な解を求めることはできない．(c) では，2 つの反応が反応物と生成物を共有しており，(b) と同様に解くことができない．

このような化学量論的代謝流速解析の限界は，同位体トレーサ技術（例：核磁気共鳴や質量分析）を用いた細胞内流速の計測により克服することもできるが [116, 118]，技術的な理由からも大規模な化学反応ネットワークの細胞内流速をすべて計測，推計することは困難である．そのため，それら同位体トレーサ技術により得られる情報をも用いつつ，その他の各種拘束条件や目的関数を設定し，連立 1 次方程式 (2.115) を数理計画法の問題として定式化した流速収支解析（flux balance analysis）が化学反応ネットワークの流速の推計に用いられている [119]．

物質収支則，拘束条件，目的関数 $f(v)$ からなる数理計画問題として定式化された流速収支解析は次式のようになる．

$$
\begin{aligned}
&\text{物質収支則} & & S \cdot v = 0 \\
&\text{拘束条件 1} & & v_i^{\min} \leqq v_i \leqq v_i^{\max} \\
&\text{拘束条件 2} & & v_i = v_i^{\text{obs}} \quad i \in \{\text{計測された流速}\} \\
&\text{目的関数} & & z = f(v)
\end{aligned}
\tag{2.121}
$$

物質収支則は式 (2.115) が用いられる．拘束条件 1 は式 (2.9) に基づく熱力学的考察から実質的に不可逆反応である場合や，その他の生理学的要請から最小値 $v_i^{\min}$ や最大値 $v_i^{\max}$ を指定しうる場合に設定される [120]．ここでは拘束条件 1 を単純化された表現で示しているが，一般的にはベクトル空間 $(v_1, v_2, \ldots, v_m)$ のある部分空間が指定される．拘束条件 2 は計測結果から固定値とされた流速に設定される．目的関数は研究対象としている細胞機能の数理的表現であり，細胞の成長速度最大や ATP 生産最大，代謝産物の生成最大，内部流速ベクトルの 2 乗和最小，栄養源の取り込み量最小などが用いられている．一般的には流速ベクトル v の任意の関数 $f(v)$ として目的関数 z を定義しうるが，目的関数 $f(v)$ として定数ベクトル c と流速ベクトル v の内積 $c \cdot v$ が用いられる場合には，式 (2.121) は線形計画法の問題となる．流速収支解析では，同位体トレーサ技術を用いた内部流速の計測などの技術的困難さを可能なかぎり避け，目的関数の最適化によって全流速を決定しようとする．

いま，図 2.14 に示される化学反応ネットワークを考える [117]．この系では反応物 X_1 が流速 a で系内に流入し，生成物 X_2 に 2 つの反応経路で代謝される．反応経路 1 では X_2 と同時に ATP が生成され，反応経路 2 では X_2 と同時に NADH が生成される．さらに，生成物 X_2 は系外に流速 b で分泌されている．流速収支解析では定常状態 $(dX_1/dt = 0, dX_2/dt = 0)$ を扱うため，$a = b$ である．

このモデル反応ネットワークの場合，流速収支解析の式 (2.121) は次のようになる．

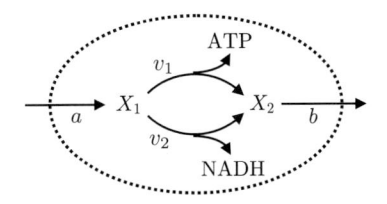

図 2.14　流速収支解析のモデル

外部流速 a と b を計測し，内部流速 v_1 と v_2 を流速収支解析 (2.121) で求めるための簡単なモデルを示す．ここでは反応経路 1 と 2 はともに不可逆であるとする．定常状態を扱うため，$a=b$ である．モデル上，ATP と NADH は系内に留まるとしているが，流速には影響を与えないため物質収支則には現れない．なお，このモデルは本質的に図 2.13 (a) のネットワークと同等である．

$$\text{物質収支則} \quad S \cdot v = \begin{pmatrix} -1 & -1 & 1 & 0 \\ 1 & 1 & 0 & -1 \end{pmatrix} \begin{pmatrix} v_1 \\ v_2 \\ a \\ b \end{pmatrix} = 0$$

拘束条件 1　　$0 \leqq v_1,\ 0 \leqq v_2$

拘束条件 2　　$a = b = c$（定数）

目的関数　　　$z = f(v)$ 　　　　　　　　　　　　　　　　(2.122)

物質収支則に示されている定常状態の仮定から $a=b=c$（定数）となり，流速 v_1 と v_2 について $v_1 + v_2 = c$ なる関係が得られる．さらに不可逆性の条件 $0 \leqq v_1$，$0 \leqq v_2$ から，v_1 と v_2 の解空間は**図 2.15** (a) に示す線分 AB となる．この線分 AB は図 2.14 でモデル化されている化学反応ネットワークの機能からみた潜在能力を示している．そして，目的関数 $z = f(v)$ が定められると，その最適な値をとる流速 v_1 と v_2 が線分 AB 上で探索される．もし，目的関数として ATP 生成速度最大 $\max(z) = \max(v_1)$ をとると，最適解は (a) の点 A となる．また，目的関数として NADH 生成速度最大 $\max(z) = \max(v_2)$ をとると，最適解は (a) の点 B となる．これら 2 つの例は流速収支解析の式 (2.122) が線形計画法として解くことができる場合である．一方，目的関数に内部流速ベクトルの 2 乗和最小 $\min(z) = \min(v_1{}^2 + v_2{}^2)$ を用いると，最適解は (b) の点 M となる．また，目的関数として流速あたりの ATP 生成速度最大 $\max(z) = \max\{v_1/(v_1{}^2 + v_2{}^2)\}$ を用

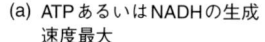

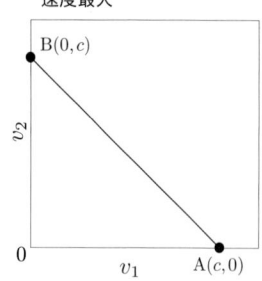

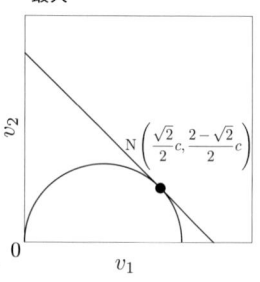

図 2.15　流速収支解析の解

(a), (b), (c) ともに，物質収支則と拘束条件に基づく解空間は第1象限の $v_1 + v_2 = c$ なる線分上である．(a) ATPやNADHの生成速度最大を目的関数とする流速収支解析は線形計画法に帰着し，最適解は解空間の端に位置する．(b) 内部流速ベクトルの2乗和最小は酵素効率を最大限引き出して細胞の成長を図ろうとする戦略に対応する．(c) 流速あたりのATP生成速度最大は，酵素使用量を最小にしつつATP生成速度の最大化を図る戦略に対応する．

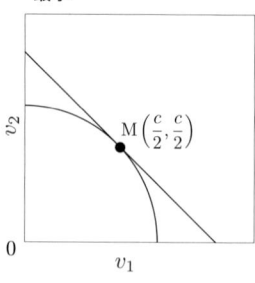

いると，最適解は(c)の点Nとなる．これら2つの例では，流速収支解析は非線形計画法の問題となる．

　このように，流速収支解析では同一の物質収支則（すなわち同一の化学反応ネットワーク）と同一の拘束条件であっても，目的関数によって最適解となる流速は大きく異なる．Schuetzらは大腸菌の糖質代謝およびエネルギー代謝からなる代謝パスウェイ（98の反応経路と60の代謝産物からなる）を対象に，流速収支解析に用いられている各種目的関数の評価を行っている [121]．彼らは，^{13}C 同位体を用いて計測された種々の培養条件下での流速の計測データと流速収支解析で得られる流速の推計値を比較することにより，そこで用いられた目的関数を評価しているが，その結果によると，グルコースなどの富栄養条件下では流速あたりのATP生成速度最大を目的関数として各反応の流速（図2.15cのN点に対応する流速）は定められており，貧栄養条件下ではATP生成速度最大やバイオマス生産速度最大を目的関数として各反応の流速（ATP生成速度最大の場合は図2.15aのA点に対応する流速）は定められている．このことは大腸菌の代謝パスウェイの目的関数が単一ではなく，環境条件により変化していることを示している．

流速収支解析はゲノム規模で推測される代謝パスウェイの流速の推計にも適用されている．Edwards らはゲノムの塩基配列情報をもとに，436 種の代謝物と 720 個の反応からなる大腸菌の代謝ネットワークを構成し，バイオマス生産速度最大を目的関数にした流速収支解析により流速の推計を行っている [122]．推計されたバイオマス生産速度と各種遺伝子変異株の成長ポテンシャルの実験とを比較した結果では，変異株の成長ポテンシャルについて定性的ではあるが 86％の予測精度が得られており，変異株などの表現型を流速収支解析により解析しうる可能性が示されている．さらに，Feist らは大腸菌のゲノムに記された 1,260 個（全遺伝子数の 28％）の遺伝子情報を利用し，Edwards らのモデルを拡張した 1,039 種の代謝物と 2,077 個の反応からなる代謝ネットワークを構築している [63]．Feist らの流速収支解析においても，糖質代謝およびエネルギー代謝からなる代謝パスウェイにおける流速の予測で，ペントースリン酸回路を除き，実験結果とよい一致を得ている．

　ヒト細胞においてもゲノム情報を用いた代謝ネットワークの構築が進められ，Ma らの代謝ネットワークは，2,322 の遺伝子，2,671 の代謝物，2,823 の反応からなっている [123]．ただ，大腸菌などの単細胞生物と異なり，ヒトをはじめとする高等生物の細胞の場合には，代謝ネットワークそのものの時間的かつ空間的複雑性とともに，「流速収支解析のための最適な目的関数は何か」，あるいは「細胞の機能とは何か」についての議論は残されている [124, 125]．

2.2
化学反応ネットワークの解析

　生化学は細胞内の酵素反応を試験管内で研究する道を拓き，分子生物学は細胞内の複製，転写，翻訳といった化学反応を同じく試験管内で研究する道を拓いた．その成果として，細胞内の個々の反応過程について膨大な知識が蓄積され，さらに，それら試験管内の研究成果を細胞内で組織化し再構成する多くの研究がなされてきている．輸送体による能動輸送を含め広く酵素反応の規範的な反応機構であるミカエリス-メンテン機構をもとにしつつ解糖系やクエン酸回路など代謝ネットワークを再構成する研究はシステム生物学においてもっとも

多用されている研究方法であり，多くの研究成果を得ている．

それら研究成果をさらに広く展開していくための困難な課題の一つにミカエリス-メンテン機構に基づく詳細な反応速度式を定式化するのに必要な速度定数 k，最大速度 $V_{\max}$，ミカエリス定数 K_{m} などの速度論的パラメータの計測データの欠如がある．ミカエリス-メンテン機構などの酵素反応機構に基づくそれら速度式のもつ広範な適用範囲（例：基質や阻害剤，酵素など化学種の広範な濃度範囲でミカエリス-メンテン式は成立する）を可能なかぎり維持しつつ，計測データの欠如の問題を克服する方法の一つに，S システムなどの生化学システム理論がある．この名称は Savageau に由来するが，Heijnen らによる lin-log 速度式などを含めたより広い「大規模な化学反応ネットワークを解析するための粗視化技術」として把握されるべきであろう [126-128]．

一方，個々の反応経路から化学反応システムに視点を移し，式(2.115)に示される化学量論係数行列 S で規定される定常状態の完全な組あるいは定常状態の解空間（例：図 2.15 の線分 AB）を求める研究や，速度論的パラメータの変動や外的環境の変動が化学反応システムに与える影響を解析し，もって化学反応システムの特性を把握しようとする研究がなされてきている．前者の研究として，化学反応ネットワークの基準モード解析や極値パスウェイ解析が，後者の研究としては，Savageau らの生化学システム理論における感度解析や Kacser らにより定式化された代謝制御解析 [129, 130]，さらには頑健性解析（robustness analysis）がある [131]．

2.2.1 速度論に基づいた反応ネットワーク解析

転写制御系や代謝系，シグナル伝達系に現れる化学反応は一般にいくつかの素過程から構成されており，それら素過程の総体として反応機構がある．反応機構を明らかにするためには，反応に関与する基質，生成物，そして阻害剤，活性化剤などのエフェクター，さらには反応中間体の同定が必要になる．1 基質 1 生成物からなる単純な酵素反応の場合には，ミカエリス-メンテン機構が基本的な反応機構として式 (2.70) に示されるようにモデル化され，反応中間体である酵素-基質複合体 ES の存在が X 線結晶解析により同定されたことにより実験的に確認され，すべての酵素反応機構の基本モデルとなっている．ミカエ

リス-メンテン機構に基づく酵素反応の動的挙動は，外部条件の変化に伴い反応系が新しい状態に遷移していく遷移相の解析を含め，式(2.71)に示される非線形常微分方程式を解くことにより明らかにされうる．原理的には式(2.71)を多酵素系に拡張することにより，生体内の大規模な反応系をモデル化することは可能である．しかし，そのモデルに用いられている多くの速度定数 k を実験によって定めることは困難であり，通常は「定常状態の速度論」ともいわれるモデル化がなされる．このことは反応機構の粗視化であり，ミカエリス-メンテン機構 $S+E \rightleftharpoons ES \rightarrow E+P$ を例にとると，式(2.71)に示されている酵素 E および酵素-基質複合体 ES の動的挙動を捨象し，粗視化した反応機構 $S \rightarrow P$ を想定し，式(2.72)に示される基質と生成物のみからなるミカエリス-メンテン式 $dP/dt = V_{\max}S/(K_m + S)$ で生体内の反応系がモデル化される．反応機構 $S \rightarrow P$ を形式的に1次反応とみなし，速度式を $dP/dt = kS$ とさらに粗視化することも可能であるが，ミカエリス-メンテン機構の場合にその粗視化が可能な範囲は $S \ll K_m$ なる条件が満たされる場合であって，そのときには $k = V_{\max}/K_m$ として1次反応速度式で近似しうる．また，酵素反応の協同性を表現するためのヒル式(2.82)も反応機構の粗視化の典型的な例である．このような「定常状態の速度論」の枠組みで，多くの酵素について反応機構の速度論的解析が試験管内(*in vitro*)実験で詳細に進められてきている．

細胞内(*in vivo*)の反応ネットワークを，*in vitro* 実験によって求められた酵素反応機構の総和として解析しようとする試みは，解糖系やクエン酸回路，さらには赤血球や肝細胞，ミトコンドリア内の代謝系の解析でなされてきている．

Teusinkらは出芽酵母の解糖系について，試験管内で求めた個々の酵素反応のデータの総和として細胞内での代謝物の挙動を再現できるかについて基礎的検討を行っている[132]．解糖系は1分子のグルコースを2分子のピルビン酸に変換し，その過程で2分子のATPを生成する10段階の酵素反応からなる．出芽酵母の場合，嫌気的条件下での実験では，ピルビン酸はさらに2段階の反応経路を経てエタノールに変換される．Teusinkらの出芽酵母の解糖系モデルを図2.16に示す．のちに図2.17で示すクエン酸回路のモデル化にあたってはコンパートメント化が必要とされるが，出芽酵母解糖系の場合にはすべての反応が細胞質内の単一のコンパートメント内で起こるとされている．図2.16では細

(a) 解糖系の反応ネットワーク

```
                          Glc_out
                    - - - - -|HXT|- - - - -
                           Glc_in
                           |HK| ATP
                              ↘ ADP
Glycogen ←——— G6P ———→ Trehalose
              |PGI|
         ADP ATP  F6P   ATP ADP
              |PFK| ATP
                    ↘ ADP
                   F16bP                             |ATPase|
          |G3PDH| |ALD|  |GAPDH|   ADP ATP    ADP ATP           NADH NAD
Glycerol ←—— Trio-P ——→ BPG ——→ 3PGA ←→ 2PGA ←→ PEP ←→ PYR —→ AcAld ←→ Ethanol
             ↓          |PGK|    |PGM|   |ENO|   |PYK|  |PDC|  |ADH|
          NAD NADH    NAD NADH                         4ATP   3NAD
                                                       4ADP   3NADH
                                                        Succinate
```

(b) 反応過程 F16bP ⇔ Trio-P の詳細　　(c) アデニンヌクレオチドの平衡反応

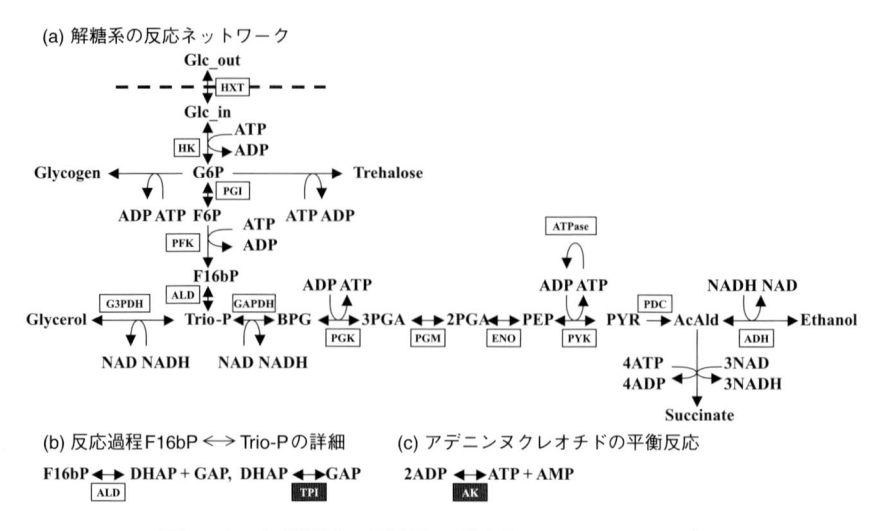

F16bP ⇔ DHAP + GAP, DHAP ⇔ GAP　　2ADP ⇔ ATP + AMP
　　　|ALD|　　　　　　　|TPI|　　　　　　　　|AK|

図 2.16　出芽酵母の解糖系の反応ネットワークのモデル

解糖系の Teusink モデルを構成する 16 種の酵素名を□の中に示している．(a) のフルクトース 1,6 ビスリン酸 F16bP とトリオースリン酸 Trio-P 間の可逆反応はアルドラーゼ ALD によりフルクトース 1,6 ビスリン酸 F16bP が開裂して 2 つのトリオースリン酸 Trio-P，すなわちジヒドロキシアセトンリン酸 DHAP とグリセルアルデヒド 3-リン酸 GAP が生じる反応を示している．その詳細な反応式は (b) に示されている．そこに示されているトリオースリン酸異性化酵素 TPI による DHAP と GAP 間の異性化反応は迅速平衡にあるとしてモデル化されている．(a) に示すエタノールを除く 4 つの分岐経路のうち，グリコーゲンに向かう反応経路の流速と，トレハロースに向かう反応経路の流速は定数値（単位：mM/min）に固定されている．グリセロールに向かう反応経路は，グリセロール 3-リン酸脱水素酵素 G3PDH によって完全に制御されているとしてモデル化されている．G3PDH の基質は DHAP と NADH，生成物はグリセロール 3-リン酸と NAD^+ である．また，コハク酸に向かう反応は 1 次反応としてモデル化され，$d[Succinate]/dt = k[\text{アセトアルデヒド AcAld}]$ である．糖分解が進行するためにはホスホグリセリン酸キナーゼ PGK とピルビン酸キナーゼ PYK によって作られる ATP を消費する必要があり，Teusink モデルではその過程 ATP → ADP を 1 つの ATPase 反応で代表させている．この反応も 1 次反応でモデル化されている．(c) にはアデニル酸キナーゼ AK によるアデニンヌクレオチド間の平衡反応が示されている．

胞外のグルコース Glc_out が促進拡散型輸送体であるヘキソース輸送体 HXT により細胞内のグルコース Glc_in として取り込まれ，最終的にはエタノールに変換されていく反応経路が示されている．Teusink らは，代謝物濃度や流速の実験結果に合わせて解糖系をモデル化するためには，それらの反応経路以外にグリコーゲン，トレハロース，グリセロール，コハク酸への 4 つの分岐経路を付

2.2 化学反応ネットワークの解析

表 2.1 出芽酵母の解糖系の反応速度式

$$d[\text{Glc\_in}]/dt = v_{\text{HXT}} - v_{\text{HK}} \tag{1}$$

$$d[\text{G6P}]/dt = v_{\text{HK}} - v_{\text{PGI}} - 2v_{\text{trehalose}} - v_{\text{glycogen}} \tag{2}$$

$$d[\text{F6P}]/dt = v_{\text{PGI}} - v_{\text{PFK}} \tag{3}$$

$$d[\text{F16bP}]/dt = v_{\text{PFK}} - v_{\text{ALD}} \tag{4}$$

$$d[\text{Trio-P}]/dt = 2v_{\text{ALD}} - v_{\text{GAPDH}} - v_{\text{G3PDH}} \tag{5}$$

$$d[\text{BPG}]/dt = v_{\text{GAPDH}} - v_{\text{PGK}} \tag{6}$$

$$d[\text{3PGA}]/dt = v_{\text{PGK}} - v_{\text{PGM}} \tag{7}$$

$$d[\text{2PGA}]/dt = v_{\text{PGM}} - v_{\text{ENO}} \tag{8}$$

$$d[\text{PEP}]/dt = v_{\text{ENO}} - v_{\text{PYK}} \tag{9}$$

$$d[\text{PYR}]/dt = v_{\text{PYK}} - v_{\text{PDC}} \tag{10}$$

$$d[\text{AcAld}]/dt = v_{\text{PDC}} - v_{\text{ADH}} - 2v_{\text{succinate}} \tag{11}$$

$$d[\text{P}]/dt = -v_{\text{HK}} - v_{\text{PFK}} + v_{\text{PGK}} + v_{\text{PYK}} - v_{\text{ATPase}} - v_{\text{trehalose}} - v_{\text{glycogen}} - 4v_{\text{succinate}} \tag{12}$$

$$d[\text{NADH}]/dt = v_{\text{GAPDH}} - v_{\text{ADH}} - v_{\text{G3PDH}} + 3v_{\text{succinate}} \tag{13}$$

$$d[\text{NAD}]/dt = -d[\text{NADH}]/dt \tag{14}$$

$$[\text{Trio-P}] = [\text{DHAP}] + [\text{GAP}] \tag{15}$$

$$[\text{P}] = 2[\text{ATP}] + [\text{ADP}] \tag{16}$$

$$K_{\text{eq,TPI}} = [\text{GAP}]/[\text{DHAP}] \tag{17}$$

$$K_{\text{eq,AK}} = [\text{AMP}][\text{ATP}]/[\text{ADP}]^2 \tag{18}$$

$$[\text{ATP}] + [\text{ADP}] + [\text{AMP}] = \text{const.} \tag{19}$$

式 (1) から (14) には 14 種類の代謝物の速度式が示されている．式 (5) のトリオースリン酸 Trio-P はジヒドロキシアセトンリン酸 DHAP とグリセルアルデヒド 3-リン酸 GAP を合わせた代謝物を示し，式 (12) の記号 P は ATP と ADP を合わせた代謝物を示しており，それぞれ式 (15) と式 (16) に濃度の関係式が定式化されている．式 (17) と式 (18) にはトリオースリン酸異性化酵素 TPI とアデニル酸キナーゼ AK の反応の平衡定数が，式 (19) にはアデニンヌクレオチドの保存則が示されている．これら非線形微分方程式と代数方程式からなる微分方程式系は通常の初期値問題として解かれる．DHAP と GAP の濃度の時間変化は (5) 式により Trio-P が解かれてのち，式 (15) と TPI の平衡関係を示す式 (17) から計算される．ATP，ADP，AMP の濃度の時間変化は，式 (12) が解かれてのち，式 (16) と AK の平衡関係を示す式 (18) および保存式 (19) から求められる．なお，個々の速度式 v_e の関数型および $V_{\max}$，K_{m} などのパラメータは Teusink ら [132] を参照のこと．

加する必要があるとしており，図 2.16 にはそれら分岐経路も付加されている．

図 2.16 に示される解糖系の反応速度式を**表 2.1** に示す．図 2.16 の個々の酵素反応 e の速度式を v_e とすると，v_e は試験管内で明らかにされた反応機構に基づき可逆的ミカエリス-メンテン式 (2.74) やヒル式 (2.82) などで定式化される．Teusink らは試験管内での実験結果をもとに各酵素反応の速度式 v_e を推計し，表 2.1 に示す個々の代謝物の時間変化を記述する反応速度式（物質収支則）を

組み立てている．

　Teusinkらはグルコース添加後，グルコース Glc_out の減少速度とエタノールの増加速度が一定である時間を定常状態として，その状態での図2.16に示す反応ネットワークの流速および代謝物濃度を測定し，表2.1の微分方程式系から求められる定常状態との比較を行っている．その結果によると，ある特定の酵素の速度論的パラメータの変更のみでモデル式からの推計結果と実験結果とのギャップを埋めることはできず，すべての酵素のパラメータを変更する必要があった．ただし，半数ほどの酵素については試験管内で得られた $V_{\max}$ の値を2倍以内変更することで実験値の推計が可能であった．大きな変更が必要とされた酵素はアルコール脱水素酵素ADH，ピルビン酸脱炭酸酵素PDC，ホスホグルコイソメラーゼPGI，アルドラーゼALDであった．これらの酵素は図2.16に示す解糖系のパスウェイの上流および下流に位置している．実験値に合った流速を得るためには，アルコール脱水素酵素では $V_{\max}$ を1/9にまで下げる必要があり，ピルビン酸脱炭酸酵素では $V_{\max}$ を6.1倍にする必要があり，ホスホグルコイソメラーゼでは $V_{\max}$ を4.1倍増加させるか，平衡定数 K_{eq} を3.8倍増加させる必要があり，アルドラーゼでは $V_{\max}$ を1/3倍するか，K_{eq} を1/8倍する必要があった．

　これらの結果からTeusinkらは，「試験管内で得られた酵素反応の速度式から細胞内の代謝物の動的挙動を記述しうるか？」という問題への単純な解答はない，と結論づけている．彼らの指摘する困難さとしては，試験管内では予想できなかった酵素反応の環境因子（阻害剤，活性化剤，イオン強度など）が細胞内の反応では関与している可能性がある，文献などから速度論的パラメータを得た場合には環境条件が異なっている（極端な場合には細胞が異なる）ためキメラのようなモデルになる，細胞内では酵素が膜や細胞骨格，ほかの酵素などに結合しコンパートメント化されている可能性がある，細胞内における生体高分子の混雑の問題もあり試験管内での実験よりはるかに高い酵素濃度である，といった点があげられている．Teusinkらは細胞内の反応を再現する最適なモデル構築を目的にはしていなかったが，PritchardらはTeusinkらのモデルをもとに進化論的プログラミングを用いすべての酵素の $V_{\max}$ の同時最適化を行い，Teusinkらの実験結果（代謝物濃度と流速）をよりよく反映しうるモデル構築

を行っている [133]．Pritchard らの研究は，「試験管内で定められた反応機構を $V_{\max}$ の同時最適化という方法により再組織化することにより，細胞内での動的挙動を解析しうる」という積極的な解答を与えている．

Wright らは，細胞性粘菌のクエン酸回路を例に，試験管内の実験から得られる個々の酵素反応モデルの総和としての細胞内酵素反応系のモデル化，および得られたモデルを用いて推計される個々の酵素活性の変化がクエン酸回路の挙動に与える影響について研究を進めてきた．クエン酸回路は，糖や脂質，タンパク質などの代謝物を最終的に水と二酸化炭素に分解し，エネルギー源である NADH を生成する経路で，それら代謝物はアセチル CoA にまで代謝されてからこのクエン酸回路に入る．この回路を構成する酵素の多くは水溶性で，ミトコンドリア内膜に囲まれたマトリックス内に存在する．Wright らは細胞性粘菌のクエン酸回路に関与する酵素の単離，精製，そして酵素反応機構の解析を行い，図 2.17 に示すように反応ネットワークのモデル化を行った [32, 134, 135]．

クエン酸回路への系外からの代謝物の流入路としてタンパク質プールが表示されており，そこからアラニン，アセチル CoA，アスパラギン酸，グルタミン酸，コハク酸，フマル酸にいたる反応経路はそれぞれ当該代謝物が図 2.17 に示されている一定の速度 (mM/min) で系に流入するとしてモデル化されている．系内の補酵素である NAD^+，NADH，CoA の濃度は実験値にそれぞれ固定されている．反応ネットワークの速度式は図 2.17 の枠（□）で囲った 13 種の代謝物について立てられており，それらは矢印（→）で示される 20 種の化学反応経路と，6 種の流入反応から構成されている．反応経路のうち，酵素名の記されていない経路はすべて 1 次反応として表現され，酵素名の記されている 11 種の化学反応経路は表 2.2 に示す酵素反応機構によってモデル化されている．

Wright らは試験管内実験で得られた $V_{\max}$，K_{m} などのパラメータを用いて，細胞内の反応ネットワークのモデル化を行うにあたって，「多くの生物種のあいだで，細胞内代謝物濃度や K_{m} 値，K_i 値に大きな違いはみられない．（例：細胞性粘菌とブタ心臓，ウシ心臓，枯草菌を比べると，リンゴ酸脱水素酵素のリンゴ酸の K_{m} 値は 1.33，0.8，0.99，0.9 mM，NAD^+ の K_{m} 値は 0.1，0.2，0.54，0.4 mM である）」として，$V_{\max}$ を除き，K_{m} などのパラメータは試験管内での実験で得た値を用いている．$V_{\max}$ については，代謝物濃度や反応速度について

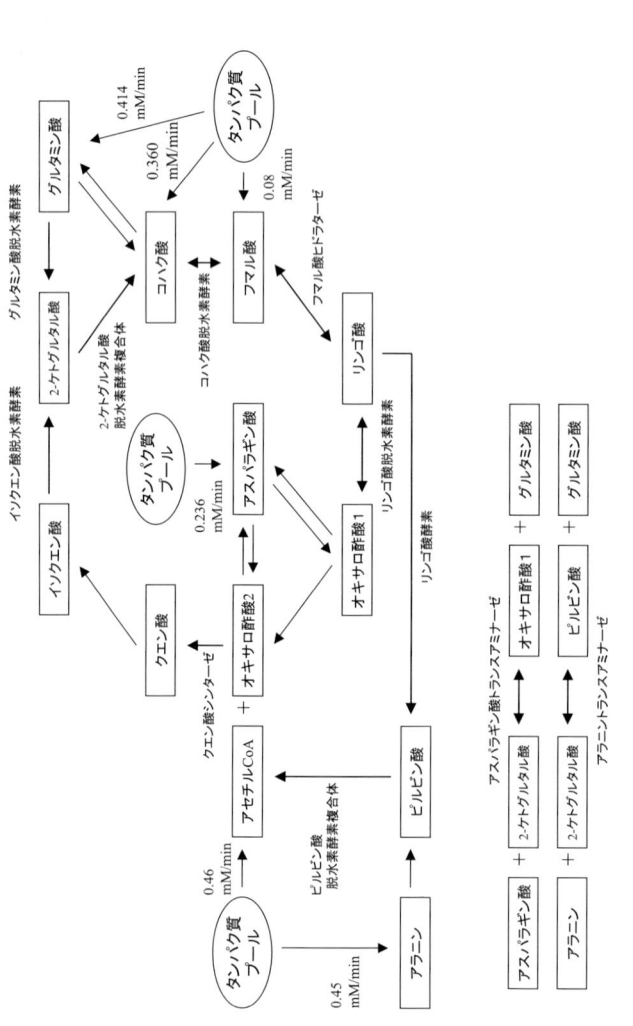

図 2.17 クエン酸回路の反応ネットワークのモデル

外部のタンパク質プールから代謝物 x への → は流入反応を示し、その速度を v (mM/min) とすると、x のモデル式には $dx/dt = v$ なる項が挿入される。酵素名の記されていない反応過程 $x \to y$ は極端に粗視化され、1 次反応式でモデル化されている。その結果、x と y のモデル式にはそれぞれ $dx/dt = -kx$, $dy/dt = kx$ なる項が挿入される。ここで、k はそれぞれの 1 次反応の速度定数 ($\min^{-1}$) である。オキサロ酢酸 1 とオキサロ酢酸 2 は同一の分子種であるが、系内では 2 つのコンパートメントに分離されているとして、Wright らの細胞性粘菌の研究ではモデル化されている [134]。

2.2 化学反応ネットワークの解析　**119**

表 2.2　クエン酸回路を構成する酵素の反応機構

酵素名	反応機構名
クエン酸シンターゼ	dead-end competitive inhibition ping pong bi bi
（基質：アセチル CoA，オキサロ酢酸；　生成物：クエン酸；　阻害剤：CoA）	
イソクエン酸脱水素酵素	dead-end competitive inhibition ping pong bi bi
（基質：イソクエン酸，NAD^+；　生成物：2-ケトグルタル酸；　阻害剤：NADH）	
2-ケトグルタル酸脱水素酵素複合体	multisite ping pong with [P]=0
（基質：2-ケトグルタル酸，CoA，NAD^+；　生成物：コハク酸，NADH）	
コハク酸脱水素酵素	uni uni
（基質：コハク酸；　生成物：フマル酸）	
フマル酸ヒドラターゼ	uni uni
（基質：フマル酸；　生成物：リンゴ酸）	
リンゴ酸脱水素酵素	iso ordered bi bi
（基質：リンゴ酸，NAD^+；　生成物：オキサロ酢酸，NADH）	
リンゴ酸酵素	allosteric Michaelis-Menten
（基質：リンゴ酸；　生成物：ピルビン酸；　エフェクター：アスパラギン酸）	
ピルビン酸脱水素酵素複合体	multisite ping pong with [P]=0
（基質：ピルビン酸，CoA，NAD^+；　生成物：アセチル CoA，NADH）	
グルタミン酸脱水素酵素	dead-end competitive inhibition ping pong bi bi
（基質：グルタミン酸，NAD^+；　生成物：2-ケトグルタル酸；　阻害剤：NADH）	
アスパラギン酸トランスアミナーゼ	ping pong bi bi
（基質：アスパラギン酸，2-ケトグルタル酸；　生成物：オキサロ酢酸，グルタミン酸）	
アラニントランスアミナーゼ	ping pong bi bi
（基質：アラニン，2-ケトグルタル酸；　生成物：ピルビン酸，グルタミン酸）	

dead-end competitive inhibition ping pong bi bi では式 (2.90) の ping pong bi bi 機構に阻害剤 I と酵素 E との間で $I+E \rightleftharpoons EI$ なる反応過程があり，酵素 E が行き止まり阻害的に拮抗阻害される．multisite ping pong with [P]=0 は，3 基質 2 生成物の ping pong 機構の速度式が用いられている．uni uni では式 (2.74) に示す可逆なミカエリス-メンテン式が用いられている．iso ordered bi bi では式 (2.77) に示す $F \rightleftharpoons E$ なる酵素の異性化過程が ordered bi bi 機構に組み込まれている．アロステリックミカエリス-メンテン機構をとるとされるリンゴ酸酵素の速度式はリンゴ酸を基質としたミカエリス-メンテン機構にエフェクターであるアスパラギン酸の効果が取り入れられている．なお，個々の反応機構の速度式および $V_{\max}$, K_m などのパラメータは Wright ら [134] を参照のこと．

実験から得られた定常状態値と，13種の代謝物について図2.17および表2.2に示す反応機構に基づく速度式（連立1階常微分方程式）の解として得られる定常状態値とを比較し，調整している．この調整の結果では，膜に結合した複合体酵素である2-ケトグルタル酸脱水素酵素複合体とピルビン酸脱水素酵素複合体の$V_{\max}$が試験管内での値から大きく変化している．

　Wrightらのモデルによるとクエンさんとイソクエンさんの濃度は系内の酵素濃度変化による影響をほとんど受けない．アコニターゼ（クエンさんからイソクエンさんへの異性化を触媒する酵素）とイソクエンさん脱水素酵素は系内の流速に影響を与えない．リンゴさん酵素やリンゴさん脱水素酵素，コハクさん脱水素酵素の濃度変化が代謝物濃度（および流速）に大きな影響を及ぼしているが，クエンさん回路の律速酵素とされるクエンさんシンターゼは大きな影響を与えていない．また，反応速度式のパラメータ値の変化に対してピルビンさんやアセチルCoAの濃度が大きな影響を受けている．これらの結果は，同じモデル式とパラメータ値に基づきつつ，次に述べる生化学システム理論による解析を行っているShiraishiらの結果とも一致している[136-139]．ただ，ShiraishiらはWrightらのモデルではパラメータの変化に対する定常状態の変化が大きく，モデルそのものの頑健性に欠けるとして，改良したモデルを提案している[137,139]．Shiraishiらの指摘する問題点は，補酵素（NAD^+，NADH，CoA）の濃度を固定している点，タンパク質プールからの流入量が固定されている点などである．後者の点は反応ネットワークのモデル化にあたって「系と系外との境界に位置する外部変数の固定化がモデルの柔軟性を損なう」として常に問題になる点であり，Shiraishiらはタンパク質プールへの流出反応を1次反応で近似した経路を新たに付加することにより，モデルの柔軟性を得ている．

2.2.2　生化学システム理論

　Savageauらの生化学システム理論（biochemical systems theory；BST）は個々の反応機構の詳細に立ち入ることなく，反応ネットワークを構成する化学種の生成と分解の過程を生成あるいは分解に関与する化学種の濃度のべき乗則（power law formalism）により統一的に（べき乗という同一の関数型で）表現し，大規模で多様な化学反応系を解析しようとする試みである[126,127,139]．

ある化学種X_iの生成反応に関与する化学種を$\{X_j;\ j=1,\ n\}$，分解反応に関与する化学種を$\{X_k;\ k=1,\ m\}$とすると，化学種X_iの時間変化は生成の反応速度V_i^+と分解の反応速度V_i^-を個々にべき乗則で表現し，次式で与えられる．

$$\frac{dX_i}{dt} = V_i^+ - V_i^- = \alpha_i \prod_j X_j{}^{g_{ij}} - \beta_i \prod_k X_k{}^{h_{ik}} \tag{2.123}$$

ここでV_i^+とV_i^-は集合化された生成速度および分解速度であり，たとえば化学種X_iが2つの反応経路$X_1 \to X_i$と$X_2 \to X_i$から生成されている場合も

$$V_i^+ = \alpha_i X_1{}^{g_{i1}} X_2{}^{g_{i2}} \tag{2.124}$$

なる1つのべき乗の関数で表現される．式(2.123)のような表現は生化学システム理論ではSシステム (synergistic system) 表現といわれる[140]．α_iとβ_iはそれら集合化された生成反応や分解反応の速度定数であり，必ず正の値をとる．g_{ij}とh_{ik}は化学種X_jとX_kの反応次数であり，化学種X_jやX_kが反応を促進する場合には正の値を，逆に反応を阻害する場合には負の値をとる．

Sシステムは化学種X_iの生成と分解過程を個々に集合化させているが，反応過程を個々にべき乗則で表現する方法を生化学システム理論ではGMA (generalized mass action) システムといい，先の反応経路$X_1 \to X_i$と$X_2 \to X_i$の場合には

$$V_i^+ = V_{i1}^+ + V_{i2}^+ = \gamma_{i1} X_1{}^{f_{i11}} + \gamma_{i2} X_2{}^{f_{i22}} \tag{2.125}$$

となる．一般に化学種X_iの生成と分解に関与する反応過程がk個存在する場合にGMAシステムは次式で表現される．

$$\frac{dX_i}{dt} = \gamma_{i1} \prod_j X_j{}^{f_{ij1}} \pm \gamma_{i2} \prod_j X_j{}^{f_{ij2}} \pm \cdots \pm \gamma_{ik} \prod_j X_j{}^{f_{ijk}} \tag{2.126}$$

Sシステムと同じく速度定数γ_{ik}は正の値をとり，反応次数f_{ijk}は任意の実数である．±の記号は，当該反応過程が生成過程であればプラス(+)，分解過程であればマイナス(−)となる．GMAシステムは個々の反応過程をすべて数式表現しているという点では，実験との対応が直接的ではある．しかし，取り扱うパラメータγ_{ik}とf_{ijk}の数が膨大になる点，および$dX_i/dt = 0$なる定常状態の計算が容易ではない点で，Sシステムの簡便性が優る．

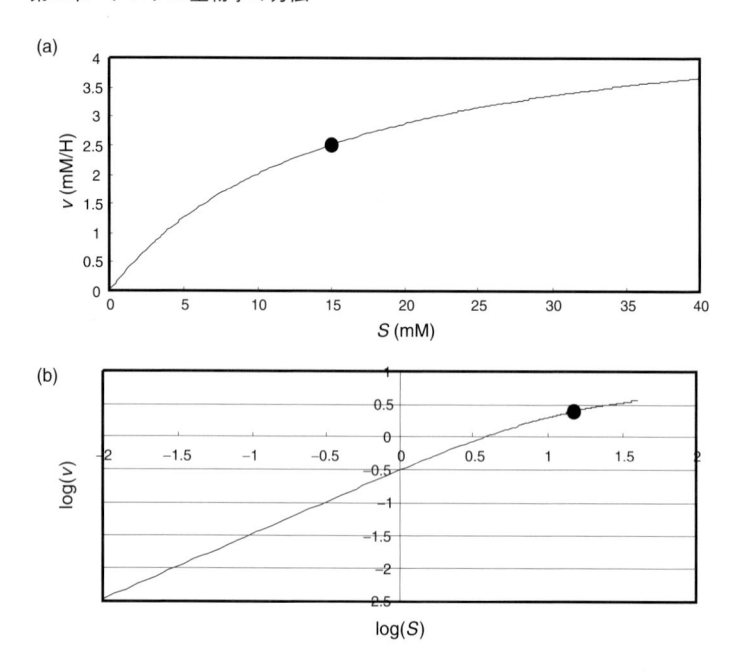

図2.18 ミカエリス-メンテン反応の *S-v* 曲線

キモトリプシンの加水分解反応 Ac-Phe-Ala → Ac-Phe+Ala を例に，$K_m = 15\,\text{mM}$，$V_{max} = 5.04\,\text{mM/H}$（代謝回転数 $k_{cat} = 504\,\text{H}^{-1}$，酵素濃度 $= 0.01\,\text{mM}$）として作図している．(b)は S および v を常用対数変換したグラフである．線上の●印は $S = K_m = 15\,\text{mM}$ の位置を示している．(a)はミカエリス-メンテン式 $v = V_{max}S/(K_m + S)$ を描いている．一方，log-log変換した(b)では $S \ll K_m$ の領域では広い範囲で傾き1の直線を描き，その後 S の増加とともに傾き1の直線からはずれるが，$S = K_m$ の近くでは傾き0.5の直線を描き，さらに $K_m \ll S$ の領域では傾きは0になり，その領域では反応速度 v は S に依存しない．これらの値，1，0.5，0.0 はミカエリス-メンテン反応では定数となっており，K_m や V_{max} には依存しない．(b)は，ある S の値で指定される状態（生化学システム理論では作動点という）の近傍では，$\log v$ が $\log S$ の線形関数で近似しうることを示している．

Sシステムは，式(2.123)に示されるようにべき乗則を基盤に構築されるが，その実験的・理論的背景に，ミカエリス-メンテン式などの反応速度式が対数空間においてはある状態の近傍（実際にはかなり広い領域）で線形近似しうるという点がある．酵素反応解析で多用されるミカエリス-メンテン式 $v = V_{max}S/(K_m + S)$ を例にとると，**図2.18**に示されるように，log-log変換した(b)では，(a)に比べ，線形性がより強く表れている．

一般に速度則 $v_i = v_i(X_1, X_2, \ldots, X_n)$ で記述される反応過程のある状態 $(X_{10}, X_{20}, \ldots, X_{n0})$ の近傍を考える．この状態を生化学システム理論では作動点（operating point）とよんでいる．図2.18 (b) に示されているように，ある基質濃度 $S = S_0$ をもつ状態の近傍では $\log v$ は $\log S$ の線形関数で近似しうる．そこで，一般に作動点 $(X_{10}, X_{20}, \ldots, X_{n0})$ の近傍で log 変換した速度式 $\log v_i$ が $\log X_j$ の線形関数で近似しうるとすると，$\log v_i(X_1, X_2, \ldots, X_n)$ をテイラー展開することにより

$$\begin{aligned}
\log v_i(X_1, X_2, \ldots, X_n) &\approx \log v_i(X_{10}, X_{20}, \ldots, X_{n0}) \\
&\quad + \sum_j \frac{\partial \log v_i(X_{10}, X_{20}, \ldots, X_{n0})}{\partial \log X_j} (\log X_j - \log X_{j0}) \\
&\equiv \log \alpha_i + g_{i1} \log X_1 + \cdots + g_{in} \log X_n \quad (2.127)
\end{aligned}$$

ただし，

$$g_{ij} = \frac{\partial \log v_i(X_{10}, X_{20}, \ldots, X_{n0})}{\partial \log X_j}, \quad \alpha_i = v_i(X_{10}, X_{20}, \ldots, X_{n0}) \prod_j X_{j0}^{-g_{ij}} \quad (2.128)$$

となる．この式が式 (2.123) の右辺第1項にあたる．なお，式 (2.128) のすべての値は作動点 $(X_{10}, X_{20}, \ldots, X_{n0})$ で計算されており，作動点が異なると速度定数 α_i も反応次数 g_{ij} も異なった値をとる．このため，個々のSシステム表現の正確さは，解析対象となる化学反応システムを把握するための作動点をいかに適切に選択しうるかにかかっている．

図2.18に示すミカエリス-メンテン式の場合のSシステム表現を式 (2.127) と (2.128) から求めてみると，

$$\begin{aligned}
v &= \alpha S^g \\
g &= \frac{\partial \log v(S_0)}{\partial \log S} = \frac{S_0}{v(S_0)} \frac{\partial v(S_0)}{\partial S} = \frac{K_{\mathrm{m}}}{K_{\mathrm{m}} + S_0} \\
\alpha &= v(S_0) S_0^{-g} = \frac{V_{\max} S_0}{K_{\mathrm{m}} + S_0} S_0^{-g} = \frac{k_{\mathrm{cat}} E_T S_0}{K_{\mathrm{m}} + S_0} S_0^{-g}
\end{aligned} \quad (2.129)$$

となる．ここで S_0 は作動点での基質濃度である．α の右辺最後の式は，ミカエリス-メンテン式をSシステム表現した場合にも，酵素濃度に関しては1次の

比例項として速度式に現れることを示している．式(2.129)から反応次数gは，$S_0 \ll K_\mathrm{m}$なる領域で1，$S_0 = K_\mathrm{m}$では0.5，$K_\mathrm{m} \ll S_0$では0となり，このことから，式(2.123)の反応次数g_{ij}やh_{ij}は一般に0から1の間の値をとると推測されている．一方，ヒル式(2.82)で表現される反応過程の場合，Sシステム表現は

$$v = \alpha S^g$$
$$g = \frac{hK_\mathrm{m}{}^h}{K_\mathrm{m}{}^h + S_0{}^h} \tag{2.130}$$
$$\alpha = v(S_0)S_0{}^{-g}$$

となり，$S_0 \ll K_\mathrm{m}$なる領域で$g = h$となる．この結果，正の協同性が強い反応過程では$1 \ll g$となる．

なお，ミカエリス-メンテン式やヒル式には作動点という概念はない．式(2.72)や式(2.82)で現れるK_mやV_maxは，生化学システム理論でいう作動点を表現する基質濃度S_0には依存しないとされる．一方，生化学システム理論で定義される反応速度や反応次数は作動点に依存しており，作動点から離れた領域でのSシステム式(2.127)の適用可能性は個々に注意深く検討される必要がある．

反応ネットワークの解析において，生化学システム理論では，ほかの解析手法と同じく，反応ネットワークを構成する化学種の設定（比喩的に表現すれば，舞台に登場する役者の設定），反応ネットワークのマップ化，システム方程式の記述，システム方程式に現れるα_i，β_i，g_{ij}，h_{ik}などのパラメータの推定，システム方程式の数値解析へと進む．

Sシステム表現の場合，用いる速度則がきわめて単純な関数型，べき乗で構成されているため，解析対象となる反応ネットワークがマップ化されれば，式(2.123)に示されるシステム方程式を容易に記述することができる（GMAシステムでは，マップからシステム方程式をより直接的に記述しうる）．いま，図2.19に示す反応ネットワークを考える．

化学種X_1は系外から流入（たとえば膜タンパク質である輸送体を介して系内に流入）しており，系内において化学種X_2とX_4に変換されている．X_2は系内で化学種X_3に変換され，X_3は系外に流出しているが，化学種X_4はその流出反応を活性化している．また，X_3はX_1の系内への流入反応を阻害してい

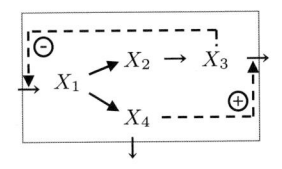

図2.19 4つの化学種からなる反応ネットワーク

る．この反応ネットワークの動的挙動を解析するための反応速度式は

$$
\begin{aligned}
\frac{dX_1}{dt} &= \alpha_1 X_3{}^{g_{13}} - \beta_1 X_1{}^{h_{11}} \\
\frac{dX_2}{dt} &= \alpha_2 X_1{}^{g_{21}} - \beta_2 X_2{}^{h_{22}} \\
\frac{dX_3}{dt} &= \alpha_3 X_2{}^{g_{32}} - \beta_3 X_3{}^{h_{33}} X_4{}^{h_{34}} \\
\frac{dX_4}{dt} &= \alpha_4 X_1{}^{g_{41}} - \beta_4 X_4{}^{h_{44}}
\end{aligned}
\tag{2.131}
$$

となる．式(2.131)でα_i, β_i, g_{ij}, h_{ij}は未知のパラメータであり，流速のデータや反応のタイムコースデータから推計されるが，図2.19の反応ネットワークにおいて，化学種X_3がX_1の系内への流入を負に制御していることから，$g_{13} < 0$が，また化学種X_4がX_3の流出を正に制御していることから，$0 < h_{34}$が推測される．

直接的に反応次数g_{ij}を推定する方法は，濃度$(X_{10}, X_{20}, \ldots, X_{j0}, \ldots, X_{n0})$で規定される作動点の近傍で化学種$X_j$の濃度を$X_{j0} \to X_{j0} + \delta_j$と変化させ，新たな状態$(X_{10}, X_{20}, \ldots, X_{j0} + \delta_j, \ldots, X_{n0})$での反応速度$V_i^+$を計測し，図2.18 (b) に示す$\log(X_j) - \log(V_i^+)$プロットを作成することにより，その傾きから求めることができる．一方，過去の研究成果から化学種X_iの反応速度式$v_i = v_i(X_1, X_2, \ldots, X_n)$が，たとえばミカエリス-メンテン式やヒル式で記述されている場合には，式(2.128)に従いSシステムに即した反応次数を推測することができる．その具体例が式(2.129)と式(2.130)に示されている．このようにしてすべての反応次数g_{ij}が決められると，速度定数α_iは式(2.128)を用いて計算される．

また，解析対象となっている反応ネットワークのタイムコースデータ，すなわち

時刻 $t_1, t_2, \ldots, t_M$ での化学種 $(X_1, X_2, \ldots, X_n)$ の濃度データ $\{(X_1(t_m), X_2(t_m), \ldots, X_n(t_m)), m = 1, M\}$ が計測されている場合には，速度定数や反応次数を推測することは，困難ではあるが，原理的には可能である．推測のための方程式は，

$$\frac{dX_i(t_1)}{dt} = \alpha_i \prod_j X_j(t_1)^{g_{ij}} - \beta_i \prod_k X_k(t_1)^{h_{ik}}$$

$$\frac{dX_i(t_2)}{dt} = \alpha_i \prod_j X_j(t_2)^{g_{ij}} - \beta_i \prod_k X_k(t_2)^{h_{ik}} \tag{2.132}$$

$$\ldots\ldots$$

$$\frac{dX_i(t_M)}{dt} = \alpha_i \prod_j X_j(t_M)^{g_{ij}} - \beta_i \prod_k X_k(t_M)^{h_{ik}}$$

であり，通常の非線形最適化問題として，パラメータ α_i, β_i, g_{ij}, h_{ij} を求めることができる．ここで，$dX_i(t_j)/dt$ の値は，濃度データ $\{X_i(t_m), m = 1, M\}$ の時間変化から差分公式で求められるが，差分計算は実験誤差に敏感であり，パラメータ推計全体に大きな影響を与える．なお，この非線形最適化問題はシステム同定問題でもある．図2.19のように反応ネットワークのマップ化があらかじめ行われている場合には，式(2.132)右辺の積の項は X_i の生成や分解反応に関与する化学種のみの積になり，多くの g_{ij} や h_{ij} は0となった状態でのパラメータ推定であるが，反応ネットワークがマップ化されていない場合には，右辺の積の項はすべての化学種の積となり，非線形最適化問題の解として得られる g_{ij} や h_{ij} が反応ネットワークのマップ（構造）を決定する．すなわち，$0 < g_{ij}$ あるいは $0 < h_{ij}$ の場合には化学種 X_j から X_i に正の制御のリンクが張られ，$g_{ij} < 0$ あるいは $h_{ij} < 0$ の場合には化学種 X_j から X_i に負の制御のリンクが張られ，$g_{ij} = 0$ かつ $h_{ij} = 0$ の場合には化学種 X_i と X_j のあいだにはリンクは張られない．この結果得られるグラフ構造は反応ネットワークを表現している．このような非線形最適化問題は逆問題といわれ，Makiらはこの方法を遺伝子ネットワークの同定に用いている [141]．

生化学システム理論のなかでも，これまでおもに述べてきたSシステムは，GMAシステムに比べ取り扱うべきパラメータ数は少なく，べき関数表現の構造が簡便であるため容易に定常状態解を求めることができ，かつ作動点の近傍

2.2 化学反応ネットワークの解析

$$S \underset{v_{1S}}{\overset{v_{S1}}{\rightleftarrows}} X_1 \underset{v_{21}}{\overset{v_{12}}{\rightleftarrows}} X_2 \underset{v_{P2}}{\overset{v_{2P}}{\rightleftarrows}} P$$

図 2.20 可逆反応からなる反応ネットワーク

基質Sが3段階の化学反応により生成物Pに変換される過程を示している.ここで,SとPの濃度はある一定値に固定されているとする.いま,全系の平衡定数 K_{eq} を $K_{\text{eq}} = P_{\text{eq}}/S_{\text{eq}}$ とし,質量作用比 Γ を $\Gamma = P/S$ とすると,一定に固定したSとPについて $\Gamma = K_{\text{eq}}$ なる場合,全系は平衡状態にあり流速は0となる.$\Gamma < K_{\text{eq}}$ なる場合には流速はSからPの方向に流れている.

ではあるが,比較的広い範囲で反応ネットワークの挙動を解析しうるという優れた点を有している.しかし,同時にその簡便性ゆえに,取り扱いにあたっての留意点がある.ここでは,可逆反応と分岐ネットワークを解析する場合について留意点を述べる.

いま,図 2.20 に示す可逆反応を考える.ここで S と P は独立変数であり,$dS/dt = dP/dt = 0$ とする.

X_1 と X_2 に関する反応速度式は,

$$\begin{aligned}
\frac{dX_1}{dt} &= v_{S1} - v_{1S} - v_{12} + v_{21} \\
\frac{dX_2}{dt} &= v_{12} - v_{21} - v_{2P} + v_{P2}
\end{aligned} \tag{2.133}$$

となり,一般的にはこの反応速度式のSシステム表現は個々の反応過程 v_{ij} の集合化の方法によって種々の表現が考えられる.Sorribas らは可能なSシステム表現のうち可逆戦略と不可逆戦略を比較検討している [142]. 可逆戦略は個々の化学種 X_i を生成する反応過程 v_{ji} を集合化し,また分解する反応過程 v_{ik} を集合化し,次式で表現される.

$$\begin{aligned}
\frac{dX_1}{dt} &= v_{S1} - v_{1S} - v_{12} + v_{21} = (v_{S1} + v_{21}) - (v_{1S} + v_{12}) = V_1^+ - V_1^- \\
&= \alpha_1 S^{g_{1S}} X_1^{g_{11}} X_2^{g_{12}} - \beta_1 S^{h_{1S}} X_1^{h_{11}} X_2^{h_{12}} \\
\frac{dX_2}{dt} &= v_{12} - v_{21} - v_{2P} + v_{P2} = (v_{12} + v_{P2}) - (v_{21} + v_{2P}) = V_2^+ - V_2^- \\
&= \alpha_2 P^{g_{2P}} X_1^{g_{21}} X_2^{g_{22}} - \beta_2 P^{h_{2P}} X_1^{h_{21}} X_2^{h_{22}}
\end{aligned} \tag{2.134}$$

一方，不可逆戦略は個々の可逆反応（v_{ij} と v_{ji}）ごとに集合化し，次式で表現される．

$$\frac{dX_1}{dt} = v_{S1} - v_{1S} - v_{12} + v_{21} = (v_{S1} - v_{1S}) - (v_{12} - v_{21}) = V_1^+ - V_1^-$$
$$= a_1 S^{G_{1S}} X_1^{G_{11}} - b_1 X_1^{H_{11}} X_2^{H_{12}}$$
$$\frac{dX_2}{dt} = v_{12} - v_{21} - v_{2P} + v_{P2} = (v_{12} - v_{21}) - (v_{2P} - v_{P2}) = V_2^+ - V_2^-$$
$$= a_2 X_1^{G_{21}} X_2^{G_{22}} - b_2 P^{H_{2P}} X_2^{H_{22}}$$

(2.135)

これら2つの戦略は同じ物質収支則(2.133)を表現したものであるが，べき乗則としては異なった表現となっている．式(2.135)の不可逆戦略は，熱力学的平衡から遠く離れた状態を解析する場合，たとえば図2.20で左方向に進む逆反応が無視しうる場合には選ばれうるが，Sorribasらによると一般に定常状態の流速の予測精度や遷移応答の予測精度，頑健性の点から，式(2.134)に示す可逆戦略が優れているとされる．

式(2.127)と(2.128)に示されるように，化学反応ネットワークのモデルとしてのSシステムはある作動点を基準にして定式化されるが，分岐したパスウェイを含む化学反応ネットワークの場合，一度定式化されたSシステム表現を用いてその作動点から大きく離れた定常状態を新たに予測すると，パスウェイの分岐点において化学量論からくる流速への拘束が破られる．Curtoらはヒトのプリン代謝のパスウェイ解析においてこの点を指摘している[143]．GMAシステムではそのような事態は生じないが，Sシステムにおいては個々の流速を集合化するため，化学量論からの乖離が生じうる．いま**図2.21**に示すように，5つの酵素反応からなる分岐したパスウェイを考える．

de Atauriらに従い，$S_0 = E_1 = E_2 = E_3 = E_4 = E_5 = 10$ で定められる作動点において，図2.21のパスウェイのGMAシステム表現は次式で与えられるとする[144]．

2.2 化学反応ネットワークの解析　**129**

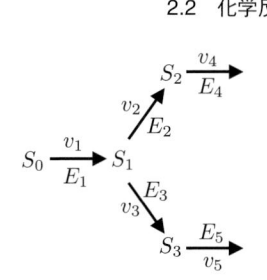

```
                    S₂ →v₄/E₄
                 v₂↗
                   E₂
   S₀ →v₁/E₁→ S₁
                   E₃
                 v₃↘
                    S₃ →E₅/v₅
```

図 2.21　分岐したパスウェイ

S_0 が酵素反応 E_1 を介して，系内に流入し，S_1 に変換されたのち，分岐した反応 E_2 と E_3 により S_2 と S_3 が生成され，それらは酵素反応 E_4 と E_5 により系外に流出していく．

$$\frac{dS_1}{dt} = v_1 - v_2 - v_3 = 0.3162 E_1 S_0^{0.5} - 0.0201 E_2 S_1^{0.8} - 0.0796 E_3 S_1^{0.2}$$

$$\frac{dS_2}{dt} = v_2 - v_4 = 0.0201 E_2 S_1^{0.8} - 0.1789 E_4 S_2^{0.5} \qquad (2.136)$$

$$\frac{dS_3}{dt} = v_3 - v_5 = 0.0796 E_3 S_1^{0.2} - 0.0365 E_5 S_3^{0.5}$$

この S システム表現は，S_2 と S_3 に関しては GMA システム表現と同一であるが，S_1 に関しては式 (2.127)，(2.128) と同様の考察により，GMA システム表現から S システム表現へ変換され，次式で与えられる．

$$\frac{dS_1}{dt} = V_1^+ - V_1^- = 0.3162 E_1 S_0^{0.5} - 0.0437 E_2^{0.8} E_3^{0.2} S_1^{0.68}$$

$$\frac{dS_2}{dt} = V_2^+ - V_2^- = 0.0201 E_2 S_1^{0.8} - 0.1789 E_4 S_2^{0.5} \qquad (2.137)$$

$$\frac{dS_3}{dt} = V_3^+ - V_3^- = 0.0796 E_3 S_1^{0.2} - 0.0365 E_5 S_3^{0.5}$$

ここで $V_1^+ = v_1$，$V_2^+ = v_2$，$V_2^- = v_4$，$V_3^+ = v_3$，$V_3^- = v_5$ であるが，V_1^- は GMA システムの 2 つの反応経路 v_2 と v_3 を集合化したものである．

式 (2.136) と式 (2.137) から得られる定常状態についてみる．まず，作動点 $S_0 = E_1 = E_2 = E_3 = E_4 = E_5 = 10$ においては，S システムは GMA システムと同じ定常状態での流速および濃度

$$\begin{aligned} &V_1^+ = V_1^- = 10, \quad V_2^+ = V_2^- = 8, \quad V_3^+ = V_3^- = 2 \\ &S_1 = 100, \quad S_2 = 20, \quad S_3 = 30 \end{aligned} \qquad (2.138)$$

を与え，化学量論に従った流速間の関係式 $V_1^- = V_2^+ + V_3^+$ も成立している．一般に，式(2.136)と式(2.137)にとって独立変数である S_0, E_1, E_2, E_3 を作動点から変化させると，式(2.138)の定常状態とは異なった定常状態が得られるが，そこではSシステムのGMAシステムからの乖離がみられる．いま，E_1 の濃度を作動点の10から1/5に変化させ2とすると，GMAシステムでの定常状態解は

$$v_1 = 2.0, \quad v_2 = v_4 = 0.9, \quad v_3 = v_5 = 1.1$$
$$S_1 = 6.1, \quad S_2 = 0.2, \quad S_3 = 9.8 \quad (2.139)$$

となり，Sシステムでの定常状態解は

$$V_1^+ = V_1^- = 2.0, \quad V_2^+ = V_2^- = 1.2, \quad V_3^+ = V_3^- = 1.2$$
$$S_1 = 9.4, \quad S_2 = 0.5, \quad S_3 = 11.6 \quad (2.140)$$

となる．GMAシステムの定常状態解では化学量論に従った関係式 $v_1 = v_2 + v_3$ が満たされているが，Sシステムの定常状態解では $V_1^- \neq V_2^+ + V_3^+$ となり，化学量論からの乖離がみられる．この傾向はSシステムで分岐パスウェイを解析する場合に一般的であり，**図2.22**では式(2.137)の独立変数のうち S_0, E_1, E_2, E_3 を個々に作動点 $S_0 = E_1 = E_2 = E_3 = E_4 = E_5 = 10$ から変動させ，定常状態解を求め，分岐点での流速の化学量論からのズレ δ

$$\delta = \frac{V_2^+ + V_3^+ - V_1^-}{V_1^-} \quad (2.141)$$

を計算し，図示している．どの場合も，作動点の近傍では $\delta \approx 0$ であり，流速の化学量論は守られているが，作動点から離れるにつれて $0 \ll \delta$ となり，化学量論からの乖離がみられる．図2.22の場合には $0 \ll \delta$ であるが，このことは系外からの S_0 の流入以上に生成物 S_2 と S_3 の流出がみられることを示している．

このような分岐反応の解析におけるSシステムの化学量論からの乖離はクエン酸回路やプリン代謝経路の解析で指摘されてきたことではあるが，図2.22は2つのことを示している．1つは，ある作動点で定められた速度定数や反応次数を，たとえば酵素活性を変動させて得られる異なった定常状態間でも固定するかぎりにおいて，Sシステムは分岐点において化学量論からくる拘束を破る．しかしほかの1つは，作動点の近傍ではその拘束はほぼ守られており，かつその範囲は広いことを示している．

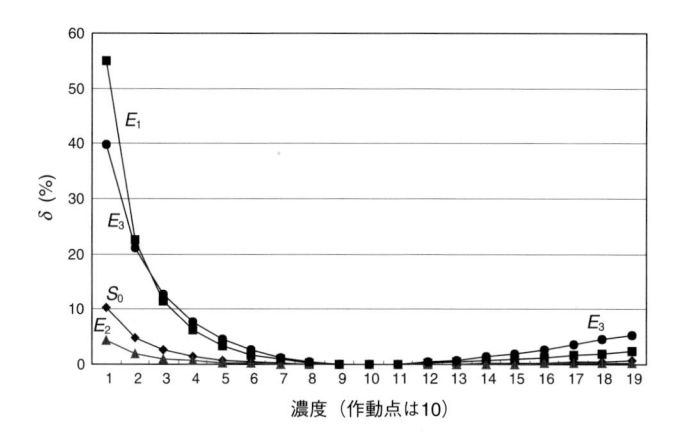

図 2.22　化学量論が流速に与える拘束条件からの乖離

作動点 $S_0 = E_1 = E_2 = E_3 = E_4 = E_5 = 10$ から図に示す化学種 S_0, E_1, E_2, E_3 の個々の濃度を1から19まで変化させ，個々の定常状態における $\delta = (V_2^+ + V_3^+ - V_1^-)/V_1^-$ を求め，パーセント表示している．作動点から E_1 や E_3 の濃度を低下させた場合に，δ はほかに比べ大きくなっている．

Savageau らのSシステムやGMAシステムによる化学反応システムの記述は，酵素反応機構の規範的モデルであるミカエリス-メンテン式を粗視化することにより，大規模な化学反応システムの感度解析および動的な挙動の解析を可能にしている．Heijnen らの lin-log 速度式も同様の研究方向にあるとして把握することができる [145, 146]．lin-log 速度式では一般的な化学反応速度式

$$v = f(E, x_1, \ldots, x_m) \tag{2.142}$$

の非線形関数 f は酵素濃度 E に比例し，かつ対数関数の線形和で近似しうるとして，反応速度 v を次式のように展開する．

$$v = E(a + p_1 \ln x_1 + \cdots + p_m \ln x_m) \tag{2.143}$$

Heijnen らは，このような近似式の理論的背景には，化学反応の駆動力とされる親和力 A が式 (2.22) に示されるように化学種の濃度の対数関数の線形和で表現される点がある，とする．**図 2.23** にはミカエリス-メンテン式を近似したSシステムおよび lin-log 速度式を図示している．

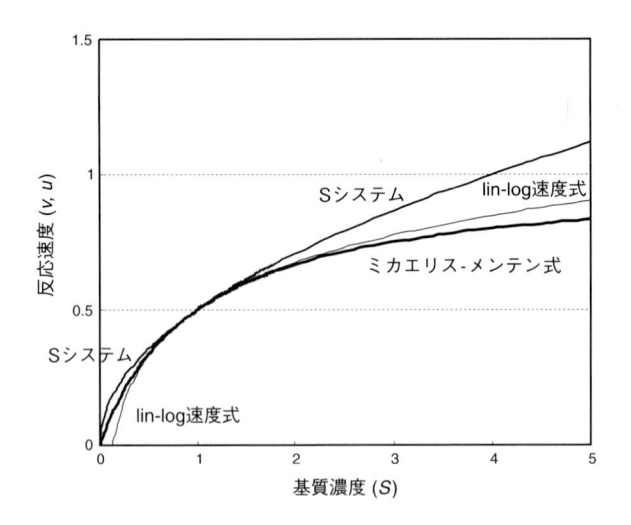

図 2.23　ミカエリス-メンテン式の近似

ミカエリス-メンテン式 $v(S) = V_{\max}S/(K_m + S)$ を $V_{\max} = K_m = 1$ としてグラフ化している．Sシステムと lin-log 速度式の近似にあたっては作動点を $S_0 = 1$ としている．Sシステム近似は式 (2.129) で与えられる．式 (2.129) の g を用い，lin-log 近似は $u(S) = v(S_0)\{1 + g\ln(S/S_0)\}$ となる．

図 2.23 ではSシステムおよび lin-log 速度式を定式化する作動点を $S = 1$ としている．そのため $S = 1$ の近傍ではSシステムおよび lin-log 速度式ともにミカエリス-メンテン式を正確に近似できている．基質濃度が作動点をこえて大きく増加した状態では，Sシステムおよび lin-log 速度式ともにミカエリス-メンテン式の示す基質飽和性を反映できず，反応速度は急速に増加している．Sシステムと lin-log 速度式を比較すると，基質濃度が高い領域では lin-log 速度式がよりよくミカエリス-メンテン式を近似できているが，基質濃度が 0 に近づくと lin-log 速度式では $v < 0$ となり，ミカエリス-メンテン式を近似できない．

このような反応機構の粗視化方法として，細胞内化学反応システムのモデル化の容易性および適用範囲の拡大（研究対象とする化学反応システムの大規模化）をめざし各種方法が開発されている．そのなかでも工学分野で用いられてきたペトリネットによるモデル化は，物理化学法則の基盤から離れる可能性（自由度）もあるが，もっとも柔軟性に富む方法である [147]．

2.2.3 化学反応ネットワークの感度解析

感度解析はパラメータ変動に伴うシステム応答を解析することによりシステムの特性（制御構造など）を定量的に知る方法である．いま，細胞内の化学反応ネットワークを，式(2.112)や表2.1に例示されているように代謝物の濃度 $x(t)$ について $dx/dt = f(x,k,E,p)$ とモデル化した場合，そのモデル式を解くことにより代謝物濃度の時間変化 $x(t)$ を求めることができる．感度解析では，化学反応ネットワークの特性や機能を示すある関数 $F(x(t))$ をあらかじめ定めておき，ネットワークのパラメータである速度定数 k，酵素濃度 E，その他のパラメータ p の変動 ($\delta k, \delta E, \delta p$) により関数 $F(x(t))$ がどの程度変化 (δF) するのかを解析する．化学反応ネットワークを研究する目的により具体的な関数型 F は異なるが，素朴には代謝物の濃度 $F(x(t)) = x(t)$ や反応速度 $F(x(t)) = dx(t)/dt$ が考えられる．あるパラメータの変動に対して関数 F の変化 δF が小さい ($\delta F \approx 0$) 場合，関数 F によって表現される特性や機能からみて当該変動に対しネットワークは頑健であるとされる．一方，$|\delta F| \gg 0$ の場合には，ネットワークは当該変動に対して脆弱であるとされる．細胞内の化学反応ネットワークは，考察対象となる関数 F や変動させるパラメータに応じて頑健性とともに脆弱性をあわせもっていると考えられる [131]．

なお，一般的に細胞内の化学反応ネットワークの解析にあたって，酵素濃度や速度定数，その他のパラメータを正確に求めることが困難であるとされるが，モデル式をもとに考察対象である関数 F とパラメータについて感度解析を行った結果，当該ネットワークが頑健であれば，正確なパラメータ値ではなく，近似的なパラメータ値だけでもって細胞内化学反応ネットワークの定性的な解析は可能となる．

化学反応ネットワークの解析を $dx/dt = 0$ なる定常状態の感度解析に限定した場合には，容易にモデル式を解くことができ，周期軌道や遷移相など非定常状態の解析に比べ，見通しのよい結果が得られる．先に述べたSシステムやlin-log 速度式は定常状態近傍の動的挙動の解析とともに，定常状態の感度解析に適した定式化となっている．代謝制御解析（metabolic control analysis）は，それら一般的に $dx/dt = f(x,k,E,p)$ なるモデル式が定式化されている場合だけ

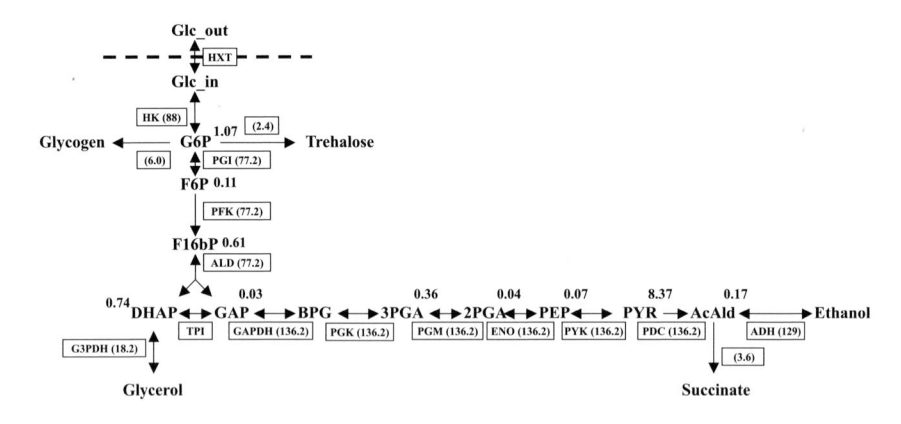

134 第2章 システム生物学の方法

```
                    Glc_out
                    ━━━━━━━┃HXT┃━━━━━━━
                        Glc_in
                      ┃HK (88)┃
                      1.07  (2.4)
          Glycogen ━━ G6P ━━━━━ Trehalose
                   (6.0) ┃PGI (77.2)┃
                        F6P  0.11
                      ┃PFK (77.2)┃
                       F16bP 0.61
                      ┃ALD (77.2)┃
      0.74       0.03        0.36   0.04  0.07    8.37    0.17
      DHAP ⇌ GAP ⇌ BPG ⇌ 3PGA ⇌ 2PGA ⇌ PEP → PYR → AcAld ⇌ Ethanol
     ┃TPI┃ ┃GAPDH(136.2)┃┃PGK(136.2)┃┃PGM(136.2)┃┃ENO(136.2)┃┃PYK(136.2)┃┃PDC(136.2)┃ ┃ADH(129)┃
  ┃G3PDH(18.2)┃                                                          (3.6)
     Glycerol                                                       Succinate
```

図 2.24 出芽酵母解糖系の流速と代謝物濃度 [132,133]

図 2.16 および表 2.1 に示す Teusink らのモデルから求められる解糖系の定常状態における流速 (mM/min) と代謝物濃度 (mM) を示す．流速は □ の中に酵素名とともに，また代謝物濃度は各代謝物記号の横に示されている．可逆反応 $k(X \rightleftharpoons Y)$ の正方向 $X \to Y$ の反応速度を v_{kf}，逆方向 $Y \to X$ の反応速度を v_{kr} とすると，正味の反応速度 v_k は $v_k = v_{kf} - v_{kr}$ となる．ミカエリス-メンテン式でモデル化される場合には，正味の反応速度 v_k は式 (2.74) で与えられる．流速 J_k は定常状態での正味の反応速度であり，定常状態では $J_k = v_k = v_{kf} - v_{kr}$ となる．表2.1 の反応速度式に現れる記号 v は正味の反応速度を示している．解糖系の分岐点 G6P では表 2.1 の式 (2) から定常状態において $v_{\mathrm{HK}} = v_{\mathrm{PGI}} + v_{\mathrm{glycogen}} + 2v_{\mathrm{trehalose}}$ なる保存則が成立している．ほかの分岐点でも同様の保存則が系を拘束している．定常状態を考察対象としているため，直鎖状の反応パスウェイでは個々の反応の正味の反応速度は等しい．実際，PGI から ALD にいたる反応パスウェイでは流速 $J = 77.2\,\mathrm{mM/min}$，GAPDH から PDC にいたる反応では流速 $J = 136.2\,\mathrm{mM/min}$ となっている．なお，流速 J_k は表 2.1 に示されているモデル式 $dx_i/dt = f(\{x_i\}, \{k_i\}, \{E_i\}, \{p_i\})$ から $dx_i/dt = 0$ なる多次元代数方程式を解くことにより求められるため，関数型としては $J_k = J_k(\{x_i\}, \{k_i\}, \{E_i\}, \{p_i\})$ となり，J_k は単一の酵素や単一のパラメータではなく，系全体の酵素やパラメータに依存する大域的な関数となる．

でなく，モデル式が定式化されていない場合にも，実験により感度解析を定量的に行う方法を提供している．代謝制御解析では，関数 F としては流速や代謝物濃度が，変動パラメータとしては酵素濃度 E がおもに用いられている．

　流速収支解析や反応速度論的モデル式による流速や濃度の決定は，それ独自で，反応ネットワークの制御機構の定量的尺度を与えるものではない．たとえば，**図 2.24** に Teusink らの反応速度論的モデルによって推計された出芽酵母解糖系の定常状態における流速と代謝物濃度が示されているが，個々の流速 J_k や代謝物濃度 X_i がネットワーク上の個々の酵素によりどのように制御を受ける

かについての情報は記されていない．

代謝制御解析は図2.24に示されるような定常状態における系の制御機構を線形近似の範囲内（定常状態の近傍）で解析する方法であり，通常は以下に述べる前提条件がその適用範囲を定めている [148]．

① 化学反応ネットワークは連結した1つのネットワークである．図2.24に示す解糖系の例では，すべての代謝物が1つの連結したネットワークを構成している．

② 化学反応ネットワークは定常状態にある．定常状態を維持するためには，反応ネットワークに反応物を供給し続ける必要があるため，少なくとも1つの代謝物がソース（source）として存在し，また生成物を系外に出すため，少なくとも1つの代謝物がシンク（sink）として存在しなければならない．図2.24の解糖系の例では，グルコースがソースとして機能し，系内に反応物を供給している．また，グリコーゲン，トレハロース，グリセロール，コハク酸，エタノールがシンクとして機能し，解糖系の代謝産物が流れ込んでいる．これらソースとシンクがネットワークの境界を形成し，代謝制御解析はそれら境界内の化学反応に適用される．なお，ソースやシンクとなる代謝物は細胞の環境条件により動的に変化する．

③ 複数のコンパートメントに分布する化学反応ネットワークを取り扱いうるが，個々のコンパートメント内は均質系である．すなわち，代謝制御解析では個々のコンパートメント内での代謝物濃度の空間依存性を直接には取り扱わない．

④ 個々の酵素反応速度は酵素濃度に比例する．この条件は，式(2.74)のミカエリス-メンテン式や式(2.129)のSシステム，式(2.143)のlin-log速度式では成立している．また，1つの酵素は1つの酵素反応を触媒（あるいは制御）する．

⑤ 酵素濃度はパラメータとしてのみ取り扱われる．すなわち，ある酵素が触媒として現れる場合，それは代謝物とはならない．

⑥ すべての代謝物濃度は酵素などには結合していないとして取り扱われる．すなわち，酵素に結合している代謝物濃度は定常状態にほとんど影響しないと仮定する．

（なお，これらの前提条件をゆるやかにし，代謝制御解析の適用範囲を拡大する試みもなされているが，それらについてはMelendez-HeviaらやLionらの論文を参照されたい [149, 150].）

①から⑥に示す前提条件の範囲内で，代謝制御解析はおもに化学反応ネットワークの特性である流速がパラメータである酵素濃度の変動により受ける影響を定量的に明らかにしようとする．そのための指標が流速制御係数（flux control coefficient）である．たとえば図2.24に示す定常状態でのある正味の反応速度（流速）を J_k，ある酵素濃度を E_i とすると，酵素 E_i による流速 J_k への影響の度合いを示す流速制御係数 C_i^k は次式で与えられる．

$$C_i^k = \frac{\partial J_k}{J_k} \bigg/ \frac{\partial E_i}{E_i} = \frac{\partial \ln J_k}{\partial \ln E_i} \tag{2.144}$$

ここで2つの変数 J_k と E_i はそれぞれ単位を有するが，流速制御係数 C_i^k は式 (2.144) の関数型から明らかなように，相対感度あるいは対数感度であり，無次元の量として定義されている．流速制御係数を実験的手段により直接求める方法では，生化学的・分子生物学的手法を用いて酵素 E_i の濃度のみを変化させ，$J_k = J_k(E_i)$ のグラフを作成し，そのグラフから差分公式を用いて式 (2.144) の C_i^k を求めることになる．酵素 $E_1, \ldots E_n$ に触媒される直鎖状の反応経路の場合，定常状態において $J_1 = J_2 = \cdots = J_n = J$ となり，流速制御係数 C_i^k は $0 \leq C_i^k = C_i^J \leq 1$ となる．一方，分岐を含む一般的な反応ネットワークの場合，流速制御係数 C_i^k は正にも負にもなりうる [129].

容易に証明されるように，流速制御係数には次式で示す総和定理（summation theorem）が成立している．

$$\sum_i C_i^k = 1 \tag{2.145}$$

実際，前提条件④から流速 J_k は酵素濃度 E_i の1次の同次関数となり，次式

$$J_k(tE_1, \ldots, tE_n) = tJ_k(E_1, \ldots, E_n) \tag{2.146}$$

が成立する．式 (2.146) を t で微分し，$t = 1$ とおくことにより，オイラー（Euler）の定理

$$\sum_i E_i \frac{\partial J_k}{\partial E_i} = J_k \tag{2.147}$$

が得られ，式(2.147)に流速制御係数の定義式(2.144)を入れると，総和定理(2.145)が得られる．総和定理から，化学反応ネットワークの流速の制御はすべての酵素に分担して担われており，流速制御係数はネットワーク構造全体から拘束を受ける大域的係数であることが理解される．直鎖状反応パスウェイの場合，先に述べたように$0 \leq C_i^J \leq 1$となり，ある1つの酵素jについて$C_j^J = 1$が成立するとほかの酵素iについては$C_i^J = 0$となる．この場合，酵素jは典型的な律速酵素とよばれるが，多くの場合，流速はすべての酵素により分担制御されている．さらに，分岐を含む一般的な化学反応ネットワークの場合には，直鎖状反応パスウェイのような流速制御係数への制限はなく，律速酵素を明確に同定することは困難となる．このことから，直鎖状反応パスウェイを含め化学反応ネットワークの律速酵素は大域的に把握される必要がある．なお，律速酵素と，アロステリック酵素に典型的にみられる調節酵素の概念上の違いについて留意する必要がある．酵素濃度が流速に及ぼす感度の大小は，当該酵素が調節酵素であるかどうかの測度にはなっていない（具体的には調節酵素の流速制御係数が小さい場合がある）．この点については，パスウェイの「調節段階を触媒する酵素」と「律速段階を触媒する酵素」は関連した概念である必要はなく，異なった性質をもった酵素であるとの理解が必要とされる．

流速制御係数は化学反応ネットワークの性質を反映した大域的係数であるが，ある酵素E_iが触媒する正味の反応速度v_iへの代謝物Xの影響の度合いとして定義される弾性係数（elasticity coefficient）ε_X^i

$$\varepsilon_X^i = \frac{\partial v_i}{v_i} \bigg/ \frac{\partial X}{X} = \frac{\partial \ln v_i}{\partial \ln X} \tag{2.148}$$

は，ある酵素E_iの局所的な反応動力学的性質である．弾性係数は反応v_iにおいて代謝物Xに関するみかけの反応次数と考えることができ，式(2.123)に示される生化学システム理論の反応次数に等しい．弾性係数も直接的には微小変動dXに伴うv_iの変動dv_iを計測することにより計算できる．一方，酵素E_iの局所的な反応機構が既知の場合には，モデルとされる反応速度式から求めることができる．いま，正味の反応速度v_iが式(2.74)に示される可逆反応でのミカエリス-メンテン式

$$v_i = \frac{\dfrac{V_{\max}}{K_{\mathrm{m}}}\left(S - \dfrac{P}{K_{\mathrm{eq}}}\right)}{1 + \dfrac{S}{K_{\mathrm{m}}} + \dfrac{P}{K_{\mathrm{P}}}} \tag{2.149}$$

ただし,

$$K_{\mathrm{eq}} = \frac{P_{\mathrm{eq}}}{S_{\mathrm{eq}}} = \frac{k_1 k_3}{k_2 k_4} = \frac{V_{\max} K_{\mathrm{P}}}{V_{\mathrm{P}} K_{\mathrm{m}}} \tag{2.150}$$

でモデル化されているとする.なお,ここでは平衡定数 K_{eq} と速度定数の関係を示す Haldane の関係式 (2.150) を用い,正味の反応速度 v_i を表現している.この反応機構においては正味の反応速度 v_i に影響を与える代謝物は基質 S と生成物 P のみである.基質 S の弾性係数 ε_S^i は式 (2.148) を用いて,

$$\varepsilon_S^i = \frac{1}{1 - \dfrac{\Gamma}{K_{\mathrm{eq}}}} - \frac{\dfrac{S}{K_{\mathrm{m}}}}{1 + \dfrac{S}{K_{\mathrm{m}}} + \dfrac{P}{K_{\mathrm{P}}}} \tag{2.151}$$

となる.ここで Γ は系の平衡状態からの乖離の程度を示す指標である質量作用比 P/S であり,平衡状態においては $\Gamma = K_{\mathrm{eq}}$ となる.式 (2.151) の右辺第1項は Γ に依存し,代謝物 P の存在しない状態の1から平衡状態の無限大 ($\pm\infty$) まで大きく変化する.右辺第2項は可逆なミカエリス-メンテン機構の正方向の反応速度 v_{if} を $V_{\max}$ で割った値であり,基質の存在しない状態の0から飽和した状態の1まで変化する.この結果,平衡状態に近い定常状態を考察しているかぎり,弾性係数はおもに式 (2.151) の右辺第1項によって規定される.同じく,代謝物 P(生成物)の弾性係数 ε_P^i は

$$\varepsilon_P^i = \frac{-\dfrac{\Gamma}{K_{\mathrm{eq}}}}{1 - \dfrac{\Gamma}{K_{\mathrm{eq}}}} - \frac{\dfrac{P}{K_{\mathrm{P}}}}{1 + \dfrac{S}{K_{\mathrm{m}}} + \dfrac{P}{K_{\mathrm{P}}}} \tag{2.152}$$

となり,平衡状態に近い定常状態において $\varepsilon_P^i + \varepsilon_P^i \approx 1$ が成立している [148].基質 S の弾性係数 ε_S^i のグラフを**図2.25**に示す.図では,$K_{\mathrm{m}}=1$, $K_{\mathrm{P}}=5$, $K_{\mathrm{eq}}=10$,および $P=5$ とし,基質の弾性係数を式 (2.151) から計算している.$S=0.5$ は平衡状態にあたり,その近傍で弾性係数は $\pm\infty$ に発散している.$S>0.5$ では S は基質として機能し,反応を正方向に促進するため S の弾性係数は正となる.

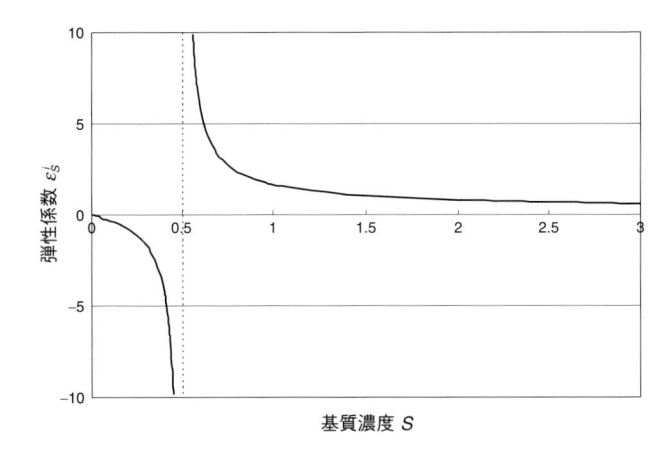

図 2.25 可逆なミカエリス-メンテン機構での基質の弾性係数

$K_m=1$, $K_P=5$, $K_{eq}=10$, および $P=5$ とし，基質Sの弾性係数を式(2.151)から計算している．

一方，$S<0.5$ではSは生成物として機能し，可逆反応にみられる生成物阻害のため弾性係数は負になる．この図に示されるように，弾性係数は「細胞内において基質濃度が K_m よりも低いため，当該酵素反応は基質濃度の変化に敏感に応答する」や「基質濃度が K_m を大きく上回っているため，当該酵素反応は基質濃度の変化に敏感には応答しない」といった定性的な説明に定量的な指標を与えている．

なお，式(2.151)と(2.152)は *in vitro* 実験で得られた個々の酵素反応速度式から *in vivo* での化学反応ネットワークの弾性係数を計算しているが，その定式化の中には最大反応速度 V_{max} や V_P は含まれておらず，Wrightらの「*in vivo* での速度式と *in vitro* での速度式の比較においてミカエリス定数 K_m や K_P には大きな相違はなく，大きな相違は V_{max} や V_P にみられる」という主張が妥当であれば，*in vivo* での代謝物（図2.25の場合にはSとP）の定常状態濃度を計測することにより，酵素反応速度のモデル式から正確に弾性係数を推定しうる可能性を示している[134]．

ある代謝物Xに関して高い弾性係数をもつ酵素の流速制御係数は低い値をとる傾向にあるが，この代謝物 X の弾性係数と流速制御係数の関係を一般化した定理に結合定理（connectivity theorem）がある．結合定理によると，代謝物 X

が系の大域的な特性である流速 J_k に与える影響は，系の局所的な性質である酵素 E_i の活性を介して次式

$$\sum_i C_i^k \varepsilon_X^i = 0 \tag{2.153}$$

による拘束を受けている．形式的に総和は系内のすべての酵素 E_i についてとられているが，実際には $\varepsilon_X^i \neq 0$，すなわち代謝物 X と直接的に相互作用する酵素群 $\{E_i\}$ のみの総和である．具体的には X は $\{E_i\}$ 中のある酵素の基質や生成物，あるいはエフェクターである．結合定理(2.153)は以下のような一種の思考実験を通して証明されている [129, 149]．定常状態にある反応ネットワークを考え，代謝物 X を微小変化 dX させると，酵素群 $\{E_i\}$ が触媒する個々の反応速度 v_i も変化するが，その個々の変化 dv_i を 0 にするように酵素 E_i の濃度を変化 dE_i させることは可能である．この場合，個々の反応速度 v_i について

$$dv_i = \frac{\partial v_i}{\partial E_i} dE_i + \frac{\partial v_i}{\partial X} dX = 0 \tag{2.154}$$

となる．ここで，総和定理の場合と同様に，関数 $v_i(E_i)$ は1次の同次関数であるとすると，$\partial v_i / \partial E_i = v_i / E_i$ となり，さらに式(2.148)の弾性係数 ε_X^i の定義式を式(2.154)に代入すると，

$$\frac{dE_i}{E_i} = -\varepsilon_X^i \frac{dX}{X} \tag{2.155}$$

が得られる．また，式(2.154)に示される代謝物 X および酵素 E_i の変動（dX および dE_i）は流速 J_k を変化させないため，流速制御係数 C_i^k の定義式(2.144)を用いると，

$$\frac{dJ_k}{J_k} = 0 = \sum_i C_i^k \frac{dE_i}{E_i} \tag{2.156}$$

が得られる．式(2.155)と式(2.156)から，$dX \neq 0$ に注意すると，結合定理(2.153)が導かれる．

先にも述べたように流速制御係数は直接的には個々の酵素濃度を変化させ，その変化への応答として観測される流速の変化量から計算されうるが，一方で，局所的な係数である弾性係数を計測することにより，総和定理や結合定理から流速制御係数を求める方法も試みられている．Fellらが提案している方法では，まず研究対象とする化学反応ネットワークを図2.24に例示されている

2.2 化学反応ネットワークの解析

(a) 解糖系の直鎖状ネットワーク

BPG ⇌ 3PG ⇌ 2PG ⇌ PEP ⇌ PYR
　　PGK　　PGM　　ENO　　PYK

$J = v_{PGK} = v_{PGM} = v_{ENO} = v_{PYK}$

(b) 解糖系の分岐ネットワーク

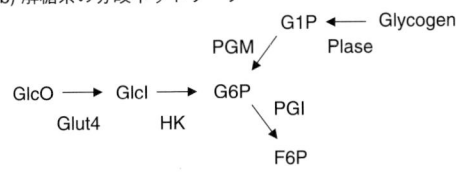

```
                        G1P ← Glycogen
                    PGM ↙   Plase
GlcO → GlcI → G6P
 Glut4    HK    ↓ PGI
                F6P
```

$J = v_{Glut4} = v_{HK}, \; J_a = v_{Plase} = v_{PGM}, \; J_b = v_{PGI}$

図 2.26　ラット心臓の解糖系のモデルスキーム

Kashiwaya らがラット灌流心臓を用い解析した解糖系のモデルスキームを示す. (a) は 1,3 ビスホスホグリセリン酸（BPG）からピルビン酸（PYR）にいたる直鎖状ネットワークを示す. ここでは BPG がソース, PYR がシンクの機能を果たし, 定常状態が維持されている. 個々の酵素反応の正味の反応速度はすべて流速 J に等しい. (b) はグルコースの取り込み GlcO → GlcI から解糖系のフルクトース 6-リン酸（F6P）にいたる経路とグリコーゲンがグリコーゲンホスホリラーゼ（Plase）により動員されていく経路を示す. ここでは GlcO と Glycogen がソース, F6P がシンクの機能を果たしている.

ようにモデル化する. ついで, 細胞内の代謝物の濃度を計測し, 式 (2.151) や (2.152) に示されるモデル式から弾性係数を計算する. そして式 (2.145) の総和定理と式 (2.153) の結合定理からなる連立方程式を解くことにより, 流速制御係数を求めることができる [148, 151]. この方法によると, 直鎖状の反応パスウェイの場合には, 流速を計測することなく, 定常状態における代謝物濃度を計測するのみで流速制御係数を求めることができる. ただし, 化学反応ネットワークに分岐が存在する場合には, 分岐ごとの相対的な流速量の計測が必要になる. Kashiwaya らはラット灌流心臓を用い, 解糖系の代謝制御解析を行っている [152]. グルコースのみを含む溶液で灌流した場合の彼らの反応モデルスキームを**図 2.26** に示す.

図 2.26 の (a) に示される直鎖状の反応ネットワークの場合, 系内の 4 つの酵素による流速 J への流速制御係数についての総和定理は

$$C^J_{PGK} + C^J_{PGM} + C^J_{ENO} + C^J_{PYK} = 1 \tag{2.157}$$

となる．また，ソースである1,3ビスホスホグリセリン酸（BPG）とシンクであるピルビン酸（PYR）を除く系内の3つの代謝物，3-ホスホグリセリン酸（3PG），2-ホスホグリセリン酸（2PG）およびホスホエノールピルビン酸（PEP）ごとに弾性係数と流速Jへの流速制御係数からなる結合定理は

$$C_{PGK}^{J}\varepsilon_{3PG}^{PGK} + C_{PGM}^{J}\varepsilon_{3PG}^{PGM} = 0$$
$$C_{PGM}^{J}\varepsilon_{2PG}^{PGM} + C_{ENO}^{J}\varepsilon_{2PG}^{ENO} = 0 \quad (2.158)$$
$$C_{ENO}^{J}\varepsilon_{PEP}^{ENO} + C_{PYK}^{J}\varepsilon_{PEP}^{PYK} = 0$$

となる．Kashiwayaらは個々の酵素反応を可逆なミカエリス-メンテン機構でモデル化し，定常状態における個々の代謝物の計測データから弾性係数を計算している．その結果を結合定理に代入すると，式(2.157)と(2.158)は4つの流速制御係数を未知変数とする代数方程式となり，容易に解を求めることができる．求められた流速制御係数は

$$C_{PGK}^{J} = 0.008, \ C_{PGM}^{J} = 0.008, \ C_{ENO}^{J} = 0.547, \ C_{PYK}^{J} = 0.438 \quad (2.159)$$

であった．このことはKashiwayaらの実験系での直鎖状ネットワークの流速Jはおもにエノラーゼ（ENO）とピルビン酸キナーゼ（PYK）によって分担制御されていることを示している．

図2.26(b)に示される分岐状の反応ネットワークでは，3つの流速J, J_a, J_bが各分岐を流れているが，Kashiwayaらはグルコース（GlcO）のグルコース輸送体（Glut4）による取り込みから，グルコース6-リン酸（G6P）にいたる流速Jの制御係数について解析している．その場合，系内の5つの酵素反応による流速Jへの流速制御係数についての総和定理は

$$C_{Glut4}^{J} + C_{HK}^{J} + C_{PGM}^{J} + C_{PGI}^{J} + C_{Plase}^{J} = 1 \quad (2.160)$$

となる．また，ソースであるグルコース（GlcO）とグリコーゲン（Glycogen），およびシンクであるフルクトース6-リン酸（F6P）を除く系内の3つの代謝物，細胞内グルコース（GlcI），グルコース6-リン酸（G6P）およびグルコース1-リン酸（G1P）ごとに弾性係数と流速Jへの流速制御係数からなる結合定理は

$$C_{Glut4}^{J}\varepsilon_{GlucI}^{Glut4} + C_{HK}^{J}\varepsilon_{GlucI}^{HK} = 0$$
$$C_{HK}^{J}\varepsilon_{G6P}^{HK} + C_{PGM}^{J}\varepsilon_{G6P}^{PGM} + C_{PGI}^{J}\varepsilon_{G6P}^{PGI} = 0 \qquad (2.161)$$
$$C_{PGM}^{J}\varepsilon_{G1P}^{PGM} + C_{Plase}^{J}\varepsilon_{G1P}^{Plase} = 0$$

となる．分岐ネットワークではすべての弾性係数を求めても，未知数に比べ総和定理(2.160)と結合定理(2.161)から構成される連立方程式の数が少なく，それだけでは流速制御係数を求めることはできない．この場合には分岐点での各分岐流速についての（図2.26 bの場合に，流速 J を参照流速とすると流速 J_a と J_b についての）分岐点定理が連立方程式に付加される[151]．分岐点定理（branch point theorem）は，定常状態下での分岐点では，一方の分岐 J_a に位置する酵素反応の流速制御係数の総和とほかの分岐 J_b に位置する酵素反応の流速制御係数の総和の比はそれら2つの分岐の流速の比に等しいと主張しており，図2.26 (b)で参照流速を J とすると，次式で与えられる．

$$\frac{C_{PGM}^{J} + C_{Plase}^{J}}{C_{PGI}^{J}} = -\frac{J_a}{J_b} \qquad (2.162)$$

ここでは流速 J_a が分岐点 G6P に向かい，J_b が分岐点から離れていっているため右辺には負の符号がついているが，流速 J_a と J_b がともに分岐点に向かっている，あるいは分岐点から離れていっている場合には，右辺は正符号になる．式(2.162)の右辺から明らかなように，分岐点定理を流速制御係数の推定に用いるためには，参照流速 J を除く分岐流速の比の計測のみが求められる．Kashiwayaらは式(2.160), 式(2.161), 式(2.162)からなる連立方程式を解くことにより，図2.26 (b)に示す分岐ネットワークの流速制御係数を求めている．その値は以下のとおりである．

$$\begin{aligned} C_{Glut4}^{J} = 0.396, \quad C_{HK}^{J} = 0.59, \quad C_{PGM}^{J} < 0.001, \\ C_{PGI}^{J} = 0.016, \quad C_{Plase}^{J} = -0.001 \end{aligned} \qquad (2.163)$$

この結果はKashiwayaらの実験系での分岐ネットワークの流速 J はおもにグルコースの取り込みからG6Pにいたる酵素，とくにヘキソキナーゼ（HK）によって制御されていることを示している．これら式(2.159)と(2.163)に示す流速制御係数は，ラット心臓をグルコースのみを含む溶液で灌流した場合の実験結果

を示している．Kashiwayaらは灌流液にグルコースとともにケトンやインスリンを含んだ実験も行っており，その場合には異なった定常状態と異なった制御構造がみられている．

2.2.4 化学量論的ネットワーク解析

化学反応ネットワークの個々の反応機構の詳細に立ち入ることなく，化学量論係数行列Sに示されるネットワークのトポロジーのみから定常状態について可能なかぎり詳細な情報を得ようとする立場が，化学量論的ネットワーク解析である．

化学量論係数行列Sで記述される細胞内の化学反応ネットワークが定常状態にあり，式(2.115)に示す物質収支則$S \cdot v = 0$による拘束を流速vが受けるとき，細胞内ではいかなる流速分布が実現されているのか，この問題意識は1980年代Clarkeによって立てられた[153]．数学的には式(2.115)で示される斉次の連立1次方程式の解空間［核空間（kernel space）や零空間（null space）とよばれる］を求めることになり，その基底ベクトルは簡単に求めることができる．しかし，零空間の基底ベクトルは，ある化学反応の集合 Irrev（図2.27の例では $Irrev = \{v_1, v_2, v_3, v_5, v_6\}$ となる）に対して熱力学的な拘束から要請される不可逆性の条件，

$$0 \leq v_i, \quad i \in Irrev \tag{2.164}$$

を満たすという保証はない．また，零空間の基底ベクトルは一意的には決定されない．

Schusterらは，零空間の基底ベクトルに代わり，物理化学的にも実現可能な基底ベクトルとして基準モード（elementary mode）を提案している[154]．基準モードは式(2.115)の物質収支則$S \cdot v = 0$と式(2.164)の拘束条件に加え，「定常状態を維持しうるパスウェイ（個々の反応の集合）であり，かつ最小の反応数から構成される．すなわち，基準モード内のどの反応を取り除いても，系の定常状態を維持しえない」という条件（非分解性の条件；non-decomposability）を加えることにより一意に求めることができる．基底ベクトルとしての基準モードによって，すべての定常状態は，正係数を用いた基準モードの線形結合

2.2 化学反応ネットワークの解析

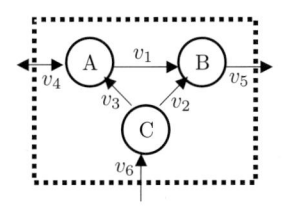

図 2.27 化学反応ネットワーク

系外との代謝物 A の交換反応のみ可逆反応となっている．可逆反応 v_4 の符号は系内への流入を正としている．

で表現できる．この正係数という条件は式 (2.164) に示される不可逆性の条件を満たす必要十分条件であるが，実現可能な流速分布をすべて表現するためには，零空間の基底ベクトルの数以上の基準モードが必要となる [155-157]．

図 2.27 に示す化学反応ネットワークを例に基準モードを示す [156, 157]．この反応ネットワークで物質収支則は

$$S \cdot v = 0$$

$$S = \begin{pmatrix} v_1 & v_2 & v_3 & v_4 & v_5 & v_6 \\ -1 & 0 & 1 & 1 & 0 & 0 \\ 1 & 1 & 0 & 0 & -1 & 0 \\ 0 & -1 & -1 & 0 & 0 & 1 \end{pmatrix} \begin{matrix} A \\ B \\ C \end{matrix} \quad (2.165)$$

となる．化学量論係数行列の行は 3 種の化学種 A, B, C に対応し，列は 6 つの流速 $v_1, v_2, v_3, v_4, v_5, v_6$ に対応している．そして，式 (2.165) の連立 1 次方程式の零空間は 3 つの基底ベクトルで張られ，その 3 つの基底ベクトル e_i は行列 K の列ベクトルとして

$$K = \begin{pmatrix} e_1 & e_2 & e_3 \\ 1 & 1 & -1 \\ -1 & 0 & 1 \\ 1 & 0 & 0 \\ 0 & 1 & -1 \\ 0 & 1 & 0 \\ 0 & 0 & 1 \end{pmatrix} \begin{matrix} v_1 \\ v_2 \\ v_3 \\ v_4 \\ v_5 \\ v_6 \end{matrix} \quad (2.166)$$

で与えられる．基底ベクトル e_1 は流速 v_1, v_2, v_3 からなり，サイクル反応 $A \to B \to C \to A$ を，基底ベクトル e_2 は流速 v_1, v_4, v_5 からなり，代謝物 A の流入から代謝物 B の流出にいたる反応パスウェイ $\to A \to B \to$ を，基底ベクトル e_3 は流速 v_1, v_2, v_4, v_6 からなり，代謝物 C の流入から代謝物 A の流出にいたる反応パスウェイ $\to C \to B \to A \to$ を示している．数学的定式化の側面のみからみた場合，式 (2.166) に示されるこれら 3 つの基底ベクトルの線形結合により，式 (2.165) に示される物質収支則を満たす定常状態はすべて表現されうる．しかし，図 2.27 にも示されているように，熱力学的拘束としてこの化学反応ネットワークには

$$0 \leqq v_1, v_2, v_3, v_5, v_6 \tag{2.167}$$

なる不可逆性の拘束条件が課せられており，零空間の基底ベクトル e_1 と e_3 はこの拘束条件を満たしていない．すなわち，基底ベクトル e_1 と e_3 は物理化学法則からみて実現されえない状態となっている．基準モードは図 2.27 に示される化学反応ネットワークで物理化学法則からみて実現可能な定常状態のみから構成される．Schuster らや Wagner の方法に従い求められた基準モードを**図 2.28** に示す [158, 159]．

　この化学反応ネットワークの例では，すべての基準モードが，系外からの基質の取り込みに始まり，系外への生成物の分泌にいたるパスウェイとなっており，かつ，どの基準モードも非分解性の条件を満たしている．すなわち，どの 1 つの反応（流速）を取り除いても，定常状態を維持できない．なお，基準モード ElMo4 は ElMo1 と ElMo2 の非負係数の線形結合で構成することができ，それら 2 つの基準モードと線形従属の関係にある．

　この線形従属性の存在により，反応ネットワークの規模が大きくなると基準モードの数は多くなり，定常状態の解析の見通しを悪くする．極値パスウェイ (extreme pathway) はこの問題の解決を図っており，物質収支則 (2.165) と不可逆性の条件式 (2.167)，および非分解性の条件に加えて，「どの極値パスウェイもほかの極値パスウェイの非負係数の線形結合では表現しえない」という独立性の条件を付加した基底ベクトルを構成している [155, 157]．この結果，図 2.28 では ElMo4 が極値パスウェイには含まれないことになる．一般に，極値パス

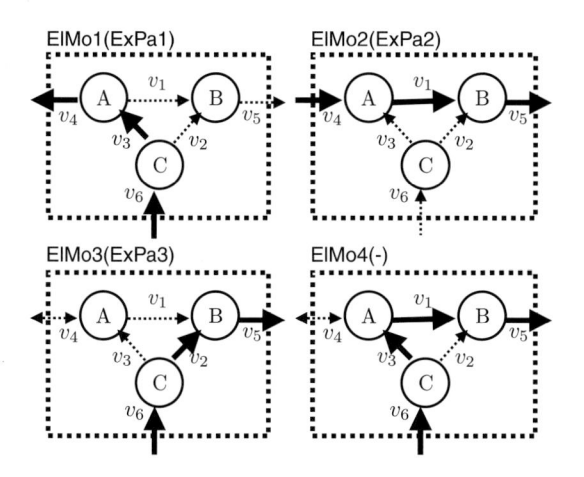

図 2.28 基準モードと極値パスウェイ

基準モードを ElMo1〜4，極値パスウェイを ExPa1〜3 で示す．ベクトル表現では ElMo1 = ExPa1 = (0 0 1 −1 0 1)，ElMo2 = ExPa2 = (1 0 0 1 1 0)，ElMo3 = ExPa3 = (0 1 0 0 1 1)，ElMo4 = (1 0 1 0 1 1) となる．

ウェイは基準モードの部分集合となる．なお，独立性は基準モードにはない性質であるが，数学的には重要な独立性という概念が，生理学的にも重要であるかどうかは，意見の分かれるところである [155]．

零空間の次元を Dim(NullSpace)，極値パスウェイの数を Num(ExPa)，基準モードの数を Num(ElMo) とすると，それら 3 つの間には

$$\mathrm{Dim(NullSpace)} \leqq \mathrm{Num(ExPa)} \leqq \mathrm{Num(ElMo)} \tag{2.168}$$

なる関係が常に成立する．Papin らが赤血球の代謝ネットワーク(39 の代謝物，32 の代謝反応，19 の細胞内外の交換反応，交換反応のうち 16 は可逆反応からなるネットワーク) を解析した結果によると，零空間の次元は 23，極値パスウェイの数は 55，基準モードの数は 6,180 であった [157]．一方，系外との交換反応が不可逆であれば，

$$\mathrm{Num(ExPa)} = \mathrm{Num(ElMo)} \tag{2.169}$$

となり，かつ 2 つの解ベクトルは一致する．Papin らの赤血球の代謝ネットワークと同様，図 2.27 の場合にも系外との交換反応 v_4 が可逆であるため，

Num(ExPa) < Num(ElMo) という条件が成立していた．

化学反応ネットワーク解析における基準モードや極値パスウェイの意義は以下のようにまとめることができる．

① 化学量論係数行列 S で規定される化学反応ネットワークが，式(2.164)に示される熱力学的な不可逆性による拘束を受けているという条件下で，実現可能なすべての定常状態を導くことができる．すなわち，任意の定常状態の流速 v は極値パスウェイあるいは基準モードを $\{e_i\}$ として，

$$v = \sum_i \alpha_i e_i, \quad \alpha_i \geq 0$$

と表現される．この結果は Clarke によって立てられた問題[153]への解答となっている．

② Num(ExPa) や Num(ElMo) は化学反応ネットワークの柔軟性，あるいは頑健性の指標となる．たとえば，定常状態を維持するという機能からみると，ある反応過程を触媒する酵素の欠損という外乱に対して，大きな Num(ExPa) あるいは Num(ElMo) をもつ化学反応ネットワークは頑健であると推定される．

③ 多くの基準モードや極値パスウェイに共通の構成要素になっている反応過程は，定常状態を維持する上で重要な反応過程と推定される．たとえば，図2.28 では v_5 と v_6 が3つの基準モードの構成要素となっている．その数「3」は反応過程 v_5 と v_6 の重要性の指標と考えられる．

④ 構築された化学反応ネットワークの検証を行える．具体的には，どの基準モードや極値パスウェイにも含まれない反応過程は，誤って設定された反応過程であると推定される．

2.3

細胞内ネットワークの構造推定

1つの細胞内ではゲノム DNA に記された遺伝子，遺伝子から転写された RNA，RNA から翻訳されたタンパク質（例：酵素），酵素反応の産物としての代謝産物，そして外界からのシグナル分子が複雑なネットワークを構成して，1つの

細胞としての機能が営まれている．これら分子間の相互関連をネットワーク構造として明らかにしていく研究には大きくみて2つの方法がある．1つはボトムアップ型であり，そこでは個々の分子に焦点をあて，遺伝子Gとその転写制御因子TF，酵素反応での酵素Eと基質S，生成物Pといった分子間相互作用を積み重ねていくことにより，全体のネットワーク構造を構成していこうとする．ここではネットワークを構成するすべての分子があらかじめ一覧表として整理されているわけではなく，研究の進展に伴い，ネットワークに関与する分子が順次一覧表に追加されていく．一方，細胞内のゲノムの情報（1次情報としては塩基配列）が明らかにされると，そこに記された遺伝子およびタンパク質の一覧表をあらかじめ作成することが可能となり，その情報をもとにした新しいネットワーク構造の推定方法が生まれてきた．その技術的背景としては，DNAやタンパク質のチップ技術，質量分析機器などの計測技術がある．それら計測によって得られる大量のデータからネットワーク構造を推定する方法は，トップダウン型といわれている．

　ボトムアップ型では，ネットワーク構造，たとえば転写制御のTF→Gや酵素反応のE+S→Pといったネットワーク構造のリンク部分（→部分）が個々の分子の物理化学的相互作用を直接表現しているのに対して，以下に述べるトップダウン型では，生成されるネットワークのリンクのもつ意味は個々の解析方法により異なる．ベイジアンネットワークの方法では統計的因果関係を示し，微分方程式による方法では仮説的な反応過程を示し，情報学的方法ではリンクに方向性（矢印→でなく無向のリンク）はなく，相関や相互情報量の大きさがリンクに付与されている．このため，ボトムアップ型方法により構成されたネットワークは物理ネットワーク（physical network），トップダウン型方法により構成されたネットワークは推定ネットワーク（inference network）とも称される[160]．

　なお，以下ではおもにDNAチップ技術から得られたmRNAの網羅的発現解析実験のデータを用いたトップダウン型のネットワーク構造推定方法を述べるが，タンパク質チップや質量分析から得られたデータでも同様の解析がなされる．

2.3.1 ベイジアンネットワークによる方法

ベイジアンネットワークは大量の遺伝子発現解析データから求められる同時確率分布 $P(G_1, G_2, \ldots, G_N)$ を用いて，遺伝子 $G_1, G_2, \ldots, G_N$ 間の統計的依存関係を見いだし，非循環型の有向グラフでネットワーク構造を表現する方法とされる [161]．ここで同時確率分布とは，個々の実験で得られる遺伝子の発現量 $G_1, G_2, \ldots, G_N$ を確率変数とみなし，細胞の状態をそれら確率変数の同時確率分布 $P(G_1, G_2, \ldots, G_N)$ で表現していることを示す．非循環型とは「フィードバックループなどの循環構造がネットワークの中には存在しない」という制限がこの方法にはあらかじめ課せられていることを示している．この制限はダイナミックベイジアンネットワークでは取り除かれる [162] が，以下ではおもにベイジアンネットワークを対象とする．また有向グラフとは，遺伝子間（例：G_1 と G_2) の条件付き確率 $P(G_1 \mid G_2)$ がグラフに付与され，遺伝子 G_2 から遺伝子 G_1 への統計的依存関係が $G_2 \rightarrow G_1$ と方向性をもって，すなわち因果関係として表現されることを示している．ここで G_1 は子とよばれ，G_2 は G_1 の親 $\pi(G_1)$ とよばれ，$\pi(G_1) = (G_2)$ とリスト表記される．遺伝子 G_1 の親遺伝子が複数，たとえば G_2 と G_3 である場合，$\pi(G_1)$ は $\pi(G_1) = (G_2, G_3)$ とリスト表記される．なお，遺伝子 G_1 に親がいない場合には便宜的に，$\pi(G_1) = (\emptyset)$ と空集合 $\emptyset$ でリスト表記される．この表記方法を用いると，ベイジアンネットワークによる遺伝子ネットワークの表現は，同時確率分布 $P(G_1, G_2, \ldots, G_N)$ を条件付き確率 $P(G_i \mid \pi(G_i))$ の積として，

$$P(G_1, G_2, \cdots, G_N) = \prod_i P(G_i \mid \pi(G_i)) \tag{2.170}$$

と展開することと同等であり，右辺の $P(G_i \mid \pi(G_i))$ は G_i の親遺伝子 $\pi(G_i)$ から子遺伝子である G_i に矢印 $\rightarrow$ が引かれた部分グラフを示し，積はそれら部分グラフから構成される全体のネットワークに対応している [163]．大量のデータから2つの遺伝子 G_1 と G_2 を取り出し，その相関係数 $r(G_1, G_2)$ でもって2つの遺伝子間の関係を表現する方法は素朴ではあるが，遺伝子間の関係の方向性を表現することはできず，かつ同時確率分布 $P(G_1, G_2, \ldots, G_N)$ のようには多変数の関係を考慮することはできない．

2.3 細胞内ネットワークの構造推定

表 2.3 仮想的な遺伝子発現の実験結果 D

ケース	G_1	G_2	G_3
1	2	1	1
2	2	2	2
3	1	1	2
4	2	2	2
5	1	1	1
6	1	2	2
7	2	2	2
8	1	1	1
9	2	2	2
10	1	1	1

1：発現していない，2：発現している．

DNAチップ技術を用いると，ヒトの場合で3万個ほど，出芽酵母の場合でも7千個もの遺伝子の発現量が一度の実験から得られる．いま，単純化し，10種類の実験を行い，個々の実験で3つの遺伝子G_1, G_2, G_3の発現量が**表2.3**のように得られたとする．表2.3では，発現量は「1：発現していない」と「2：発現している」の2つの定性的な表現で記述されており，たとえば，実験1（ケース1）では，遺伝子G_1のみが発現しており，遺伝子G_2と遺伝子G_3は発現していなかったとの計測結果が得られている．

ベイジアンネットワークを用いた遺伝子ネットワーク推定では，この実験結果Dから遺伝子間の関係を示すネットワーク構造を推定しようとする．3つの遺伝子の場合には考察対象となるネットワーク構造は**表2.4**に示す25種に限定され，グラフ番号が，たとえば「2～7」とあるのは，遺伝子G_1, G_2, G_3の組合せで6種類の非循環有向グラフが存在することを示している．グラフ番号8のネットワーク構造$B_8: G_1 \to G_2 \to G_3$を例にとると，$G_1 \to G_2$はG_1とG_2のあいだに統計的依存関係があり，同じく$G_2 \to G_3$はG_2とG_3のあいだに統計的依存関係があることを示している．さらに，グラフ番号8ではG_1とG_3のあいだに→が存在しないが，このことは個々の実験で「G_3が発現している（あるいは発現していない）」という確率はG_2の発現量から推測でき，G_2の発現量が計測されたという条件下では，G_1の発現量には依存しない（条件付き独立である）ことを主張している．

表 2.4　3つの遺伝子間の関係を示すベイジアンネットワーク

グラフ番号	構造	同時確率分布 $P(G_1, G_2, G_3)$ の表現
1	G_1　G_2　G_3	$P(G_1, G_2, G_3) = P(G_1)P(G_2)P(G_3)$
2〜7	G_1　$G_2 \to G_3$	$P(G_1, G_2, G_3) = P(G_3 \mid G_2)P(G_2)P(G_1)$
8〜13	$G_1 \to G_2 \to G_3$	$P(G_1, G_2, G_3) = P(G_3 \mid G_2)P(G_2 \mid G_1)P(G_1)$
14〜16	$G_2 \leftarrow G_1 \to G_3$	$P(G_1, G_2, G_3) = P(G_3 \mid G_1)P(G_2 \mid G_1)P(G_1)$
17〜19	$G_1 \to G_2 \leftarrow G_3$	$P(G_1, G_2, G_3) = P(G_2 \mid G_1, G_3)P(G_3)P(G_1)$
20〜25	G_1 ↓↘ $G_2 \to G_3$	$P(G_1, G_2, G_3) = P(G_3 \mid G_1, G_2)P(G_2 \mid G_1)P(G_1)$

ベイジアンネットワークが考察対象とする非循環有向グラフのみが示されており，$G_1 \to G_2 \to G_3 \to G_1$ なる循環有向グラフは含まれていない．

ネットワーク構造 B_i が描かれると，その構造での同時確率分布 $P(G_1, G_2, G_3)$ $\equiv P(B_i)$ は表 2.4 の右端の列のように表現される．ベイジアンネットワークではネットワーク構造 B_i と同時確率分布 $P(B_i)$ の表現は対になっており，ネットワーク構造 B_i の矢印 → で示される遺伝子間の統計的依存関係から同時確率分布 $P(B_i)$ の表現が一意に定められる．たとえば，ネットワーク構造 $B_{17}: G_1 \to G_2 \leftarrow G_3$ の同時確率分布は $P(B_{17}) = P(G_2 \mid G_1, G_3)P(G_3)P(G_1)$ となり，確率分布 $P(G_1)$ と $P(G_3)$ により遺伝子 G_1 と G_3 に親は存在せず，条件付き確率分布 $P(G_2 \mid G_1, G_3)$ により遺伝子 G_2 には2個の親 G_1 と G_3 が存在することが表現されている．これらは，$\pi(G_1) = (\emptyset)$，$\pi(G_2) = (G_1, G_3)$，$\pi(G_3) = (\emptyset)$ と表記される．

表 2.3 に示すデータ D が与えられたとき，表 2.4 に示す 25 個のうちどのネットワーク構造がもっとも確からしい構造として推定されるかは，データ D からのモデル選択の問題であり，一般的にはある評価関数を設定し，その値が最大値（あるいは最小値）をとるネットワーク構造 B_i が選択される．ベイジア

ンネットワークの場合には評価関数として多くの場合，データ D が与えられたときネットワーク構造 B_i が実現する事後確率，すなわち条件付き同時確率 $P(B_i | D)$ が用いられる．事後確率 $P(B_i | D)$ を直接求めることはできないが，ベイズの定理から

$$P(B_i | D) = \frac{P(D | B_i)P(B_i)}{\sum_i P(D | B_i)P(B_i)} \equiv \frac{P(D | B_i)P(B_i)}{P(D)} \tag{2.171}$$

となり，ネットワーク構造 B_i の出現確率 $P(B_i)$ と条件付き同時確率 $P(D | B_i)$ から，評価関数である事後確率 $P(B_i | D)$ が求められる．出現確率 $P(B_i)$ は表2.3にあるデータ D 以外の情報から先験的に推測される事前確率で，もしなんらの付加情報がない場合には $P(B_i) = P(B_j)$ として式(2.171)の計算がなされる．分母の $P(D)$ は規格化定数である．条件付き同時確率 $P(D | B_i)$ を一般的に求めることは困難であるが，Cooper らは以下の4つの条件

条件1：遺伝子の発現量は離散値（表2.3での「1：発現していない」や「2：発現している」）で表現される．

条件2：ベイジアンネットワークのモデルが与えられると，実験結果（表2.3の各行）は相互に独立して現れる．

条件3：実験データ D には欠損値データはない（表2.3で発現量が計測されなかった遺伝子はない）．

条件4：実験データ D を得る前は，ネットワーク構造 B_i に付与する条件付き確率について完全に無知である．表2.4のネットワーク構造 B_8 の同時確率分布 $P(B_8) = P(G_3 | G_2)P(G_2 | G_1)P(G_1)$ についてみると，たとえば $P(G_2 = 2 | G_1 = 1)$ は区間 $[0,1]$ のあいだの任意の値を等しくとりうる．

が仮定できる場合には，条件付き同時確率 $P(D | B_i)$ が次式で与えられることを示した[163]．

$$P(D | B_i) = \prod_{i=1}^{n} \prod_{j=1}^{q_i} \frac{(r_i - 1)!}{(N_{ij} + r_i - 1)!} \prod_{k=1}^{r_i} (N_{ijk})! \tag{2.172}$$

ここで，n は遺伝子の数で，表2.3の場合には3である．q_i は遺伝子 G_i の親 $\pi(G_i)$ が取りうる状態の数で，表2.3と表2.4を例にとると，親が1つ

表 2.5 ネットワーク構造 B_8 と B_{14} の度数表

ネットワーク構造 B_8 : $G_1 \rightarrow G_2 \rightarrow G_3$				ネットワーク構造 B_{14} : $G_2 \leftarrow G_1 \rightarrow G_3$			
遺伝子 G_1 の状態				遺伝子 G_1 の状態			
$\pi(G_1)$	1:非発現	2:発現	計	$\pi(G_1)$	1:非発現	2:発現	計
$(\emptyset)$	$N_{111}=5$	$N_{112}=5$	$N_{11}=10$	$(\emptyset)$	$N_{111}=5$	$N_{112}=5$	$N_{11}=10$
遺伝子 G_2 の状態				遺伝子 G_2 の状態			
$\pi(G_2)$	1:非発現	2:発現	計	$\pi(G_2)$	1:非発現	2:発現	計
$(G_1=1)$	$N_{211}=4$	$N_{212}=1$	$N_{21}=5$	$(G_1=1)$	$N_{211}=4$	$N_{212}=1$	$N_{21}=5$
$(G_1=2)$	$N_{221}=1$	$N_{222}=4$	$N_{22}=5$	$(G_1=2)$	$N_{221}=1$	$N_{222}=4$	$N_{22}=5$
遺伝子 G_3 の状態				遺伝子 G_3 の状態			
$\pi(G_3)$	1:非発現	2:発現	計	$\pi(G_3)$	1:非発現	2:発現	計
$(G_2=1)$	$N_{311}=4$	$N_{312}=1$	$N_{31}=5$	$(G_1=1)$	$N_{311}=3$	$N_{312}=2$	$N_{31}=5$
$(G_2=2)$	$N_{321}=0$	$N_{322}=5$	$N_{32}=5$	$(G_1=2)$	$N_{321}=1$	$N_{322}=4$	$N_{32}=5$

ネットワーク構造 B_8 の例で N_{312} は,遺伝子 G_3 の親 $\pi(G_3)$ の状態が $(G_2=1)$ の場合に,遺伝子 G_3 の状態が「2:発現している」という実験結果が得られているケースの数を示しており,表2.3から $N_{312}=1$ となる.

の遺伝子 G_m の場合,すなわち $\pi(G_i)=(G_m)$ の場合には $q_i=2$,親が2つの遺伝子 G_m と G_n の場合,すなわち $\pi(G_i)=(G_m,G_n)$ の場合には $q_i=4$ となる.r_i は遺伝子 G_i がとりうる状態の数で,表2.3の例では2である.N_{ijk} は,表2.3を例にとると,遺伝子 G_i が「$k=1$:発現していない」あるいは「$k=2$:発現している」のどちらかの値をとり,G_i の親 $\pi(G_i)$ が $1 \leqq j \leqq q_i$ の j 番目の状態をとっている数(ケースの数)である.また,$N_{ij}=\sum_{k=1}^{r_i} N_{ijk}$ である.

すなわち,実験データの表2.3から N_{ijk} を集計するだけで,式(2.171)と式(2.172)を用いて評価関数である事後確率 $P(B_i\,|\,D)$ を求めることができる.表2.4のネットワーク構造 $B_8:G_1 \rightarrow G_2 \rightarrow G_3$ とネットワーク構造 $B_{14}:G_2 \leftarrow G_1 \rightarrow G_3$ を例に,表2.3のデータ D から条件付き同時確率 $P(D\,|\,B_i)$ を求める場合,N_{ijk} は**表2.5**のように求められる.

表2.5に示されている数値 N_{ijk} を式(2.172)に代入することにより,ネットワーク構造 B_8 と B_{14} のもとでのデータ D の条件付き同時確率 $P(D\,|\,B_8)$ と $P(D\,|\,B_{14})$ が求められる.

$$P(D\,|\,B_8)=2.23\times 10^{-9}, \quad P(D\,|\,B_{14})=2.23\times 10^{-10} \tag{2.173}$$

もしネットワーク構造 B_8 と B_{14} の事前確率が等しく，$P(B_8) = P(B_{14})$ である場合，式 (2.171) から $P(B_8 \mid D)/P(B_{14} \mid D) = P(D \mid B_8)P(B_8)/P(D \mid B_{14})P(B_{14}) = 10$ となり，表 2.3 に示すデータ D が得られたという条件下では，ネットワーク構造 B_8 が B_{14} よりも 10 倍高い存在確率をもっていることがわかる．このように 2 つのネットワーク構造の事後確率を計算することにより，データ D が得られたのち，どちらがより確からしいネットワーク構造かを推定することができる．さらに進んで，表 2.4 に示される 3 つの遺伝子からなる 25 種のネットワーク構造のうち，どのネットワーク構造がもっとも確からしいかを推定するためには，素朴には $B_1 \sim B_{25}$ のすべてのネットワーク構造について事後確率 $P(B_i \mid D)$ を，式 (2.171) を用いて計算することになる．そして式 (2.171) の条件付き同時確率 $P(D \mid B_i)$ は表 2.5 と同様の度数表を 25 種のネットワーク構造について作成し，式 (2.172) を用いて計算しうる．また，$P(D)$ は，何らかの情報をもとに事前確率 $P(B_i)$ が与えられると，$P(D) = \Sigma_i P(D \mid B_i) P(B_i)$ を用いて計算しうる．もし，事前情報がまったくない場合には，25 種のネットワーク構造の事前確率はすべて等しく，$P(B_i) = 1/25$ であると仮定することになる．この仮定のもとでは，$P(B_8 \mid D) = 0.109$，$P(B_{14} \mid D) = 0.011$ となり，最大の事後確率 $P(B_i \mid D)$ を与えるネットワーク構造は $B_{13} : G_3 \to G_2 \to G_1$ で，$P(B_{13} \mid D) = 0.112$ である．

このようにデータ D が与えられた場合にもっとも確からしいネットワーク構造を，式 (2.171) と式 (2.172) を用いて計算される事後確率 $P(B_i \mid D)$ から推定する Cooper らの方法は，遺伝子の数が 3 つの場合には考慮すべきネットワーク構造の数はたかだか 25 個であるため，きわめて容易な操作となる．しかし，遺伝子の数が 5 になると 29,000 と急速に増加し，遺伝子の数が 10 で 4.2×10^{18}，遺伝子の数が 30 では 2.7×10^{159} となり，すべてのネットワーク構造 B_i の事後確率 $P(B_i \mid D)$ を求めることは困難になる．そのため，最適なネットワーク構造を探索する方法としては，Cooper らが提案した K2 法などの発見的方法が用いられることになる [163]．

なお，Cooper らは先に述べた条件 1～条件 4 を仮定することにより式 (2.171) と式 (2.172) から事後確率 $P(B_i \mid D)$ を求めているが，異なった条件を仮定すると異なった事後確率の表現（スコア関数）が得られる．Yang らは 3 遺伝子と 5

遺伝子の場合について，Heckerman らが提案した BDe スコア [165] を含む種々のスコア関数の比較評価を行っている [164]．ただ，この結果はきわめて限られた評価方法に基づいており，遺伝子ネットワーク同定でどのスコア関数が最適かの一般的結論はない．

また，Cooper らは遺伝子発現の実験結果 D が離散値（たとえば，1：発現量が上昇した，2：発現量に変化はみられなかった，3：発現量が減少した）の場合の定式化を行っているが，遺伝子発現実験から得られるデータは本来連続量であり，式 (2.172) に基づき事後確率を計算するためには実験データの離散化が必要になり，離散化の段階で実験情報の損失が生じる．Imoto らは連続量として得られる遺伝子発現データを直接取り扱う方法（ノンパラメトリックな非線形回帰とベイジアンネットワークを組み合わせた方法）を開発している [166]．

2.3.2 微分方程式による方法

細胞内の化学反応ネットワークを微分方程式でモデル化する方法は一般的であり，そこではミカエリス-メンテン機構などをもとにモデル式が立てられ，ミカエリス定数や速度定数などのパラメータが設定され，モデル式を数値解析することによりネットワークの動的挙動が解析される．一方，細胞内の mRNA 濃度 X の時間変化 $X(t)$ を計測し，モデル式

$$\frac{dx(t)}{dt} = f(x, p) \tag{2.174}$$

の数値解 $x(t)$ と計測値 $X(t)$ が一致する最適パラメータ p を決める問題は逆問題といわれ，遺伝子ネットワークの構造推定に用いられる．3つの遺伝子 G_1，G_2，G_3 からなる遺伝子ネットワークの構造推定で，モデル式としてSシステムを仮定した場合，式 (2.174) は

$$\begin{aligned} \frac{dG_1(t)}{dt} &= \alpha_1 G_1{}^{g_{11}} G_2{}^{g_{12}} G_3{}^{g_{13}} - \beta_1 G_1{}^{h_{11}} \\ \frac{dG_2(t)}{dt} &= \alpha_2 G_1{}^{g_{21}} G_2{}^{g_{22}} G_3{}^{g_{23}} - \beta_2 G_2{}^{h_{22}} \\ \frac{dG_3(t)}{dt} &= \alpha_3 G_1{}^{g_{31}} G_2{}^{g_{32}} G_3{}^{g_{33}} - \beta_3 G_3{}^{h_{33}} \end{aligned} \tag{2.175}$$

となる．各式の右辺第2項は各 mRNA の分解反応をモデル化している．式

(2.175) の数値解 $G_1(t)$, $G_2(t)$, $G_3(t)$ が,計測された mRNA 濃度 $X_1(t)$, $X_2(t)$, $X_3(t)$ と一致するようにパラメータを最適化(この最適化は非線形最適化であり,修正 Powell 法や遺伝的アルゴリズムなどの方法が開発されている)した結果,多くのパラメータ α, β, g, h が 0 になり,式 (2.175) が

$$\frac{dG_1(t)}{dt} = \alpha_1 - \beta_1 G_1^{h_{11}}$$

$$\frac{dG_2(t)}{dt} = \alpha_2 G_1^{g_{21}} - \beta_2 G_2^{h_{22}} \qquad (2.176)$$

$$\frac{dG_3(t)}{dt} = \alpha_3 G_2^{g_{32}} - \beta_3 G_3^{h_{33}}$$

となった場合,逆問題の解として推定される遺伝子ネットワーク構造は,$G_1 \to G_2 \to G_3$ となる.このネットワーク構造は表 2.4 に示すベイジアンネットワーク構造 B_8 に対応し,その場合には式 (2.176) に代わり,同時確率分布 $P(G_1, G_2, G_3)$ が $P(G_3 \mid G_2)P(G_2 \mid G_1)P(G_1)$ と分解された結果として構造 B_8 が得られ,矢印 → は統計的因果関係を示していた.微分方程式による方法で推定されたネットワーク構造の矢印 → は「より多く,相互作用の物理的機構を反映している」ともいわれるが,mRNA 濃度の時間変化データのみから遺伝子間のネットワークが推計された場合には,矢印 → は仮想的な反応機構を示しており,統計的因果関係により近い遺伝子間相互関係を反映していると考えられる.

ここでは式 (2.174) の関数 $f(x,p)$ を S システムで表したが,関数型としては線形関数,ヒル関数,シグモイド型関数なども用いられる.線形関数は S システムに比べ推定すべきパラメータの数が少なく,かつパラメータの最適化が容易であるため,大規模な系の解析に適している.ただ,線形関数は変数 $X(t)$ の飽和現象を表現することはできない.ヒル関数やシグモイド型関数は,細胞内の化学過程で普遍的にみられるそれら飽和現象を反映するために用いられている [167].

Maki らは時間変化データ $X(t)$ とともに,遺伝子 G_i のノックダウン実験により発現量が変化した遺伝子 G_j の情報から得られる「破壊した遺伝子 G_i は遺伝子 G_j の発現に影響を与えている」という 2 項関係 $G_i \to G_j$ を用い,S システムを大規模な系に適用する方法を開発している.そこではまず多くの 2 項関係 $\{G_i \to G_j\}$ を遺伝子破壊実験から得,それらすべての 2 項関係に無矛盾でか

つコンパクトな有向グラフを多階層有向グラフの方法により構成し，その方法では解析できない連結部分グラフのみを時間変化データ $X(t)$ を用いたSシステムの方法で解きほぐし，大規模なネットワークの構造を効率的に解析している [141].

式(2.174)を用いた微分方程式によるネットワーク推計の方法では，時間変化データ $X(t)$ からの時間微分 $dX(t)/dt$ を複数の時刻 t で求める必要がある．この時間微分を計算する段階で $X(t)$ に含まれる計測誤差の増幅が生じるとして，Gardnerらは式(2.174)の関数 $f(x,p)$ を線形関数で表現し，かつ時間変化データを用いない定常状態解析の方法を提案している [168, 169]．この方法では式(2.174)は，個々の遺伝子 i ごとに

$$\frac{dx_i(t)}{dt} = \sum_j a_{ij} x_j + u_i \tag{2.177}$$

となる．a_{ij} は遺伝子 j が遺伝子 i に与える影響を示し，遺伝子ネットワークを決める行列であり，u_i は x_i への外乱の影響を示している．$dx_i(t)/dt = 0$ なる定常状態において計測されたデータ x_i と u_i をもとに行列 a_{ij} を求める場合には，式(2.177)は

$$\sum_j a_{ij} x_j + u_i = 0 \tag{2.178}$$

となる．この方法では，式(2.174)の逆問題の解法にあたり必要とされる非線形最適化問題を回避でき，行列 a_{ij} を求める問題は線形の回帰分析に帰着されている．

Gardnerらは，大腸菌のDNA損傷に対する主要な応答機構であるSOS応答とよばれる転写調節機構の遺伝子ネットワークの推定に式(2.178)を適用している．そこでは，SOS応答ネットワークの主要な9個の遺伝子（*recA*, *lexA*, *ssb*, *recF*, *dinI*, *umuDC*, *rpoD*, *rpoH*, *rpoS*）からなる部分ネットワークを対象に，それら9個の遺伝子を個々に過剰発現させて得られた定常状態での $\{x_i\}$ と $\{u_i\}$ が計測され，回帰分析により行列 a_{ij} が求められている．その結果を**表2.6**に示す．Gardnerらによると，*lexA* 行，*recA* 列の値が0.39であることから，*recA* が *lexA* を正に制御しているという実験結果が正しく反映されている．また，*lexA* が *recA* を負に制御しており，かつ *lexA* が負に自己制御している点も実験結果と

表 2.6　Gardner らによる SOS 応答のネットワークモデル

	recA	lexA	ssb	recF	dinI	umuDC	rpoD	rpoH	rpoS
recA	0.40*	−0.18*	−0.01*	0	0.10*	0	−0.01+	0	0
lexA	0.39*	−0.67*	−0.01*	0	0.09*	−0.07*	0	0	0
ssb	0.04*	−0.19*	−0.28*	0	0.05*	0	0.03*	0	0
recF	−0.18	0.24	−0.03	0	−0.06	0	0	0	0.39
dinI	0.28*	0	0	0	−1.09+	0.16+	−0.04+	0.01+	0
umuDC	0.11*	−0.40*	−0.02*	0	0.21*	−0.15*	0	0	0
rpoD	−0.17+	0	−0.02*	0	0.03*	0	−0.51*	0.02*	0
rpoH	0.10+	0	0	0	−0.01+	−0.03+	0	0.52*	0
rpoS	0.22+	0	0	−1.68+	0.67+	0	0.08*	0	−2.92+

式 (2.178) から求めた $\{a_{ij}\}$ を示す．ただし，対角項 a_{ii} は，$a_{ii}+1$ を表示し，その値が正あるいは負に対応して正あるいは負の自己制御フィードバックであることを示している．

整合的である．そして，全体として 25（表中の＊記号）の制御関係が正しく予測され，かつ 14（表中の＋記号）は，偽陽性の可能性はあるものの新規制御関係である可能性が指摘されている．

Gardner らの方法は巧妙な方法であるが，ネットワークを構成する遺伝子があらかじめ決定されている必要がある，それら個々の遺伝子に外乱を与えるためのプラスミドベクターの設計が必要である，外乱付加後，定常状態に達したのちの発現量計測が必要である，といった欠点もある．そのため，同じ研究グループの Bansal らは時間変化データ $X(t)$ から線形微分方程式 (2.177) を用いて a_{ij} を推計する方法も提案している．彼らは SOS 応答ネットワークの推定実験で，抗菌剤ノルフロキサシンを大腸菌に投与し，その後の時間変化データを 5 時点で計測するだけで，Gardner らと同等の遺伝子ネットワーク推定能力を得たとしている [170]．

一般的に遺伝子ネットワークをはじめとするシステムの同定では，システムに外乱を付加し，外乱への応答に伴うシステムの動的な挙動から同定に必要なデータを計測する．また，システム規模の拡大とともに大量の計測データがシステム同定には必要となる．Gardner らは設計された外乱付加方法を用い，効果的な同定方法を得ており，Maki らや Bansal らは遺伝子破壊実験や薬剤投与に伴うシステムの動的な挙動を観測することによりシステムを同定する方法を提案している．一方，次に述べる相互情報量を用いたシステム同定方法で Basso

らは，新たな外乱付加の実験を行うことなく，ある特定の細胞（BassoらはB細胞）で計測された既存の大量の発現プロファイルデータから遺伝子ネットワークを推計する方法を提案している [65].

2.3.3　関連解析および情報理論による方法

M 種類の実験条件の下で遺伝子XとYの発現量 $(x_1, y_1), (x_2, y_2), \ldots, (x_M, y_M)$ が計測された場合，素朴には両遺伝子の関連の度合いはPearsonの相関係数 r_{xy} で数量化される．遺伝子ネットワークの推定においては，相関係数 r_{xy} の絶対値がある定められた閾値よりも大きい場合，遺伝子Xと遺伝子Yのあいだを結び，グラフX—Yで表現する．相関係数 r_{xy} には方向性がないため，グラフX→YとX←Yを区別することはできず，相関係数を用いて得られるグラフは無向グラフとなる．相関係数から遺伝子ネットワークを描く背景には，「遺伝子間に生物学的な意味での因果関係があれば，相関関係がある」との実験的認識がある．ただ，その立場においても相関関係は因果関係の必要条件であり，十分条件ではないため，相関関係から得られる遺伝子ネットワークには多くの偽陽性が含まれる．偽陽性の例として，遺伝子間の制御関係がグラフX→Y→Z（連鎖）やX←Y→Z（共通原因）で示されるとき，相関係数 r_{xy} と r_{yz} だけではなく， r_{xz} も高い値を示すため，遺伝子XとZのあいだに張られるリンクがある．

de la Fuenteらは偏相関係数を用いることにより，相関係数から得られる遺伝子ネットワークの偽陽性部分を削除する方法を提案している [171]．遺伝子X，Y，Pのあいだの偏相関係数 $r_{xy,p}$ は遺伝子Pの影響を取り除いたあとの遺伝子XとYの相関係数であり，また遺伝子X，Y，P，Qのあいだの偏相関係数 $r_{xy,pq}$ は遺伝子PとQの影響を取り除いたあとの遺伝子XとYの相関係数であり， $\{x_k\}$ と $\{y_k\}$ の平均をそれぞれ $\bar{x}$ ， $\bar{y}$ とすると次式で与えられる．

$$r_{xy} = \frac{\sum_{k=1}^{M}(x_k - \bar{x})(y_k - \bar{y})}{\sqrt{\sum_{k=1}^{M}(x_k - \bar{x})^2 \sum_{k=1}^{M}(y_k - \bar{y})^2}}$$

$$r_{xy,p} = \frac{r_{xy} - r_{xp}r_{yp}}{\sqrt{(1-r_{xp}^2)(1-r_{yp}^2)}} \tag{2.179}$$

$$r_{xy,pq} = \frac{r_{xy,p} - r_{xq,p}r_{yq,p}}{\sqrt{(1-r_{xq,p}^2)(1-r_{yq,p}^2)}}$$

彼らの方法では，まずすべての遺伝子間の相関係数を計算し，その絶対値がある閾値以上の遺伝子間にリンクを張る．ついで，リンクを張られた遺伝子 X と Y について偏相関係数 $r_{xy,p}$ と $r_{xy,pq}$ を X と Y 以外のすべての遺伝子 P と Q について計算し，それら偏相関係数の絶対値がある閾値以下の場合にそのリンクを取り外す．この方法により，共通原因に起因する影響関係を含め，多くの間接的な影響関係を取り除くことができる．ただ，de la Fuente らも述べているように，偏相関係数は生物学的な意味での因果関係を定量化する最良の指標ではなく，因果関係を推測するための第一歩と位置づけられる．また，遺伝子 X と Y 以外の遺伝子 P や Q の影響を取り除くためには遺伝子 P や Q の発現量が計測されている必要があり，計測されていない隠れた遺伝子の影響は本来的に取り除けない．ただ，これらの問題は多かれ少なかれ，ほかのすべての方法に共通の問題ではある．

1 つまたは 2 つの遺伝子の影響を取り除いた偏相関係数 $r_{xy,p}$ や $r_{xy,pq}$ ではなく，遺伝子 X と Y を除くほかのすべての遺伝子の影響を取り除いた偏相関係数 $r_{xy,rest}$ を用いて遺伝子ネットワークを推定する方法も提案されている．この方法の理論的背景は，計測する N 個の遺伝子の発現量の同時確率分布が N 次元の多変量正規分布である場合，「ほかの遺伝子の発現量が与えられたという条件下での遺伝子 X と Y の条件付き独立は，偏相関係数 $r_{xy,rest}=0$ と同等である」という点にあり，このことにより直接的な影響関係と間接的な影響関係を区別して遺伝子ネットワークを描くことが可能となる．ただ，de la Fuente らはモデルネットワークの推定問題を解析し，直接偏相関係数 $r_{xy,rest}$ による方法を適用するのではなく，まずは低次の偏相関係数 $r_{xy,p}$ や $r_{xy,pq}$ を用いてネットワークを構成すべきであるとしている．

相関係数を用いる方法は遺伝子の影響関係が線形であるとの仮定に立っている．Basso らはその仮定から離れ，相互情報量を用いた遺伝子ネットワーク構成方法をヒト B 細胞に適用している [65]．相互情報量は遺伝子 Y の情報から遺

伝子 X に関して得られる情報量を示し，遺伝子 X と遺伝子 Y のあいだの影響関係の強さの指標となる [172]．相互情報量はエントロピー S を用いて次式で定義されており，

$$\begin{aligned}I(X,Y) &= S(X)+S(Y)-S(X,Y) \\ &= \sum_{i,j} p(x_i,y_j)[\log p(x_i,y_j)-\log p(x_i)p(y_j)]\end{aligned} \quad (2.180)$$

ただし，$S(X) = -\sum_{i} p(x_i)\log p(x_i)$,
$S(X,Y) = -\sum_{i,j} p(x_i,y_j)\log p(x_i,y_j)$

$I(X,Y) = I(Y,X)$ と対称であり，方向性はない．また $0 \leq I(X,Y)$ であり，遺伝子 X と遺伝子 Y が独立，すなわちすべての i, j について $p(x_i,y_j) = p(x_i)p(y_j)$ である場合にのみ $I(X,Y) = 0$ となる．$I(X,Y) = 0$ は，遺伝子 Y の情報から遺伝子 X に関してなんらの情報も得られないことを示しており，遺伝子ネットワークにおいては遺伝子 X と Y のあいだになんらの影響関係もみられず，リンクは張られないことになる．ただ，$0 < I(X,Y)$ なる条件で張られる遺伝子 X と Y のあいだのリンクは，遺伝子 X と遺伝子 Y のあいだの直接的な影響関係とともに間接的な影響関係をも示しており，相関係数による方法と同じく，間接的な影響関係の削除の処理が必要となる．Basso らはこの削除処理に情報理論で用いられている情報処理不等式（data processing inequality）を用いている．情報処理不等式によると，遺伝子 X と遺伝子 Z の影響関係が遺伝子 Y を介在してのみ生じている場合（すなわちグラフ X―Y―Z で表現される場合），

$$I(X,Z) \leq \min\{I(X,Y),I(Y,Z)\} \quad (2.181)$$

となる．彼らの方法は de la Fuente らの方法と同様の手順をとる．まず，相互情報量 $I(X,Y)$ がある閾値 I_0 をこえる場合に遺伝子 X と Y の間にリンクを張る．ついで，すべての遺伝子間でリンクを張られた3つの遺伝子 X, Y, Z について情報処理不等式の成立条件を検討し，もっとも小さな相互情報量を示す遺伝子間のリンクを取り除く．この結果得られる遺伝子ネットワークは局所的にはループを含まない木構造のネットワークとなる．

Bassoらは正常なB細胞や各種リンパ腫のB細胞など336種類のB細胞の遺伝子発現データを用い，遺伝子ネットワークの推定を行い，解析対象とした約6,000の遺伝子について約129,000のリンクからなるネットワークを構築している．そのネットワークはスケールフリーであり，彼らは，機能的に重要な遺伝子とされるハブ遺伝子のトップ5％に入っている転写因子MYCに焦点をあて，相互情報量および情報処理不等式を用いた推定方法が直接的な影響関係を推定しえるかどうかの検定をしている．すなわち，遺伝子MYCと直接のリンクで張られている56の遺伝子のうち，まず相互情報量の低いリンクをはずし，さらにMYC結合領域（配列CACGTG）を転写開始位置近傍にもたない遺伝子，およびすでにMYCが直接結合すると報告されている遺伝子を除き，残された12種の遺伝子についてクロマチン免疫沈降法で直接的な結合を確認している．そして，11種の遺伝子に転写因子MYCが直接結合するとの結論を得ている．この結果は，彼らの方法が間接的な影響関係を取り除き，直接的な影響関係を高い確率で推定できることを示している．

第3章
システム生物学からみた細胞

■はじめに

　生命の基本単位である細胞においては，多くの化学反応が単一の連結したネットワークとして構成されており，各反応パスウェイが協調的に進行することにより，多様な細胞機能が発現・維持されている．システム生物学においては，第1章で述べた「細胞は物理化学の法則に従って生きている」という基本的視点のもと，研究対象と研究目的に応じた化学反応ネットワークのモデル化がなされ，第2章で述べた種々の解析方法が採用され，細胞機能の解明が試みられている．ここでは，遺伝情報の流れ，エネルギーの流れと代謝，細胞の情報伝達，細胞周期，アポトーシス，免疫応答という機能ごとに，システム生物学からみた細胞の解析研究を紹介する．

3.1 遺伝情報の流れ

　クリックにより提示されたセントラルドグマでは，

$$\text{DNA} \rightarrow \text{mRNA} \rightarrow \text{タンパク質} \tag{3.1}$$

として DNA からタンパク質にいたる遺伝情報の流れが矢印 → で示されている．矢印の実体を物質の流れ，すなわち反応過程として見直すと，転写過程においては DNA を鋳型にして mRNA が合成され，翻訳過程では mRNA を鋳型にしてタンパク質が合成される．転写や翻訳の反応過程には，DNA や mRNA とともに，転写調節因子や，RNA ポリメラーゼ，リボソーム，アミノアシル tRNA 合成酵素など多種類の分子が関与している．その中で，1個の細胞内に存在する DNA や mRNA 分子の数をみると，ある mRNA の情報を担っているゲノム DNA は1分子や2分子であり，mRNA の数を出芽酵母の場合でみると，遺伝子によって 10^{-3} から 10^1 オーダーと大きく異なっているが，平均すると 10^1 オーダー以下となる（図1.3参照）．そのため，式(3.1)に示される転写・翻訳過程には「数の少なさ」に伴うゆらぎ（ノイズ）が観測され，確率的側面が強く現れることになる [79]．

3.1 遺伝情報の流れ

$$\text{DNA} \xrightarrow{k_\text{R}} \text{mRNA} \xrightarrow{k_\text{P}} \text{タンパク質} \xrightarrow{\gamma_\text{P}} 0$$
$$\downarrow \gamma_\text{R}$$
$$0$$

図 3.1 転写・翻訳の確率過程モデル

Ozbudak らは枯草菌の染色体に緑色蛍光タンパク質遺伝子 *gfp*（green fluorescent protein）を組み込み，同質遺伝子系統にある個々の細胞（isogenic bacterial cells）で発現している蛍光タンパク質 GFP の量をフローサイトメトリーを用いて計測し，タンパク質の発現量は細胞間で大きくゆらいでいることを明らかにした [173]．さらに，彼らはそれらゆらぎの発生原因を転写過程と翻訳過程に求め，図3.1に示す確率過程モデルを提出している．

この反応スキームでは転写反応（確率速度定数 k_R）は 0 次反応，翻訳反応（確率速度定数 k_P）や mRNA の自己分解反応（確率速度定数 γ_R），タンパク質の自己分解反応（確率速度定数 γ_P）は 1 次反応とされている．この確率過程モデルを Gillespie の方法でシミュレートした結果を図3.2に示す．(a), (b) とも，タンパク質分子の数を長時間観測した場合の平均値が 50 となるよう各確率速度定数を定めているため，タンパク質の分子数は 50 周辺でゆらいでいるが，バースト係数が $b \equiv k_\text{P}/\gamma_\text{R} = 10$ と大きな (a) ではゆらぎが大きく，バースト係数が $b = 1$ と小さな (b) ではゆらぎは小さくなっている．Ozbudak らは転写・翻訳過程から生成されるタンパク質の分子数のゆらぎの大きさを評価する指標として分散を平均で割った Fano 因子 $\sigma_p^2/\langle p \rangle$ を用いており，その値は (a) の場合 8.8，(b) の場合 2.1 となっている．（確率過程がポアソン過程であれば $\sigma_p^2/\langle p \rangle = 1$ であり，Fano 因子は対象としている系のポアソン過程からのズレの指標となっている．）

彼らは，さらに人工的な変異株を設計，作製し，タンパク質発現量のノイズ強度に与える転写効率や翻訳効率の影響を解析している．転写効率の影響解析では，プロモーター領域に点突然変異を挿入し，転写効率の異なる 5 種類の変異株を作製している．翻訳効率の影響解析では，リボソーム結合部位や翻訳開始コドンの点突然変異により，翻訳効率の異なる 4 種類の変異株を作製している．調製された個々の細胞集団ごとのノイズ強度の計測によると，転写効率の異なる細胞集団間でのノイズ強度の差は小さく，翻訳効率の異なる細胞集団間

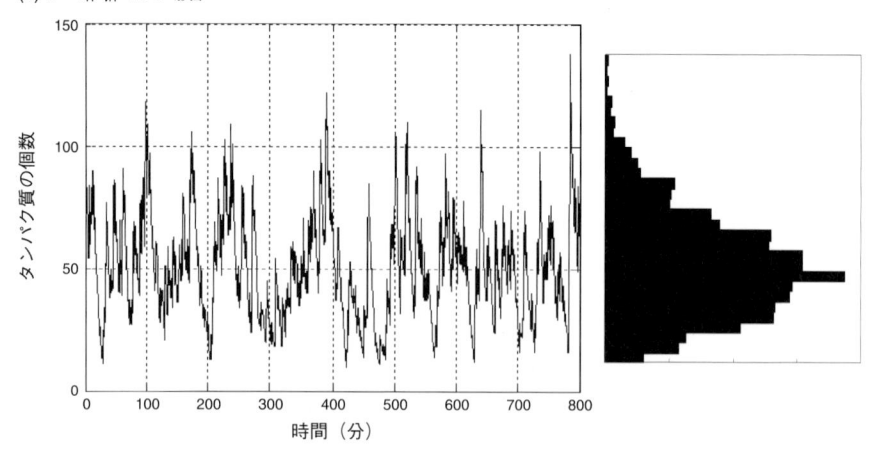

(a) $b \equiv k_R/\gamma_R = 10$の場合

(b) $b \equiv k_R/\gamma_R = 1$の場合

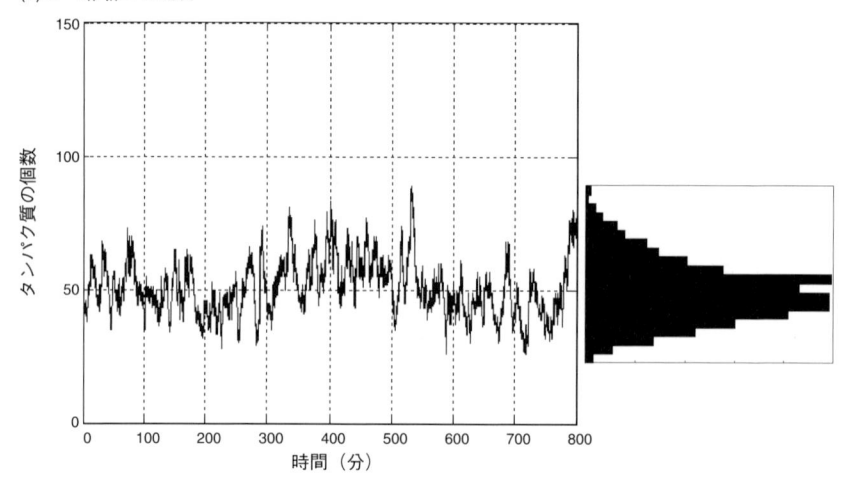

（両グラフの縦軸：タンパク質の個数，横軸：時間（分））

図 3.2 転写・翻訳の確率過程モデルのシミュレーション結果

図3.1の確率過程モデルをGillespieの方法でシミュレートし，タンパク質の分子数の時間変化とヒストグラムを示している．(a)では確率速度定数を $k_R = 0.01\,\mathrm{s}^{-1}$, $k_P = 1.0\,\mathrm{s}^{-1}$, $\gamma_R = 0.1\,\mathrm{s}^{-1}$, $\gamma_P = 0.002\,\mathrm{s}^{-1}$, (b)では $k_R = 0.1\,\mathrm{s}^{-1}$, $k_P = 0.1\,\mathrm{s}^{-1}$, $\gamma_R = 0.1\,\mathrm{s}^{-1}$, $\gamma_P = 0.002\,\mathrm{s}^{-1}$ と設定している．mRNAの半減期はタンパク質に比べ短いため，$\gamma_P \ll \gamma_R$ としている．mRNAあたり合成される平均のタンパク質数としてバースト係数 $b \equiv k_P/\gamma_R$ が定義され，(a)では $b = 10$, (b)では $b = 1$ である．

でのノイズ強度の差は大きい，との結果が得られている．図3.1に示す転写・翻訳過程のモデルは，このような「枯草菌の場合，転写・翻訳過程でのゆらぎのおもな発生源は翻訳過程にある」という実験結果と整合的である．このことは図3.2に示しているGillespieの方法でのシミュレーションを多くのパラメータで（k_Rやk_Pを変化させ）実行することによっても推測されるが，Ozbudakらは図3.1に示す転写・翻訳モデルをランジュバン方程式を用いて定式化し，解析的に解を求めることにより証明している．ランジュバン方程式は通常の反応速度式にノイズの項を加えるだけで系へのゆらぎの効果を見通しよく解析することができ，かつそのシミュレーションを行うことも容易である[174]．いま，mRNA数をr，タンパク質数をpとすると，図3.1の反応スキームのランジュバン方程式は次式で示される．

$$\frac{dr}{dt} = -\gamma_R r + k_R + \xi_R$$
$$\frac{dp}{dt} = -\gamma_P p + k_P r + \xi_P \tag{3.2}$$

ξ_Rとξ_Pは図3.1に示される反応スキームを確率過程として定式化するために導入された白色ノイズで次式を満たすとされる．

$$\langle \xi_i(t) \rangle = 0, \quad \langle \xi_i(t)\xi_i(t+\tau) \rangle = q_i \delta(\tau), \quad i = R, P \tag{3.3}$$

ここで$\langle\ \rangle$は細胞集団の平均を，δはDiracのδ関数を示す．式(3.2)を単に数学的な確率微分方程式とみれば，式(3.3)のパラメータq_iは自由に設定されうるが，化学反応の場合，反応項とゆらぎの項は独立ではなく，q_iは系に課せられる物理化学的要請に従う．Ozbudakらは，式(2.10)で述べた「平衡状態において分子数のゆらぎはポアソン分布に従う」という条件をq_iに課している．その条件を用いてmRNAとタンパク質の平均値$\langle r \rangle$，$\langle p \rangle$およびFano因子を求めると，

$$\langle r \rangle = \frac{k_R}{\gamma_R}$$
$$\langle p \rangle = \frac{k_R k_P}{\gamma_R \gamma_P} \equiv \frac{k_R b}{\gamma_P} \tag{3.4}$$
$$\frac{\sigma_P^2}{\langle p \rangle} = 1 + \frac{k_P}{\gamma_R + \gamma_P} \cong 1 + \frac{k_P}{\gamma_R} \equiv 1 + b$$

となる [173]．ここで，第3式での近似はタンパク質の半減期はmRNAの半減期に比べ長く，$\gamma_P \ll \gamma_R$ であると仮定した結果である．式(3.4)から，図3.1の反応スキームに従うとノイズは転写効率 k_R ではなく翻訳効率 k_P に強く影響され，Ozbudakらの実験結果と整合的であることがわかる．

Ozbudakらは，転写効率と翻訳効率を変化させた人工的な変異株を作製することにより，ゆらぎへの転写過程および翻訳過程の寄与を定量的に解析している．しかし，彼らは単色の蛍光タンパク質を用いているため，図3.1に示す個々の反応過程における反応分子数の少なさから生じるノイズ（内的ノイズ；intrinsic noise）とその反応過程に影響を与える個々の細胞での環境条件（細胞の大きさ，ポリメラーゼの数，リボソームの数など）の相違から生じるノイズ（外的ノイズ；extrinsic noise）の詳細な分析を行うことはできず，それらノイズを総合したノイズ（総ノイズ；total noise）を分析していることになる．

Elowitzらは大腸菌のゲノムに2種類の蛍光タンパク質遺伝子 *cfp*（cyan fluorescent protein）と *yfp*（yellow fluorescent protein）を組み込み，転写・翻訳後の蛍光タンパク質の量を細胞単位に計測し，総ノイズとともに，総ノイズへの外的ノイズと内的ノイズの寄与を明らかにしている [175]．1つの細胞内で遺伝子 *cfp* と *yfp* を同等の環境下に置くため，それら2つの遺伝子は複製起点 *oriC* からほぼ等距離に挿入され，かつ同じプロモーターで転写制御を受けるよう設計されている（図3.3）．なお，彼らはOzbudakらの用いたFano因子 $\sigma_p^2/\langle p \rangle$ ではなく，変動係数 $\eta = \sigma_p/\langle p \rangle$ をゆらぎの指標に用いている．

もし，個々の大腸菌での蛍光タンパク質CFPとYFPの発現過程（転写と翻訳反応）が確率的ではなく確定的であれば，個々の大腸菌 i で計測される蛍光タンパク質の発現量の散布図（CFP_i, YFP_i）は，図3.4(a)のように傾き45度の直線になると予想される．ここでみられる大腸菌間での発現量の違いは，遺伝子 *cfp* や *yfp* の転写・翻訳過程に影響を与える環境要因の細胞間でのゆらぎ（外的ノイズ η_{ext}）に起因している．一方，外的ノイズとともに転写・翻訳過程の確率的性格によるゆらぎ（内的ノイズ η_{int}）が生じている場合には，(b)のように，外的ノイズ（対角線方向のゆらぎ）と内的ノイズ（外的ノイズの方向に直交するゆらぎ）の混在した結果が得られる．図3.4の散布図から外的ノイズ η_{ext}，内的ノイズ η_{int}，および総ノイズ η_{tot} は次式で計算される．

3.1 遺伝情報の流れ

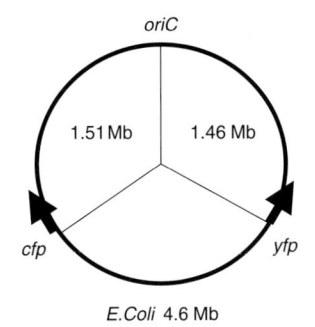

図 3.3　大腸菌染色体上の遺伝子 *cfp* と *yfp* の地図

遺伝子 *cfp* と *yfp* の上流には，*lac* リプレッサーにより負の制御を受けるプロモーターが挿入されている．そのため誘導物質イソプロピルチオガラクトシド（IPTG）の添加により遺伝子 *cfp* と *yfp* の転写活性を調整することができる（図 1.12 参照）．

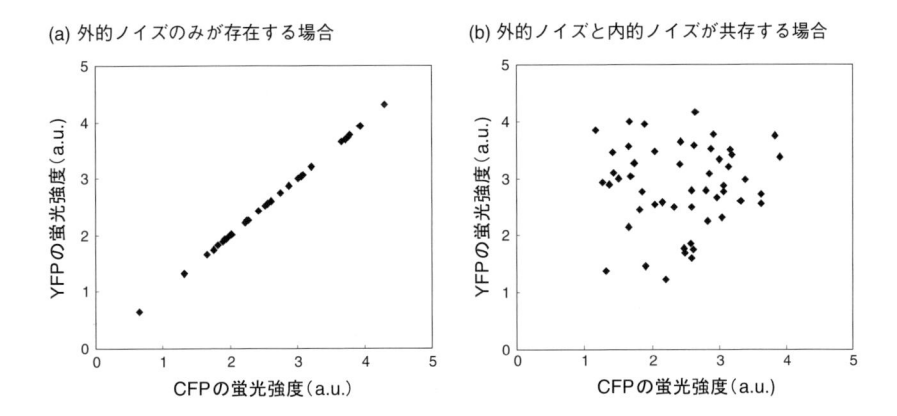

図 3.4　タンパク質発現量の確率的性格

ゆらぎの指標である変動係数 $\eta = \sigma_p/\langle p \rangle$ を内的ノイズと外的ノイズに分解した場合，それらの値はこの散布図を用いて式 (3.5) によって計算される．ゆらぎの指標として Fano 因子を用いた場合に内的ノイズと外的ノイズを求める計算式は Raser ら [176] により示されている．

$$\eta_{\text{ext}}^2 = \frac{\langle cy \rangle - \langle c \rangle \langle y \rangle}{\langle c \rangle \langle y \rangle}$$

$$\eta_{\text{int}}^2 = \frac{\langle (c-y)^2 \rangle}{2 \langle c \rangle \langle y \rangle} \tag{3.5}$$

$$\eta_{\text{tot}}^2 = \frac{\langle c^2 + y^2 \rangle - 2 \langle c \rangle \langle y \rangle}{2 \langle c \rangle \langle y \rangle}$$

ここで，c と y はそれぞれ蛍光タンパク質 CFP と YFP の蛍光強度を，$\langle \rangle$ は個々の大腸菌で計測した蛍光強度の集団平均を示し，各ノイズの間には

$$\eta_{\text{tot}}^2 = \eta_{\text{ext}}^2 + \eta_{\text{int}}^2 \tag{3.6}$$

なる関係が成立している．

　Elowitz らによると，大腸菌 RP22 株では，$\eta_{\text{int}} = 25 \times 10^{-2}$，$\eta_{\text{ext}} = 33 \times 10^{-2}$ であるが，誘導物質 IPTG の添加により，*lac* リプレッサーの機能抑制を行い，蛍光タンパク質 CFP と YFP の発現量を 30 倍以上増加させると，ノイズは $\eta_{\text{int}} = 6.3 \times 10^{-2}$，$\eta_{\text{ext}} = 9.8 \times 10^{-2}$ と大幅に減少する．彼らの実験結果によると，発現量の増加に伴い内的ノイズは単調減少するが，外的ノイズは発現量の増加に伴い一時増加し，その後単調減少しており，総ノイズに占める内的ノイズの割合は，タンパク質の発現量に大きく依存している．

　遺伝子発現過程における内的ノイズは転写・翻訳のそれぞれの反応過程に内在しているが，その寄与は個々の遺伝子ごとに異なると予想される．Raser らは二倍体出芽酵母の相同染色体の一方の染色体に蛍光タンパク質遺伝子 *yfp*，他方の染色体の同じ位置に蛍光タンパク質遺伝子 *cfp* を組み込み，それら蛍光タンパク質のプロモーター領域に GAL1 プロモーターや PHO5 プロモーターを組み入れた場合に転写・翻訳されるタンパク質量と内的ノイズ強度（指標としては Fano 因子を使用している）との関係を解析している [176]．タンパク質発現量の調整は，GAL1 プロモーターの場合はガラクトース濃度の変化，PHO5 プロモーターの場合はリン酸濃度の変化など，転写過程の調節により行っている．

　彼らの実験によると，GAL1 プロモーターの例で，ガラクトース濃度を変化させることにより細胞内タンパク質の発現量を変化させても，内的ノイズ強度はタンパク質の発現量によらず一定であり，Ozbudak らの研究と整合的である．しかし，PHO5 プロモーターの例で，リン酸濃度を変化させることにより転写活性を変化させた場合，タンパク質発現量の増加に伴い内的ノイズ強度は減少している．この PHO5 プロモーターの実験結果は Ozbudak らのモデル反応スキーム（図 3.1）では説明できないため，Raser らはプロモーター領域が不活性な DNA と活性な DNA 間の相互転移反応を含む**図 3.5** に示す反応スキームを提案している．

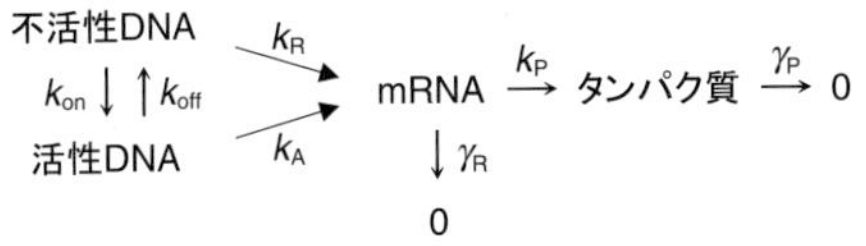

$$\begin{array}{c}
\text{不活性DNA} \xrightarrow{k_R} \\
k_{\text{on}} \downarrow \uparrow k_{\text{off}} \qquad \qquad \text{mRNA} \xrightarrow{k_P} \text{タンパク質} \xrightarrow{\gamma_P} 0 \\
\text{活性DNA} \xrightarrow{k_A} \qquad \downarrow \gamma_R \\
0
\end{array}$$

図 3.5 DNA の転移を含む転写・翻訳の反応スキーム

k_{on} と k_{off} はプロモーター領域が不活性な DNA 状態から活性な DNA 状態への転移過程を示し，k_R と k_A はそれら DNA 状態からの転写過程を示している．k_P は翻訳過程を，γ_R と γ_P はそれぞれ mRNA とタンパク質の自己分解過程を示している．なお，このモデルは Raser らのモデルを拡張しており [177]，Raser らのモデルは $k_R = 0$ の場合である．図 3.1 のモデルでは図 3.2 に示されるようにタンパク質発現量のヒストグラムは単峰性を示しているが，このモデルでは k_{on} と k_{off} がきわめて緩やかな転移過程である場合，タンパク質発現量の時間経過から得られるヒストグラムは双峰性を示しうる．この点については Kaern らの論文 [177] を参照されたい．

Raser らは，PHO5 プロモーターに制御されている遺伝子の転写活性は，図 3.5 の反応スキームにおいて，DNA の活性化・不活性化の過程 k_{on} と k_{off} が転写過程 k_A に比べ抑えられているとして，確率速度定数を $k_{\text{on}} = 0.1$，$k_{\text{off}} = 0.1$，$k_R = 0$，$k_A = 10$，$k_P = 10$，$\gamma_R = 5$，$\gamma_P = 0.1$ とした PHO5 プロモーターのモデルを提案している．そして，リン酸濃度を変化させることによりタンパク質発現量を変化させた場合，タンパク質発現量の増大に伴い内的ノイズ強度が減少しているという実験結果は，プロモーターの活性化速度 k_{on} の値を変化させたモデルで説明できるとした．**図 3.6** にそのシミュレーション結果を示す．この図は k_{on} の値を増加させることによりタンパク質の発現量を増加させると，内的ノイズが減少することを示している．

個々の遺伝子の転写・翻訳過程（図 3.1，図 3.5 参照）から遺伝子ネットワーク上に位置する複数の遺伝子の転写・翻訳過程に視点を移し，遺伝子ネットワークにおいてタンパク質発現量とそのゆらぎがどのように伝達するかの解析は Hooshangi ら [178] や Pedraza ら [179] によってなされている．

Hooshangi らは**図 3.7** (a), (b), (c) に示す 3 つの転写・翻訳カスケード（回路）を大腸菌に構築している．図に示されるテトラサイクリンリプレッサー tetR は構成的に発現しており，各回路の最初に位置する遺伝子の転写を抑制しているが，培地に添加されるアンヒドロテトラサイクリン aTc は tetR の機能を抑制することにより，各回路の最初に位置する遺伝子の転写を促進している．

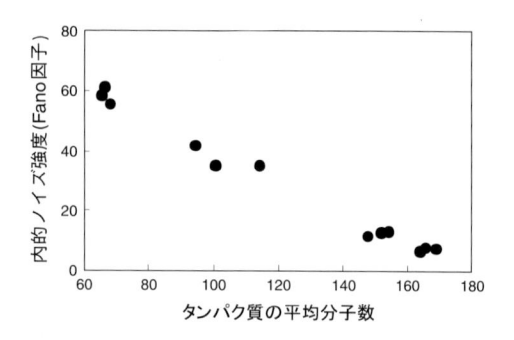

図 3.6　PHO5 プロモーター活性が内的ノイズ強度に与える影響
図 3.5 において $k_{on} = 0.1$, $k_{off} = 0.1$, $k_R = 0$, $k_A = 10$, $k_P = 10$, $\gamma_R = 5$, $\gamma_P = 0.1$ としたモデルを作成し，DNA の活性化・不活性化の過程 k_{on} のみを 0.05，0.1，0.3，0.5 と変化させたモンテカルロ・シミュレーションをそれぞれ 3 回 Gillespie の方法で行い，図 3.2 と同様のヒストグラムから平均タンパク質数と内的ノイズ強度を計算し，グラフ化している．

Hooshangi らは入力シグナルである aTc 量を変化させ，出力シグナルである変異体黄色蛍光タンパク質 EYFP（enhanced yellow fluorescent protein）の平均蛍光強度との関係を各回路で計測している．その結果によると，aTc と平均蛍光強度 F との関数関係 $F(\text{aTc})$ はヒル関数で近似することができ（図 3.7d），各回路は入力シグナルを低出力と高出力の 2 つの状態間に切り替える機能を有している．また，各回路のヒル係数は回路 1 ＜ 回路 2 ＜ 回路 3 となっており，カスケード長が長いほど入力に対する感度は高く，スイッチ関数的挙動を示す．このことから，転写・翻訳のカスケードは入力シグナルの変動に対して出力シグナルの頑健性を維持する機構となっていることが示唆されている．一方，各回路におけるノイズの伝播についてみると，平均蛍光強度が図 3.7(d) の 10^3 から 10^4 の領域，すなわち低出力と高出力が切り替わる領域で変動係数を指標とするノイズは大きくなり，かつその大きさは回路 1 ＜ 回路 2 ＜ 回路 3 と，回路が長くなるにつれて増幅されている．Hooshangi らは，設計し合成された遺伝子回路を解析しているが，細胞内の遺伝子回路はノイズを減衰させる機構を有しているのか，減衰させているとして，それはどのような機構（例：正あるいは負のフィードバック回路）に基づいているのかについての課題は残されている．

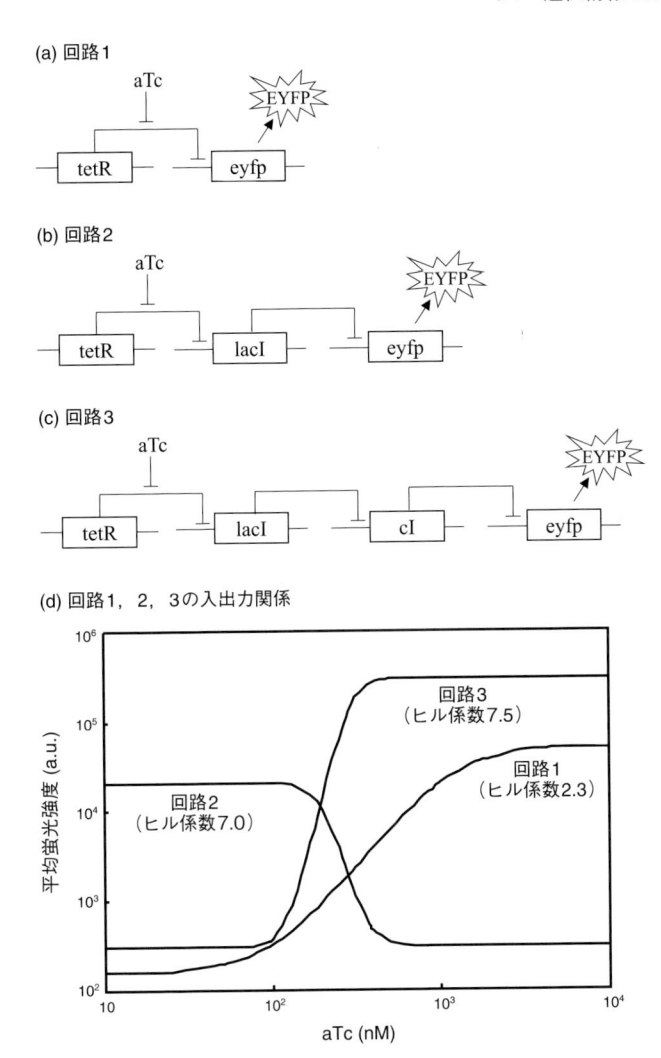

図3.7 転写・翻訳カスケードと入出力関係

3つの回路はプラスミドに構成され，大腸菌に組み込まれている．テトラサイクリンリプレッサー tetR は構成的に発現しており，遺伝子 *eyfp* や *lac*I の転写を抑制しているが，その抑制効果は細胞外から添加される aTc によって負に抑制されている．3つの回路とも出力は，タンパク質 EYFP の蛍光強度である．(d)は，aTc 量を変化させた場合の回路1，2，3の出力，すなわちタンパク質 EYFP の蛍光強度の変化を示している．個々のグラフはヒル関数で近似的に表現されている．回路1，2，3のヒル係数はそれぞれ，2.3，7.0，7.5であり，低蛍光強度と高蛍光強度間とが切り替わる aTc 濃度領域はそれぞれ，1.75，0.36，0.21 μM である．

3.2 エネルギーの流れと代謝

　代謝系はシステム生物学がもっとも古くから取り組んできた研究対象であり，解糖系やプリン代謝系[143]などの個々のパスウェイとともに，細胞小器官であるミトコンドリア[180]，さらには比較的コンパクトな代謝系からなる赤血球[181]などの代謝系が広く研究対象とされてきた．シグナル伝達系や細胞周期，アポトーシスなどでは系の動的挙動がおもな研究対象とされるが，代謝系においては定常状態がおもな研究対象となる．以下では赤血球の代謝系についてシステム生物学による解析例を述べる．

　赤血球のおもな機能は細胞内に保持しているヘモグロビンを介した酸素の運搬である．赤血球は肺胞で酸素を取り込み，酸素分圧の低下している組織に酸素を供給する．この酸素運搬という単純な機能を反映して，赤血球の代謝系はほかの細胞に比べきわめて簡略化されている．すなわち，核やリボソーム，ミトコンドリアをもたず，そのため核酸やタンパク質（酵素）の合成能力はなく，またクエン酸回路や酸化的リン酸化の系を欠いている．ただ，赤血球はその構造と機能の恒常性を維持するための最低限の代謝系として，解糖系とペントースリン酸回路およびヌクレオチド代謝経路を有している．赤血球内部のNa^+とK^+の濃度（Na^+：約10 mM，K^+：約135 mM）を血漿の濃度（Na^+：約140 mM，K^+：約10 mM）に抗して維持するためにはエネルギー源としてATPが必要であり，そのATPは解糖系によって生成される．また，赤血球の解糖系は，ヘモグロビンの酸素親和性を調節する2,3-ビスホスホグリセリン酸（2,3-BPG）を合成するための独特の側路（shunt）をもっている．このRapoport-Luebering側路はほかの細胞にはみられない．解糖系の中間代謝産物グルコース6-リン酸（G6P）からはペントースリン酸回路が分岐している．この回路は還元的な生合成を担うNADPH，およびATPなどのヌクレオチド合成のためのリボース5-リン酸（R5P）を生成する．一方，ヌクレオチド代謝経路のおもな目的はヌクレオチドプールの維持にある．

　Joshiらは，これら最低限の代謝系からなる赤血球のモデルを構築している[182-185]．その概要を図3.8に示す．Joshiらの代謝系モデルは解糖系，ペン

3.2 エネルギーの流れと代謝

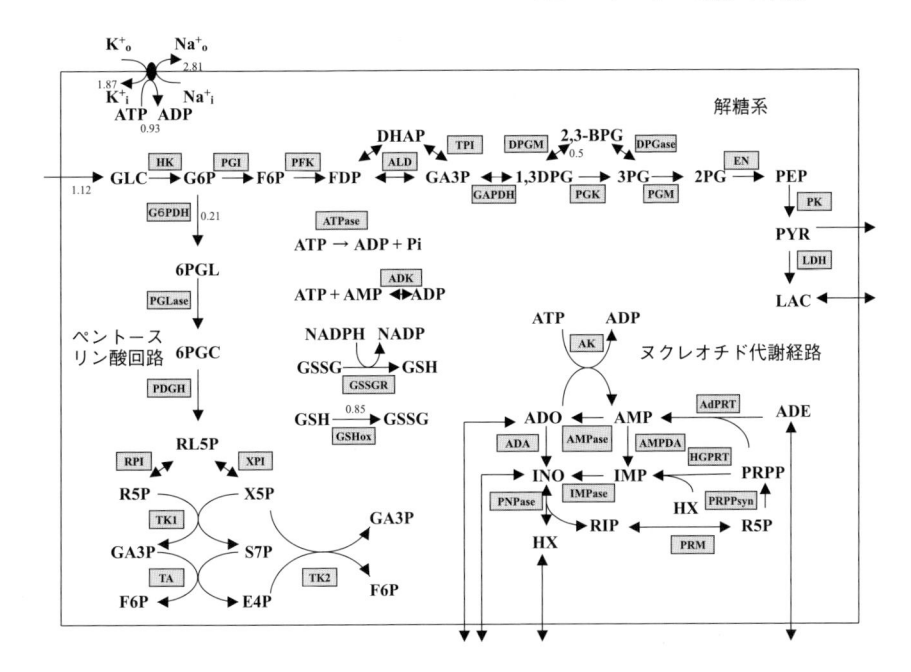

図3.8 Joshi らによる赤血球の代謝モデル[182]

解糖系，ペントースリン酸回路，ヌクレオチド代謝経路，および Na$^+$/K$^+$ ポンプからなる代謝経路を示す．このモデルでは 2,3-BPG のヘモグロビンへの結合反応，Ca^{2+} の細胞外への能動輸送などは考慮されていない．図中の多くの代謝反応で ATP や NADH，NADPH などの補酵素の関与は明示的には示されていない．また図が錯綜するため，個々の化学種を複数の個所で示している．たとえば，F6P は解糖系でも，ペントースリン酸回路でも現れているが，赤血球内でのコンパートメント化は考慮されていないため，本来は1つの F6P に集約して図示されるべきである．また，R5P もペントースリン酸回路とヌクレオチド代謝経路の2か所に別記されている．図中に示されている数字は Joshi らが計算した定常状態での流速（mM/H）を示す．なお，赤血球内部では新規の酵素は合成されないため，時間の経過に伴い酵素機能の損傷が生じる．ヒトの場合，赤血球の寿命は120日程度とされる．

トースリン酸回路，ヌクレオチド代謝経路，および Na$^+$/K$^+$ ポンプからなる．解糖系へは細胞外からグルコース（GLC）の流入がある．また赤血球は ATP の *de novo* 合成経路をもたないため，再利用経路（salvage pathway）による ATP 合成に必要なアデニン（ADE）やアデノシン（ADO）などの細胞外からの流出入経路が示されている．Na$^+$/K$^+$ ポンプは ATP を利用して細胞内外の Na$^+$ および K$^+$ の均衡を維持している．図3.8に明示されてはいないが，Na$^+$/K$^+$ ポ

ンプ以外に，両イオンの漏出入（leak）の経路がある．Joshi らの赤血球の代謝モデルはミカエリス-メンテン機構など酵素反応速度論に基づいたモデルであり，解糖系で13元，ペントースリン酸回路で9元，ヌクレオチド代謝経路で9元，そして Na^+/K^+ ポンプで2元の連立常微分方程式で表現されている．Joshi らはそれら微分方程式系と，浸透圧平衡および電気的中性を維持するための代数方程式から定常状態解（代謝物濃度や流速）を求めている．その結果によると，解糖系に流れ込むグルコース（GLC）の流速は 1.12 mM/H であり，そのうちの 19% にあたる 0.21 mM/H がペントースリン酸回路に分岐している．また，Rapoport-Luebering 側路への流入は 0.5 mM/H である．赤血球を酸化ストレスから守る反応経路，すなわち還元型グルタチオン（GSH）の酸化経路 GSH → GSSG の流速は 0.85 mM/H であり，実験値 0.80 mM/H を再現している．また，Na^+ の流出速度と K^+ の流入速度はそれぞれ 2.81 mM/H と 1.87 mM/H であり，これらの値は ATP の消費速度 0.93 mM/H に対応している．

　Joshi らの赤血球の代謝モデルから求められる定常状態における代謝物の濃度および流速は実験値を正しく反映しており，その後の研究の基礎的なモデルとなっている．Jamshidi ら [186] や Altenbaugh ら [187] は，Joshi らのモデルをもとに速度定数などのパラメータ変動に伴う動的挙動の解析と感度解析を行っている．その結果によると，Joshi らの赤血球の代謝モデルにおいて，ほとんどの代謝物の定常状態値に大きな変動を与える酵素はヘキソキナーゼ（HK）とグルコース 6-リン酸脱水素酵素（G6PDH）および ATPase である．そのうちでも HK はもっとも高い感度を示している．

　Ni らは Joshi らのモデルから浸透圧平衡および電気的中性を維持するための 2 つの方程式を取り除き，図 3.8 に示す代謝系の S システム表現でのモデルを構築し，その定常状態の局所的安定性解析および頑健性解析を行っている [188, 189]．局所的安定性解析は定常状態の近傍で系を線形化し，線形化された微分方程式の固有値解析によりなされている．また，Ni らの定義する頑健性は S システム表現で用いられるパラメータ p_j（速度定数 α_j や β_j など）の変動に対する定常状態における代謝物濃度 X_i および流速 V_i の相対的な感度，$S(X_i, p_j)$ や $S(V_i, p_j)$

$$S(X_i, p_j) = \frac{\partial X_i}{X_i} \bigg/ \frac{\partial p_j}{p_j} = \frac{\partial \ln X_i}{\partial \ln p_j}$$
$$S(V_i, p_j) = \frac{\partial V_i}{V_i} \bigg/ \frac{\partial p_j}{p_j} = \frac{\partial \ln V_i}{\partial \ln p_j} \quad (3.7)$$

で計測され，感度が低いほど頑健とされる．生理学的に意味のある定常状態は局所的に安定であり，かつ進化的には頑健性を獲得してきているとして，NiらはJoshiらのモデルを検討し，局所的安定であるためには，解糖系部分ではフルクトース6-リン酸（F6P）によるヘキソキナーゼ（HK）のフィードバック阻害を考慮すべきであり，頑健であるためには，ヌクレオチド代謝経路でADPや2,3-BPGによるPRPP合成酵素（PRPPsyn）の制御などを考慮すべきであるとしている．赤血球の代謝モデルのような大規模な反応ネットワークのモデルにおいてはとくに，このような安定性解析や頑健性解析によるモデルの改良は必須である．ただ，Niらの指摘に対して，Edwardsらは，赤血球の代謝パスウェイは本来的に多重定常状態を有しており，浸透圧平衡および電気的中性を維持するための2つの方程式を含むJoshiらのモデルでは安定定常状態と不安定定常状態の2つの定常状態があると指摘し，Niらのモデルにはそれら2つの方程式は含まれておらず，Sシステムの作動点として不安定定常状態を用いた解析を行っていると反批判している [190]．

赤血球の代謝系が多重定常状態を示すことは古くから指摘されていた．Rapoportらによる解糖系の解析結果によると，赤血球は2つの安定な定常状態と1つの不安定な定常状態からなり，安定な定常状態の1つは実験的に見いだされる定常状態であり，ほかの安定な定常状態はATPやADPなどの濃度が0になる"trivial"な定常状態であるとされる [191]．

de Atauriら [192] は，解糖系とペントースリン酸回路からなるMulquineyら [193] の赤血球の代謝モデルを用いて，多重定常状態の解析を行っている．その結果によると，多重定常状態はRapoportらの解析結果と同じく3つの定常状態からなり，図3.9に示す安定な定常状態は高いエネルギー充足率（energy charge）を示し，ヘキソキナーゼ活性の低下に対して頑健性を示している．すなわち，ヘキソキナーゼ活性が図3.9に示す分岐点近くに低下するまで，一定の高いエネルギー充足率の値を維持している．不安定な定常状態はエネルギー充

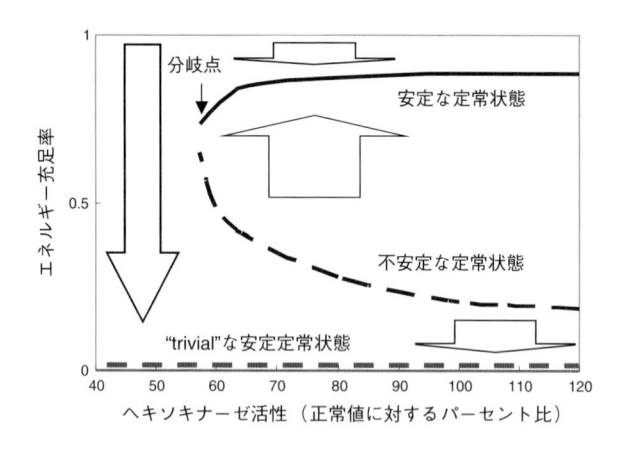

図 3.9 ヘキソキナーゼ活性変化が恒常性に与える影響

ヘキソキナーゼ活性の低下に伴う細胞の恒常性の変化をエネルギー充足率を指標に解析している．エネルギー充足率は $(ATP + 0.5\,ADP)/(ATP + ADP + AMP)$ で定義される．安定な定常状態と "trivial" な安定定常状態は漸近的に安定な定常状態であり，アトラクターといわれる．

足率が低下した状態であり，代謝系がこの定常状態に停留することはなく，この近傍からは安定な定常状態あるいは "trivial" な安定定常状態に吸い込まれていく．また，図 3.9 の分岐点以下（図の左方向）にヘキソキナーゼ活性が低下すると，安定な定常状態は崩壊し，"trivial" な安定定常状態に吸い込まれていく．そして，その状態ではエネルギー充足率は 0 となる．de Atauri らはこの安定な定常状態の崩壊は赤血球の老化（senescence）の鍵になる要因であり，かつ酵素欠損に伴う溶血性貧血のおもなシグナルであろうと考えている．図 3.9 に示すようにヘキソキナーゼの場合，正常な活性の 60％程度の低下で代謝崩壊が生じている．de Atauri らが解析した結果では，ヘキソキナーゼ以外の解糖系酵素の場合には，正常な活性の 2％以下に活性が低下してはじめて代謝崩壊がみられる．これらは解糖系，Na^+/K^+ ポンプによる ATP の消費，Na^+/K^+ ポンプ以外の ATPase 反応での ATP の消費，ヌクレオチド代謝経路，イオン輸送，そして赤血球の体積を考慮した代謝モデルによる Martinov らの解析結果とも整合的である [194]．

Joshi らの代謝モデルは図 3.8 に示す個々の酵素反応をミカエリス-メンテン機構などで表現しており，定常状態解析や動態解析，安定性解析などを行うにあ

たっては，詳細な速度定数が必要とされる．一方，図3.8に示す代謝物間の化学量論係数のみから代謝ネットワークの特性を解析する方法に，基準モード解析や極値パスウェイ解析がある [195, 196]．

Schusterら [195] は，図3.8に示される代謝モデルをもとに基準モード解析を行い，再利用経路によるATP合成への酵素欠損の影響を解析している（赤血球は恒常性維持に必須であるATPを *de novo* 合成できないため，再利用経路によるATP合成が赤血球の生存に必須となる）．代謝経路の基準モードは，代謝経路が定常状態を維持するために必要とする最低限の酵素の集合体として定義することができ，代謝経路が取りうる定常状態に応じて多くの基準モードがある．また，ひとたび化学量論係数から基準モードが求められると，任意の定常状態はそれら基準モードの線形結合で表現される．Schusterらは，アデニン（ADE）が大きな外部代謝プールを構成しているという条件で基準モードを求めている．得られた153個の基準モードのうち，アデニンから出発しATPが合成される基準モードは4種類で，その1つを**図3.10**に示す．

この基準モードは，図左上のグルコース・プール（GLC）と，図右下のアデニン・プール（ADE）から出発している．解糖系はGLCからラクトース（LAC）にいたり，LACを系外に流出させている．この間，図3.10には明示されていないが，解糖系全体としてADPからATPが合成されている．図左のペントースリン酸回路ではリボース5-リン酸（R5P）が生成され，生成されたR5Pはヌクレオチド代謝経路でPRPP合成酵素反応の基質となる．PRPPはアデニンとともにAMPへの合成反応での基質となる．さらに，生成されたAMPはアデニル酸キナーゼ（ADK）によるADP合成の基質となっている．これらの反応が図に示す基準モードを構成しているが，そこにはアデノシン（ADO）からイノシン（INO）への反応を触媒する酵素，アデノシンデアミナーゼ（ADA）や，アデノシンをATPによってリン酸化しアデニル酸を生成する酵素，アデノシンキナーゼ（AK），イノシンからヒポキサンチン（HX）への反応を触媒する酵素，プリンヌクレオチドホスホリラーゼ（PNPase）は含まれておらず，その結果，図3.10に示す基準モードはADAやAK，PNPaseの各酵素の欠損による影響は受けない．このことは，アデニンから出発しATPが合成される4種類の基準モードに共通した性質である．また4種類の基準モードともに，ADEからAMPに

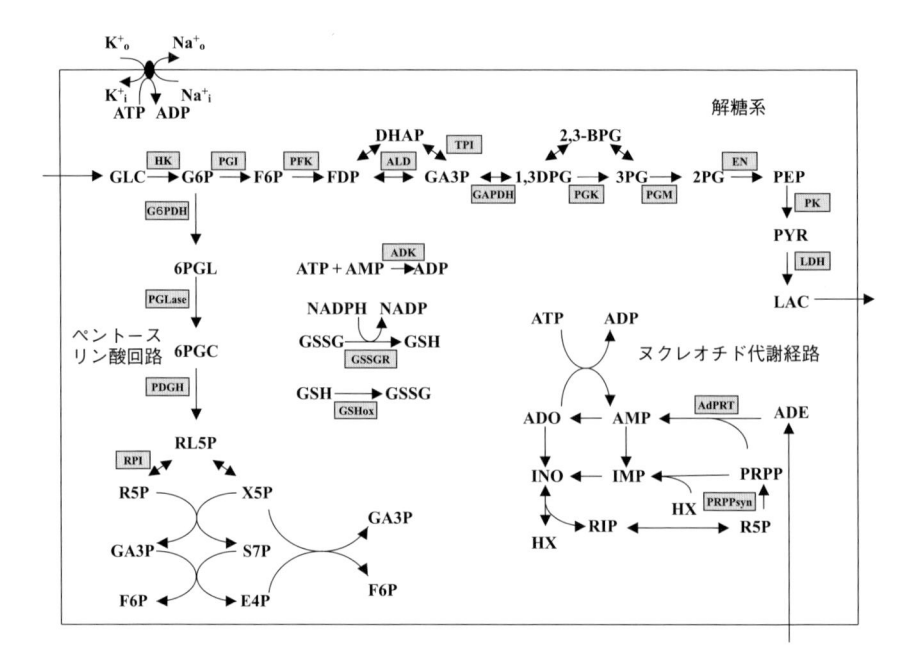

図 3.10 アデニンから出発しATPが合成される基準モードの例

図3.8に示す赤血球の代謝経路をもとに，Schusterらが求めた基準モードに含まれる酵素のみを表示している．解糖系ではATP合成に寄与するホスホグリセリン酸キナーゼPGKは図の基準モードに含まれているが，Rapoport-Luebering側路は含まれていない．

いたる反応を触媒するアデニンホスホリボシル基転移酵素（AdPRT）を要求しており，Schusterらによると，このことはAdPRT欠損症ではアデニンの蓄積がみられることと整合的であるとされる．

Cakirらは図3.8と同様に，解糖系，ペントースリン酸回路およびヌクレオチド代謝経路からなる赤血球の代謝モデルを構築し，基準モードを求めている．得られた基準モードは48個であり，任意の定常状態はこの基準モードの線形結合で表現される．Cakirらの結果によると，解糖系の5つの酵素，ヘキソキナーゼ（HK），グリセルアルデヒド3-リン酸脱水素酵素（GAPDH），ホスホグリセリン酸ムターゼ（PGM），エノラーゼ（EN），ピルビン酸キナーゼ（PK）は，すべての基準モードの構成酵素になっており，どの1つの酵素が欠損しても基準モードを構築することはできず，したがって，赤血球の代謝の定常状態

を得ることはできなくなる．臨床データからHKやPKの欠損は重篤な溶血性貧血をもたらすことが知られており，Cakirらによる基準モード解析は有意義な結果を示している [197]．

3.3 細胞の情報伝達

　細胞は細胞-細胞間，細胞-環境間で交換される情報を適切に処理することにより，自己の分化と増殖，細胞死などの過程を調整している．それら情報伝達過程も一連の化学反応として実現されており，その化学変化は代謝系におけると同様，分子間の結合と解離，タンパク質の構造変化や複合体形成，酵素反応による基質（タンパク質）の修飾などである．

　しかし，化学反応システムとしての代謝系と情報伝達系には違った側面もある [198]．まず，分子数の問題があり，代謝系に比べると，情報伝達系では酵素と基質といった相互作用する分子の濃度に大きな違いはみられない（EGFシグナル伝達系やアポトーシスでは，基質である酵素が活性化され次の反応過程を触媒している）．また，代謝系では，グルコースやピルビン酸といった基質が化学変化していく過程はおもに物質の流れとしてモデル化されるが，情報伝達系では基質タンパク質の化学変化の過程はおもに情報の流れとしてモデル化される．すなわち，情報伝達系ではタンパク質間相互作用により修飾されたタンパク質は，その酵素活性や結合能，局在性を変化させ，次のタンパク質の修飾をもたらす．これら化学変化の過程は物質の流れと情報の流れの両側面をもっているが，情報伝達系ではおもに情報の流れとしてとらえられる．さらに，ATPは代謝系と情報伝達系で異なった機能を果たす．代謝系ではATPは化学反応を進めるエネルギー源としてとらえられるが，情報伝達系ではタンパク質の修飾（リン酸化）をもたらす基質としてとらえられる．最後に解析の視点からみると，代謝系ではおもに定常状態が解析対象となるが，情報伝達系では応答の時間的な変化が解析対象となる．

　情報伝達系のモデル化にあたっては，一般的に解くべき3つの課題があるとされる．1つは，細胞への刺激が最終的な細胞応答にどれほどの時間で達する

か，次いで，刺激による細胞応答がどのような形態でどれほど持続するか，最後に，刺激に対する細胞応答の強さがある．ここでは，EGFシグナル伝達系，p53/Mdm2ネットワーク，NF-κBシグナル伝達系について，システム生物学による解析例を述べる．

3.3.1 EGFシグナル伝達系

EGFは上皮細胞の分化，増殖を促進させる作用をもつ因子であり，標的細胞表面のEGF受容体を刺激し，シグナルを伝達する．EGF受容体の細胞質ドメインにはチロシンキナーゼの触媒部位とともに多くのチロシン残基があり，EGF刺激によりそれらチロシン残基がリン酸化される．この過程がEGFによるEGF受容体の活性化である．活性化されたEGF受容体はアダプタータンパク質であるShcやGrb2をリクルートし，Grb2はSOSに結合し，EGF受容体-Shc-Grb2-SOS複合体やEGF受容体-Grb2-SOS複合体が形成される．SOSは，不活性状態のGDP結合型RASを活性なGTP結合型RASに転換する反応を触媒する．活性化されたRASはMAPキナーゼカスケードの第1層のキナーゼ（MAPKKK）であるRafを活性化し，MAPKKであるMEKの活性化，そしてMAPキナーゼの活性化と，シグナルが伝達されていく．最後に活性化されたMAPキナーゼは核内に移行し，細胞の分化・増殖に関与する多くの転写制御因子を活性化する．その結果発現されてくる遺伝子には c-fos などがある．EGFからMAPキナーゼの活性化にいたるシグナル伝達経路をEGFシグナル伝達経路という．なお，この経路には多くの因子の関与が知られているが，その全容は明らかにはされておらず，かつ個々の反応機構が詳細に解明されているわけではない[199]．

Kholodenkoらは，ラット肝細胞のEGF刺激に対する短期応答（刺激後2分間での応答の立ち上がり時期，応答期間，応答の強度）を解析している[200]．彼らの実験によると，継続的なEGF刺激により活性化されたEGF受容体の濃度は刺激後急激に増加し，15秒で最大になるものの，その後急速に減少し，60秒後には刺激の効果はほぼ減退する（図3.11a）．一方，リン酸化されたShcは，刺激後15秒ほどで最大になり，その後も大きく減退することはなく，擬定常状態が維持されている（図3.11b）．継続的なEGF刺激下においてEGF受容体

(a) 活性化したEGFRの時間応答

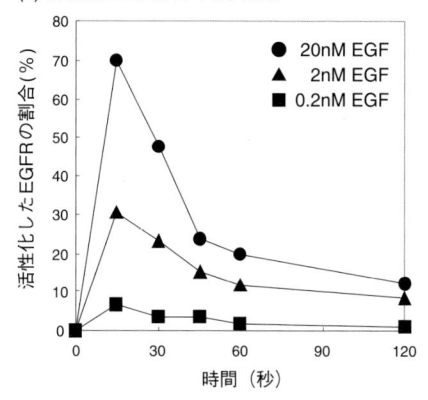

(b) リン酸化したShcの時間応答

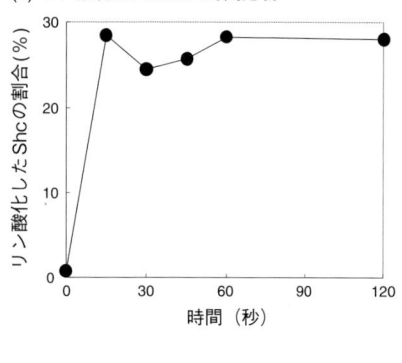

図 3.11　EGF刺激に伴う活性化したEGF受容体とShcの時間変化
(a) 時刻0にEGF刺激をラット肝細胞に与えたときの，活性化したEGF受容体の割合(%)の時間変化を示す．EGF濃度を20 nM（●），2 nM（▲），0.2 nM（■）と変化させた3つのケースを図示している．EGF刺激は時刻0以降も継続的に与えられているにもかかわらず，活性化したEGF受容体の割合には急激な変化がみられる．
(b) (a)と同様に20 nMのEGF刺激を時刻0にラット肝細胞に与えたときの，リン酸化したShcの割合(%)の時間変化を示す．［文献200より許可を得て転載・一部改変］

とShcとのあいだで異なった応答を示す機構を解析するため，KholodenkoらはEGF-EGF受容体複合体の形成からEGF受容体-Grb2-SOS複合体およびEGF受容体-Shc-Grb2-SOS複合体の形成にいたるEGFシグナル伝達経路のモデル化を行っている（**図3.12**）．モデルにはEGFおよびEGF受容体とともに3つのアダプタータンパク質Grb2とShc，PLCγが組み込まれており，図3.12にはそれぞれShc非依存経路（反応番号9〜12），Shc依存経路（反応番号13〜24），そしてPLCγ経路（反応番号5〜8と25）として反応過程がモデル化されている．

反応は細胞外コンパートメント（反応番号1），細胞膜コンパートメント（反応番号2），細胞質コンパートメント（反応番号3〜25）で進んでいる．もし同一の分子が複数の異なった体積のコンパートメントで反応に関与している場合には，同じ分子数であっても個々のコンパートメントで濃度は異なる．たとえば，同じEGF受容体数（ラット肝細胞あたり約2×10^5個）であっても，細胞外コンパートメント（実験は10^7 cell/mLで行われているため細胞1個あたりの体積は10^{-7} mL）での濃度と細胞質コンパートメント（体積は0.03×10^{-7} mLと推

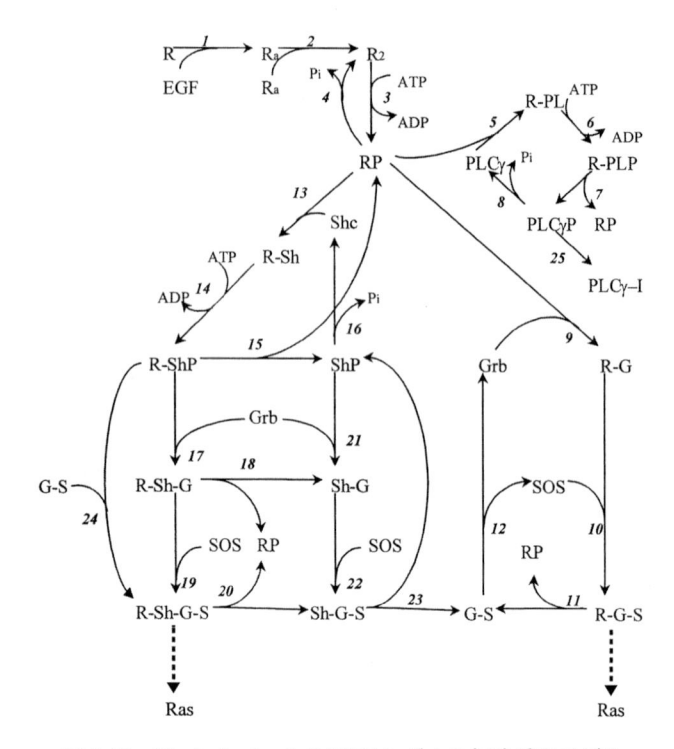

図 3.12 Kholodenko らの EGF シグナル伝達系のモデル

リンクの数字は反応番号を示す．反応番号 4, 8, 16 の脱リン酸化反応は不可逆なミカエリス-メンテン機構でモデル化されているが，その他の反応はすべて可逆な 1 次あるいは 2 次反応でモデル化されている．たとえば，反応番号 1 の反応速度 v_1 は $v_1 = k_{+1}[\text{R}][\text{EGF}] - k_{-1}[\text{Ra}]$ となる．短期応答を解析しているため系は閉鎖系とみなされており，EGF 受容体，EGF，PLCγ，Grb2，Shc，SOS の 6 種類の濃度の保存則がある．また，Kholodenko らは詳細釣合いの原理 [88] が図の 5 つの閉回路（反応経路 9-10-11-12 と 15-21-17-18，18-22-19-20，12-22-21-23，15-20-23-24）で成立しているとして，速度定数に拘束条件を入れている．たとえば反応経路 9-10-11-12 の場合には，$k_{+9}k_{+10}k_{+11}k_{+12} = k_{-9}k_{-10}k_{-11}k_{-12}$ なる拘束条件が課せられる．なお，k_{+i} と k_{-i} は可逆反応 i の速度定数を示す．R：EGF 受容体，R_a：EGF-EGF 受容体複合体，R_2：EGF-EGF 受容体複合体の 2 量体，RP：活性化された受容体，PLCγ-I：細胞骨格や膜に結合した PLCγ．［文献 200 より許可を得て転載］

計）での濃度とでは異なる値をとる．Kholodenko らはシミュレーションの簡便さから，細胞膜コンパートメントでの受容体会合反応を含め，細胞質コンパートメントでの濃度表現に速度定数などの反応パラメータの単位を統一している．

Kholodenko らのシミュレーションによると，EGF による継続的な EGF 受容

体刺激に伴う細胞の過渡応答は実験結果とよい一致が得られている．その結果によると，活性化されたEGF受容体濃度が刺激後急激に増加し，その後急速に減少する過渡応答の機構は，EGF受容体に結合したShcやGrb2，PLCγなどがEGF受容体のホスホチロシン残基を一時的に脱リン酸化酵素（図3.12の反応番号4の酵素反応）から保護するためと推測されている．図3.12のモデルでは，刺激直後，EGF受容体による自己リン酸化の反応速度（反応番号3）が脱リン酸化酵素による脱リン酸化の反応速度（反応番号4）を上回り，EGF受容体の多くは反応番号5以降の経路に滞在する．その後，ShcやGrb2，PLCγの結合から解離したEGF受容体（図3.12のRP）が増加するにつれ，脱リン酸化反応速度が急速に増大し，活性化されたEGF受容体の減少をもたらしている．なお，ShcやGrb2，PLCγのEGF受容体への結合は，脱リン酸化酵素によるホスホチロシン残基の脱リン酸化を保護しないというモデルも考えられるが，その場合には活性化されたEGF受容体の急速な増加と減少という実験結果は再現されていない．また，Kholodenkoらのモデルでは，過渡的応答を生み出す機構として負のフィードバックループなどは必要とされていない．一方，リン酸化されたShcの濃度がEGF刺激後単調に増加し，その後定値に留まるという実験結果は，受容体に結合したShcではなく（図3.12のR-ShPやR-Sh-G，R-Sh-G-Sは図3.11(a)の活性化したEGFRと同様の時間変化を示す），受容体から解離したShc（図3.12のShPやSh-G，Sh-G-S）の蓄積によって説明されている．さらに，図3.12のモデルの感度解析によると，各反応の速度定数の変化に対してシステムは頑健であるが，初期値として与えられる細胞内のShcやGrb2，PLCγ濃度の相対値はEGF刺激に対する応答パターンに大きく影響している．このことは，アダプタータンパク質の変異ががん化に影響していることの適切な説明とされる．

　KholodenkoらはEGF受容体の短期応答に焦点を当てたモデル化を進めたが，Schoeberlら[201]はHeLa細胞を用い，EGF刺激後60分にわたるより長期の応答を解析するためのモデル化を行っている（**図3.13**）．彼らには，EGFシグナル伝達系のおもな経路が解明されているにもかかわらず，継続的なEGF刺激により活性化されたMAPキナーゼ（図3.13に示すERK）を指標とした細胞応答が急速に減退していく過渡応答の仕組みは解明されていないとの問題意識

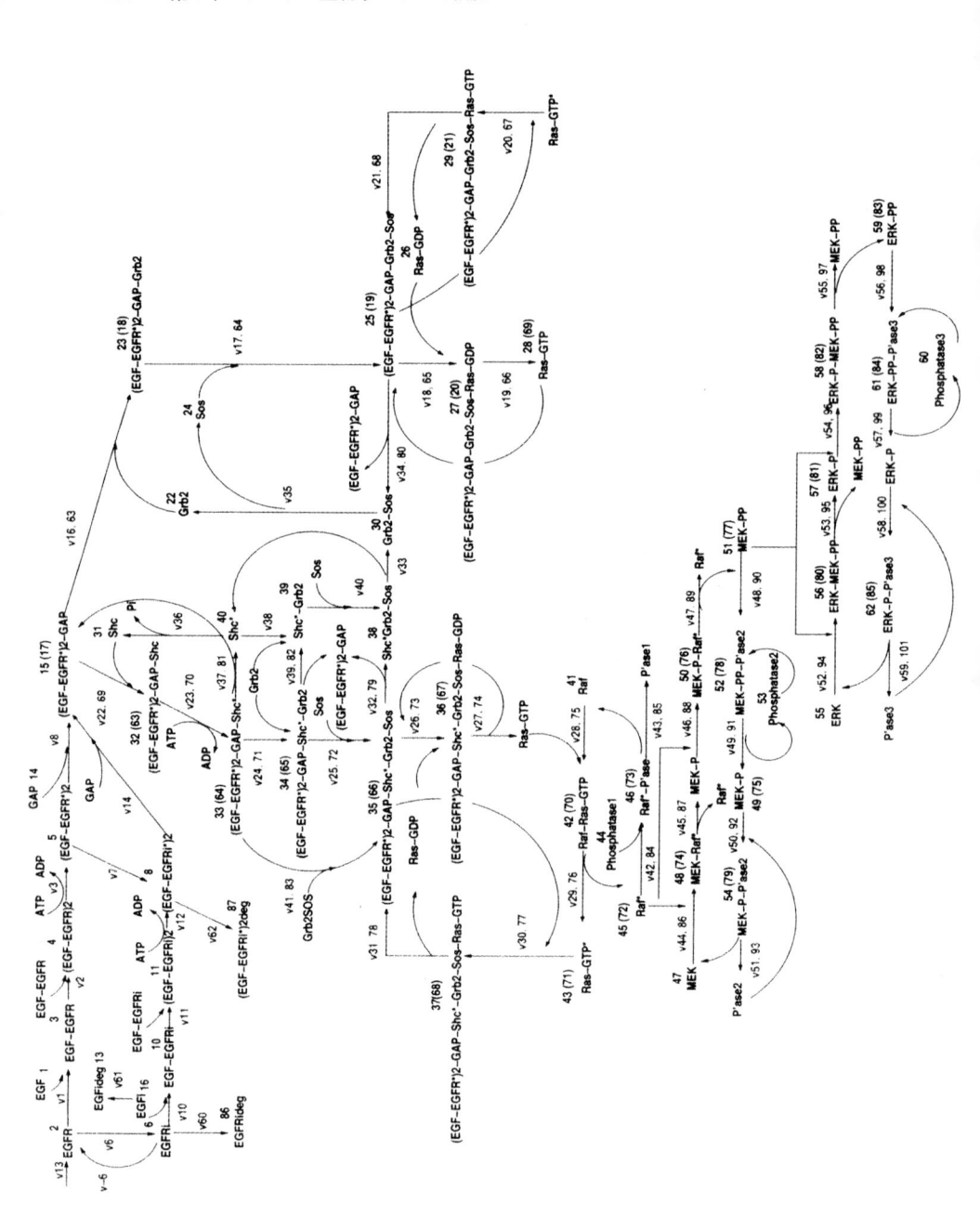

188 第3章 システム生物学からみた細胞

図 3.13 Schoeberl らの EGF シグナル伝達系のモデル

各化学種に添えられている数字は化学種 ID である．( ) 内の数字は細胞内移行後の化学種を示す．矢印に添えられた v で始まる数字は反応番号を示す．2 番目の数字は細胞内移行後の反応を示す（このモデルでは細胞内移行後の EGF 受容体のシグナル伝達への寄与は細胞膜中の EGF 受容体と同じとされている）．EGF 受容体は反応速度 v13 で生成され，細胞内移行後に反応速度 v60，v62 で分解している．EGF-EGF 受容体複合体は 2 量体 (EGF-EGFR) 2 が形成されたのち，活性化される．活性化された 2 量体 (EGF-EGFR*) 2 はアダプタータンパク質 GAP と結合したのち，Shc 依存経路か Shc 非依存経路をたどる．MAP キナーゼカスケードの第 1 層に位置する Raf をリン酸化する酵素は特定されていないが，モデルでは，SOS によって活性化された GTP 結合型 RAS（Ras-GTP）が直接 Raf を活性化するとし，この反応により活性化された Raf（Raf*）と Ras-GTP* が生成される．活性化された Raf は MAP キナーゼカスケードを起動し，最終的に MAP キナーゼ（ERK）の活性型分子 ERK-PP が生成される．シミュレーションによると，EGF の初期濃度 50 ng/mL の場合，HeLa 細胞あたり 50,000 個とされる EGF 受容体のすべてが 15 秒以内に活性化され，この結果は実験結果と整合的である．［文献 201 より許可を得て転載］

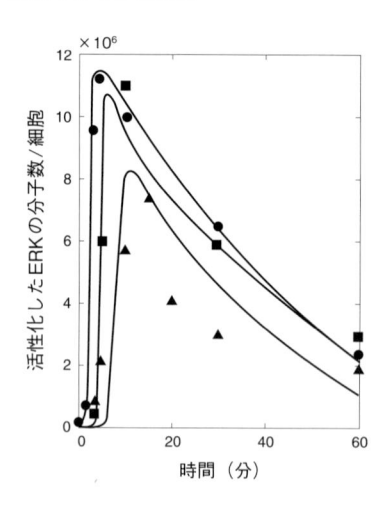

図3.14 活性化したERK分子数の時間変化

時刻0にEGF刺激をHeLa細胞に与えたときの，活性化したERKの分子数（図3.13に示すERK-PP）の時間変化を示す．実線はシミュレーション結果である．EGF濃度を50 ng/mL（●），0.5 ng/mL（■），0.125 ng/mL（▲）と変化させた3つのケースを示している．［文献201より許可を得て転載］

があり，その仕組みとして，Kholodenkoらの解析範囲にはなかったエンドサイトーシス（飲食作用）によるEGF受容体の細胞内移行（internalization）とMAPキナーゼカスケードが考慮されている．この結果，図3.13のモデルは細胞外コンパートメント（$1\,\mathrm{mL}/10^6\,\mathrm{cells}$），細胞膜コンパートメント，細胞質コンパートメント（$10^{-12}\,\mathrm{L}$），そして受容体が細胞内移行後に取り込まれるエンドソームコンパートメント（$4.2\times10^{-18}\,\mathrm{L}$）の4つのコンパートメントでの反応からなっている．

Schoeberlらのモデルを用いたシミュレーション結果によると，EGF刺激による活性化ERK（図3.13のERK-PP）の過渡応答を示す濃度変化パターンは，HeLa細胞を用いEGF濃度を50 ng/mL，0.5 ng/mL，0.125 ng/mLと変化させた各実験結果と一致していた（**図3.14**）．彼らはシグナル伝達に重要な要因は，活性化されたEGF受容体濃度のピーク値ではなく，初期応答速度（刺激直後の活性化されたEGF受容体濃度の立ち上がり速度）であるとし，EGF-EGF受容体の親和性と，EGF刺激から活性化ERK応答のピークが現れるまでの時間との

関連をシミュレーション解析している．その結果によると，EGFとEGF受容体の解離定数が大きくなれば（親和性が低くなれば）活性化EGF受容体の応答速度は低下し，活性化ERKシグナルに遅れが生じている．この効果はEGF濃度を低くした場合と同じである．またEGF受容体の細胞内移行の機能についてSchoeberlらは，EGF濃度が高い場合には持続的なEGF刺激を避け，シグナル応答が減衰する方向に機能し，EGF濃度が低い場合には細胞内移行後シグナルを増幅させる方向に機能するとしている．

Hornbergらは，Schoeberlらのモデルを改訂し，システムの感度解析を行っている [202]．その結果によると，活性化されたERK（ERK-PP）の応答持続時間にもっとも影響を与えている反応は脱リン酸化酵素によるRafの脱リン酸化反応と，RafによるMEKのリン酸化反応であった．また，各分子の濃度変化が応答持続時間に与える影響では，RasとMEK，ERKの濃度変化が大きな影響を与えている．これらの結果はRasやRafががん細胞において活性化されており，それらががん遺伝子とされていることと整合的である．一方，ほとんどの反応はERKの応答パターンに影響を与えていない．このことはSchoeberlらのモデルの頑健性を示しているとともに，EGFシグナル伝達系の制御という意味では，数少ない反応，数少ない分子が標的になるということを示している．

3.3.2 p53/Mdm2ネットワーク

ゲノムDNAに記された遺伝情報は，紫外線や電離放射線（γ線など），変異原性化合物からの損傷の危険に継続的にさらされている．DNAにもたらされるそれら損傷のうち，DNA2本鎖切断（double-stranded DNA breaks；DSB）は細胞の機能維持にもっとも大きな影響を与える．p53はゲノムの恒常性（genome integrity）を維持する守護神とされており，電離放射線照射によるDSBなどDNA損傷が生じるとそれを早急に認識し，DNA複製や細胞分裂を停止し，もし修復可能ならDNA修復に必要なタンパク質の発現を促進し，修復不能なら細胞のアポトーシスを誘導する．突然変異などによりp53の機能が損なわれている場合には，ゲノム異常が蓄積し，しばしば転移性がんがもたらされる．実際，ほとんどのがん細胞でp53によるDNA損傷シグナル伝達機構の不全がみられている．

電離線照射に伴うDNA損傷のシグナル伝達機構については，多くの実験と数理モデルによる解析が行われてきている．Lev Bar-Orらはγ線照射によってDNA損傷を与えたヒト乳がん細胞MCF-7（この細胞ではp53もMdm2も変異を受けてはいない）のp53とその負の制御因子であるMdm2の核内濃度の時間変化を計測し，それらの減衰振動現象を観測している[203]．Lev Bar-Orらの実験は細胞集団を対象とした計測実験であったが，LahavらはMCF-7の単一細胞についてDNA損傷に伴うp53とMdm2の持続的な振動現象（5〜6時間間隔のパルス状の振動）を16時間にわたり観測している[204]．また，Geva-ZatorskyらもMCF-7の単一細胞について30〜70時間にわたる観測を行い，持続的な振動現象を観測している[205]．

MCF-7細胞を用いたこれら一連の研究により，DNA損傷に伴うp53やMdm2の核-細胞質シャトリング（nucleo-cytoplasmic shuttling），あるいはp53やMdm2の核内濃度の振動現象について，以下の知見が得られている．

① 細胞集団の実験では強度5 Gy（Grays）のγ線照射後2〜3時間で細胞内p53濃度は最初のピークを迎え，2番目のピークは照射後6〜7時間後にみられる．その振動現象は減衰振動である[203]．Mdm2はp53から2時間遅れで同じ減衰振動を示す．低い強度のγ線照射では振動現象はみられない．

② 単一細胞の実験では強度5 Gyのγ線照射後，核内のp53濃度は$6±4$時間（平均±標準偏差）という広い幅で最初のピークを迎える．その後，持続的なパルス状の振動現象がみられる．そのピーク間の時間間隔は$440±100$分と比較的一定しているが，そのパルスの高さは細胞間で大きく異なり，3倍ほどの違いがみられる．Mdm2の核内濃度もp53に対して約100分の遅れで，同じ振動現象を示す[204]．

③ 単一細胞でみられる持続的なパルス状の振動は30〜70時間にわたり持続する．細胞分裂後の2つの娘細胞はしばらく同じ位相で振動現象を示す．ただ，その同期現象は平均11時間後には崩れだす．多くの細胞（強度10 Gyのγ線照射の場合，40％の細胞）で持続的な振動ではない応答（不規則な揺動や非応答など）がみられる[205]．

④ 単一細胞では時間の経過につれ，振幅の大きなゆれ（ピーク間で70％ほど

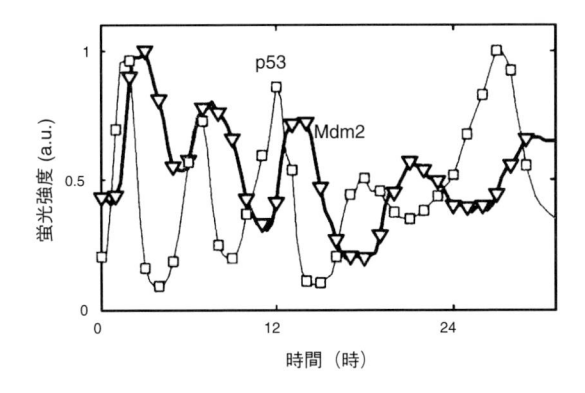

図 3.15　γ線照射後の核内 p53/Mdm2 濃度の振動

MCF-7 細胞に強度 5 Gy の γ 線を照射したのち，蛍光標識された p53 および Mdm2 の核内蛍光強度を示す．振動周期に比べ，振幅は大きく変動しており，この変動を Geva-Zatorsky らは確率過程としてモデル化している．［文献 205 より許可を得て転載］

のゆれ）がみられ，さらに γ 線照射をしない細胞でも不規則な揺動がみられる．このことはゆらぎの重要性を示唆している．一方，振幅に比べ振動周期は比較的安定しており，ゆれ（変動幅）は 20 ％ほどである（**図 3.15**）．

このような γ 線照射による DNA 損傷後の p53 や Mdm2 濃度の持続的な振動現象の分子機構については，p53 と Mdm2 の負のフィードバック機構を基本骨格にしつつも，多くのモデルが提案されている．Lev Bar-Or らは細胞集団でみた減衰振動の機構として，**図 3.16** に示すモデルを提案している．

図 3.16 では，γ 線照射により転写制御因子 p53 の転写活性が高まり，多くの遺伝子の発現が促進されるが，その標的遺伝子の 1 つである Mdm2 が p53 の分解を促進するという負のフィードバックループがモデル化されている．Lev Bar-Or らのモデルはきわめて簡潔であり，p53 と Mdm2 の細胞質/核への局在は考慮されておらず，また DNA 損傷シグナルを p53 に伝える ATM などの分子種を含んではいないが [206]，細胞集団にみられる γ 線照射に伴う減衰振動を正しく説明している．その前提となる分子機構は，負のフィードバックループとともに，仮想的分子 I によってもたらされる p53 の活性化と Mdm2 誘導とのあいだの時間遅れである．なお，負のフィードバックループ（p53 → Mdm2 ⊣ p53）からなる Lev Bar-Or らのモデルの骨格を維持しつつ，核と細胞質のコンパート

$$\frac{dp53}{dt} = source_{p53} - p53(t) \times Mdm2(t) \times degradation(t) - d_{p53} \times p53(t)$$

$$\frac{dMdm2}{dt} = p1 + p2_{max} \frac{I(t)^n}{K_m^n + I(t)^n} - d_{Mdm2} \times Mdm2(t)$$

$$\frac{dI}{dt} = activity(t) \times p53(t) - k_{delay} \times I(t)$$

図 3.16　p53/Mdm2 ネットワークの Lev Bar-Or モデル

(a) は p53 による Mdm2 の活性化と，Mdm2 による p53 活性の阻害を基本構造としたモデルを示す．仮想的な分子 I は，p53 の活性化と Mdm2 誘導とのあいだの時間遅れを説明するために導入されている．(b) は (a) の数式表現を示している．(b) に示す p53 の右辺第 1 項は p53 の合成速度を，第 2 項は Mdm2 による p53 の分解速度を，第 3 項は p53 の自己分解速度を示している．第 2 項の *degradation(t)* は，パルス的に与えられる γ 線照射により生じた DSB が細胞の DNA 損傷修復機能により修復される効果を示している．Mdm2 の右辺第 1 項は Mdm2 の合成速度を，第 2 項は仮想的分子 I に制御された Mdm2 の転写・翻訳速度を，第 3 項は Mdm2 の自己分解速度を示している．仮想的分子 I の右辺第 1 項は p53 に制御された転写・翻訳速度を，第 2 項は自己分解速度を示している．第 1 項の *activity(t)* には DNA 損傷修復効果とともに Mdm2 による阻害効果も含められている．

メント化や DNA 損傷シグナル伝達機構の組み込みなどのモデル拡張も多く試みられている [207-209]．

　Lev Bar-Or らの細胞集団に対するモデルに対して，Geva-Zatorsky らは，同じく p53/Mdm2 の負のフィードバックループを基本骨格としつつ，単一細胞に対する p53/Mdm2 ネットワークのモデルを提案している（**図 3.17**）．そこでは転写・翻訳過程が確率過程としてモデル化されており，そのためノイズ項 ξ が加法性ノイズ（信号 f に対してノイズ ξ が $f+\xi$ と付加される）や乗法性ノイズ（信号 f に対してノイズ ξ が $f \cdot \xi$ と付加される）としてモデル式に付加されている．

　図 3.17 のモデル A では，Mdm2 から p53 への負のフィードバックがミカエリス-メンテン式で表現されている．モデル B では p53 の生成が自触媒的に進行しており，モデル C では p53 の生成速度は ATM をモデル化した仮想的分子 S のシグモイド関数で表現されている．また，モデル A と B では p53 の活性化から

3.3 細胞の情報伝達

(a) モデル A

$$\frac{dp53}{dt} = b_{p53}\xi - a_{p53}p53 - a_k Mdm2 \frac{p53}{p53+k}$$

$$\frac{dmdm2}{dt} = b_{Mdm2}p53 \times \xi - a_{mdm2}mdm2$$

$$\frac{dMdm2}{dt} = a_{mdm2}mdm2 - a_{Mdm2}Mdm2$$

(b) モデル B

$$\frac{dp53}{dt} = \Gamma \times p53 \times \xi - a_{p53Mdm2}p53 \times Mdm2$$

$$\frac{dmdm2}{dt} = b_{Mdm2}\xi \times p53 - a_{mdm2}mdm2$$

$$\frac{dMdm2}{dt} = a_{mdm2}mdm2 - a_{Mdm2}Mdm2$$

(c) モデル C

$$\frac{dS}{dt} = b_S - a_S Mdm2 \times S$$

$$\frac{dp53}{dt} = b_{p53}\xi \frac{S^n}{1+S^n} - a_{p53Mdm2}p53 \times Mdm2$$

$$\frac{dMdm2}{dt} = b_{Mdm2}\xi \times p53(t-\tau) - a_{Mdm2}Mdm2$$

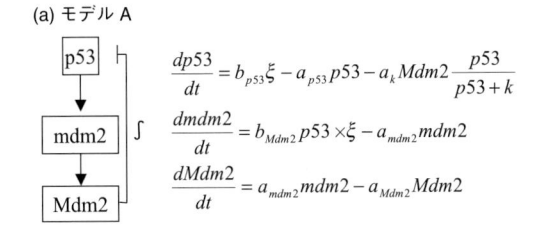

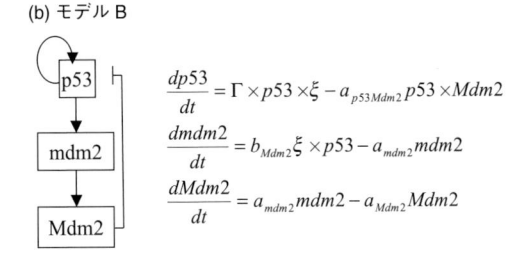

図 3.17　p53/Mdm2 ネットワークの Geva-Zatorsky モデル

p53 と Mdm2 はそれぞれ核内の濃度，mdm2 は Mdm2 の前駆体（例：mRNA）を示している．mdm2 はフィードバックループに時間遅れをもたらすために導入されている．S は DNA 損傷シグナルを p53 に伝える分子であり，たとえば ATM とされる．ξ はネットワークに付加されるノイズである．ξ＝1 とすると，各モデルは通常の微分方程式モデルとなる．その場合にも各モデルは持続的な振動，あるいはゆるやかな減衰振動を示す．τ は時間遅れを直截的に導入するパラメータである．

Mdm2 生成にいたる時間遅れを前駆体 mdm2 の導入により実現しているが，モデル C では時間遅れ項 $p53(t-\tau)$ を導入することにより時間遅れを直接的に表現している．図 3.15 に示されるように Geva-Zatorsky らの実験結果によると，p53 や Mdm2 の濃度の時間変化にゆらぎがみられるが，そのゆらぎをモデル化するために各モデルにはノイズ ξ が p53，mdm2，Mdm2 の速度式に加法性ある

いは乗法性ノイズとして挿入されている．

Geva-Zatorskyらのシミュレーション結果によると，図3.17に示すモデル式の分解項にノイズξを挿入した場合には，振幅だけでなく振動周期も大きくゆらぎ，実験と矛盾した結果となる．一方，図3.17に示すモデルのように生成項にのみノイズξを挿入した場合には，振動周期のゆらぎは少なく，振幅のみに大きなゆらぎが生じ，実験と整合した結果が得られている．このことからGeva-Zatorskyらは，図3.15の実験結果に現れている確率的性質はp53，mdm2およびMdm2の生成速度の確率的性質によっていると結論づけている．また，モデルA，B，Cのあいだでは，モデルAとモデルBではp53の振幅とMdm2の振幅のあいだに高い相関がみられ，実験結果と整合的ではないが，モデルCではそれら2つの振幅のあいだの相関は低く，実験結果と整合的であるとされる．ただし，モデルCに挿入されている時間遅れ項$p53(t-\tau)$は数学的に振動解を得る手段ではあるが，生物学的・化学的にいかなる分子機構でその時間遅れが実現されているかは明らかではない．

Lev Bar-OrらもGeva-Zatorskyらも指摘しているように，「細胞にとって持続的な振動の機能は何か」も残された大きな課題である．Lev Bar-Orらは「細胞はパルスの数を数えている」との仮説を立てている．パルスの数が少ないあいだは細胞周期の進行を止め，DNA損傷が修復されるのを待つ，一方，パルスの数がある閾値をこえると細胞はアポトーシスへの道を歩み始める．この仮説への解答はいまだないが[210]，システム生物学からはp53/Mdm2ネットワークとともに細胞周期およびアポトーシスの反応ネットワークを一体としてモデル化し，解析することにより得られると考えられ，IwamotoらはDNA損傷シグナルに伴うp53/Mdm2の振動現象が細胞周期のG1/S期の進行遅れに与える影響を解析している[211]．

3.3.3　NF-κBシグナル伝達系

NF-κBは炎症，細胞の増殖，分化，アポトーシスなど生命の多様な機能を担う転写制御因子である．サイトカインや成長因子，DNA損傷などの刺激を受け，活性化し，数百の遺伝子の転写を制御しているとされる．NF-κBは機能的に二面性をもっている[212]．一方で細胞死をもたらすアポトーシス関連遺伝

子を制御し，他方で細胞の生存に関連する遺伝子を制御しており，それら相反する機能がいかなる制御機構によって実現されているのかはいまだ解明されておらず，NF-κB シグナル伝達系の反応機構の詳細な解明が待たれている．

Hoffmann らは，ヒト T 細胞や単球，マウスの線維芽細胞を腫瘍細胞壊死因子 TNFα で刺激し，細胞内での NF-κB の動的挙動を解析している [213]．Hoffmann らが解析した NF-κB シグナル伝達系の概略を図 3.18 A に示す．NF-κB シグナル伝達系を活性化する細胞外シグナルの収束点は IκB キナーゼ（IKK）であるとされる．TNFα 刺激を受けていない細胞においては，大部分の NF-κB は細胞質に存在し，IκB（Hoffmann らは IκBα, -β, -ε の 3 種のアイソフォームを考察している）と複合体を形成している．その状態では NF-κB は細胞質に捕捉されているため転写活性機能はほとんどはたらいていない．TNFα 刺激により活性化された IKK は NF-κB と複合体を形成している IκB をリン酸化し，プロテアソーム分解経路に導く．その結果，IκB から解離した NF-κB は核内に移行し，多くの標的遺伝子の転写を活性化する．その 1 つに IκBα がある（ほかの 2 つのアイソフォームの転写は NF-κB の制御下にはなく，定常的に転写されている．以下，とくにアイソフォームを区別して述べないかぎり IκB は IκBα を示す）．転写された IκB の mRNA は細胞質に移行し，タンパク質 IκB が翻訳される．細胞質の IκB は核内に移行し，NF-κB と複合体を形成し，NF-κB の細胞質への移行をうながす．この結果，NF-κB の転写活性機構は阻害されることになる．このように NF-κB と IκB は負のフィードバックループを構成しており，Hoffmann らが電気泳動移動度シフト測定法を用いて核内の NF-κB 濃度の時間変化を計測した結果によると，TNFα による一時的刺激では NF-κB の一過性の過渡応答（一過的な核内 NF-κB 濃度の増加）がみられるのみであるが，TNFα による持続的な刺激を加えると，長期間にわたる減衰振動（NF-κB の核-細胞質シャトリング）が観測されている．TNFα によるマウス線維芽細胞の持続的刺激の場合，刺激後 5 分以内で核内に NF-κB が観測され，30 分で最高濃度を示す．その後 IκB 濃度の増加に伴い核内の NF-κB 濃度は減少し始め，刺激後約 60 分で最低濃度を，そして刺激 2 時間後に再度 NF-κB の核内濃度は最高値を示す．6 時間にわたる観測結果によると，核内の NF-κB 濃度の振動周期は 90～120 分であった．また，彼らはノックアウトマウスを用いた実験を行っている

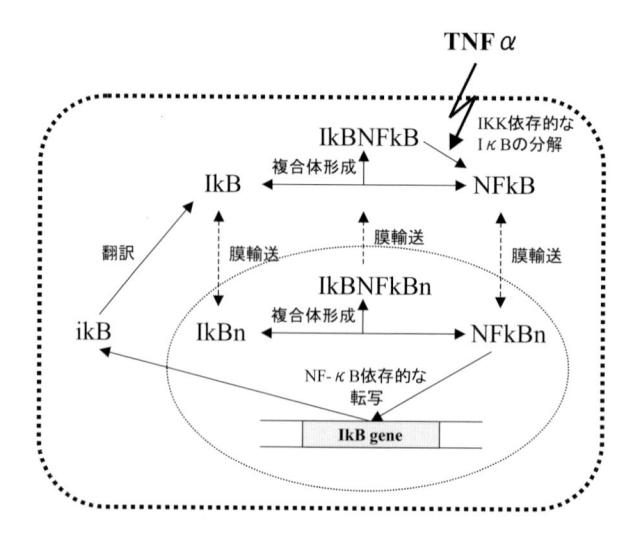

図 3.18 A　NF-κB シグナル伝達系の主要な過程

NF-κB シグナル伝達系の主要な関与分子である細胞質と核内の IκB，NF-κB，IκB-NF-κB 複合体（核内の分子種には記号 n を付記している）および IκB の mRNA（記号 ikB で表示．細胞質と核内を区別してはいない）の 7 種の分子からなる模式的なモデルを示している．

が，その結果によると，IκB のアイソフォームのうち IκBα が振動現象を担っており，IkBβ および IκBε は振動現象の減衰効果を強める役割を担っている．

　Hoffmann らは電気泳動移動度シフト測定法を用いて得られた実験結果を解析するため，NF-κB シグナル伝達系の反応機構をモデル化している（**図 3.18 B**）．このモデルでは TNFα による刺激は活性化された IKK 濃度の添加（$0.1\,\mu M$ の添加）として表現されている．また，細胞内の全 NF-κB 濃度は $0.1\,\mu M$ と一定とされ，NF-κB は IKK や IκB と複合体を形成し，細胞質-核内間のシャトリングにより動的に分散分布している．**図 3.19** に IκB のアイソフォームのうち IκBα のみが存在する条件下で行ったモデルシミュレーションの結果を示す．細胞内 NF-κB のうち大部分は核内の NF-κB（図 3.19 では NFkBn と表示されている）か細胞質内での IκB–NF-κB 複合体（IkBNFkB）で占められており，この 2 つの分子種間をシャトリングしていることがわかる．核内の NF-κB 濃度は TNFα 刺激後 20 分で最大値をとり，その後 95 分から 110 分の周期で振動している．この値はマウス線維芽細胞を用いた実験結果とよい一致を示している．

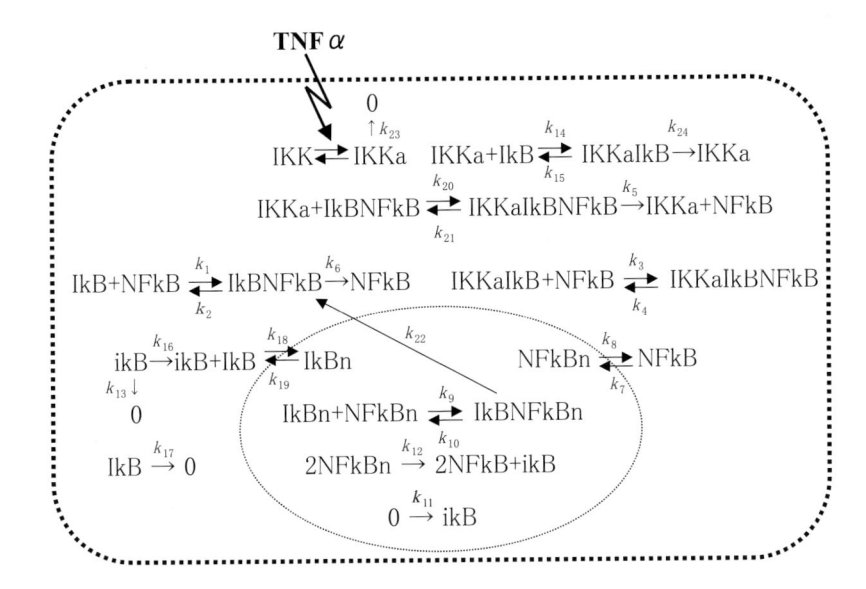

図 3.18 B　Hoffmann らによる NF-κB シグナル伝達系のモデル

図 3.18 A を詳細化した Hoffmann らによる NF-κB シグナル伝達系のモデルを示す．TNFα による刺激は IKK の活性化をもたらすが，Hoffmann らのモデル式では IKK $\rightleftharpoons$ IKKa の反応過程は表現されておらず，ある時点で活性化された IKK (IKKa) を系に添加することで TNFα 刺激をモデル化している．個々の反応過程は素過程と仮定してモデル化されており，速度定数を k とすると，$0 \to Z$ なる生成過程では $dZ/dt = k$，$X \to Z$ なる反応過程では $dZ/dt = kX$，$X + Y \to Z$ なる反応過程では $dZ/dt = kXY$，$Z \to 0$ なる分解過程では $dZ/dt = -kZ$ と速度式が立てられている．図には個々の反応過程の速度定数が k_i と記載されている．速度定数 k_i の値は Hoffmann ら [213] によって定められている．Hoffmann らは NF-κB 依存的な IκB の mRNA の転写過程を 2 次反応としてモデル化しており，反応式は 2NF-κB $\to$ 2NF-κB+iκB となる．この反応により NF-κB は消失しないため，2NF-κB が反応式の両辺に現れている．この反応過程での速度式は $d[\mathrm{i}\kappa\mathrm{B}]/dt = k_{12}[\mathrm{NF}\text{-}\kappa\mathrm{B}][\mathrm{NF}\text{-}\kappa\mathrm{B}]$ となる．また，$0 \to \mathrm{i}\kappa\mathrm{B}$ は NF-κB に依存しない転写過程を示している．

このモデルでは時刻 0 に添加された活性型 IKK（図 3.18 B に示す IKKa）は反応式 IKKa $\to$ 0（速度定数 $k_{23} = 0.0072\,\mathrm{min}^{-1}$）に従い消失しており，図 3.19 にみられる減衰振動はほぼ 25 時間で消滅し，初期の定常状態に向かって回帰していく．

Hoffmann らは TNFα による一過的な刺激と持続的な刺激が NF-κB シグナル伝達系の機能（各種遺伝子の転写制御機能）に与える影響，とくに長期にわた

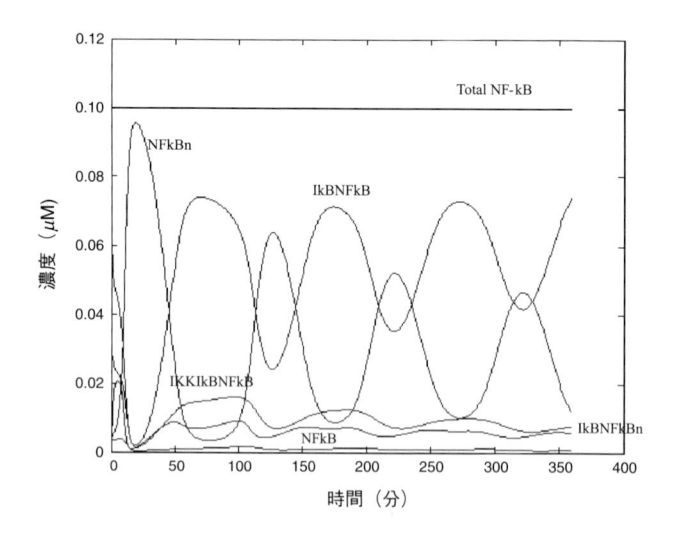

図 3.19 Hoffmann らのモデルによる NF-κB シグナル伝達系のシミュレーション

Hoffmann らのモデルでは図 3.18 B にもみられるように，NF-κB の生成や分解の過程は含まれておらず，細胞内の全 NF-κB 濃度は一定である．NF-κB の初期濃度を $0.1\,\mu$M としてモデルシミュレーションを 3,000 分間行い，その時点での状態を時刻 0 での初期定常状態としている．図では，活性化された IKK を時刻 0 に $0.1\,\mu$M 添加し，その後 360 分間の NF-κB およびその複合体の時間変化を示している．反応開始直後は初期定常状態から減衰振動状態への遷移期にある．なお，ここでは図示されていないが，分子種 IκB ごとの濃度についてみると，細胞質内の遊離 IκB が大半を占めており，かつ複合体 IkBNFkB と同様の振動を示している．50 分から 360 分にかけての細胞質内の遊離 IκB の濃度幅は $0.2\sim 0.5\,\mu$M であり，実験結果と異なり高い濃度を維持している．O'Dea ら [217] は遊離 IκB 濃度の補正を行うため，図 3.18 B の反応過程 IkBNFkB → NFkB (反応速度 k_6) と IkB → 0 (反応速度 k_{17}) の 2 つの IκB 分解過程の速度定数を調整し，遊離 IκB の分解速度を速める一方，NF-κB が IκB に結合した場合には IκB の分解はきわめて起こりにくいとしている．

る振動現象の転写制御機能への影響を解析している．その解析によると，たとえば一過的な刺激では発現がみられないケモカイン遺伝子 RANTES は，持続的刺激により NF-κB の減衰振動が観測される場合には発現がみられるとの報告もあるが [213]，逆にその差異はみられないとの報告もあり [214]，一意的な結果は得られていない．一方，Nelson らは時間差イメージング技術を用いた単一細胞での NF-κB シグナル伝達系の減衰振動を解析し，持続的な振動は一過的なパルス印加に比べ，NF-κB が転写制御する遺伝子の発現効率を高めることを示す

とともに，振動は異なったプロモーター領域をもつ遺伝子の発現制御に多様性をもたらすことを示唆している [215]．しかしながら，TNFα刺激が存在するかぎりNF-κBが核内に滞在し，刺激に応答した転写制御を行う機構に比べ，細胞質-核内間でシャトリングする機構は明らかに浪費的であり，その意義の詳細な解明が求められている [216]．

Ihekwabaらは3種類のアイソフォームIκBα, -β, -εを含むHoffmannらのモデルのすべての速度定数を変動させ，TNFα刺激に伴う核内のNF-κB濃度の振動の，周期や振幅，ピーク時間に与える感度解析を行っている [218]．その結果によると，IKK依存的なIκBαの分解過程（図3.18 Bの速度定数 k_{14}, k_{24} と k_{20}, k_5），NF-κB依存的なIκBαの転写過程（k_{12}），IκBαの翻訳過程（k_{16}），IκBαのmRNAとIKKの自己分解過程（k_{13} と k_{23}），およびIκBαの核内移行過程（k_{18}）が感度の高い速度定数とされている．Ihekwabaらの結果は，感度の高い反応過程はすべてアイソフォームのうちIκBαが関与する反応過程であることを示している．図3.18 Bに示されるHoffmannらのモデルでは，細胞質-核内輸送に関して3つの膜輸送反応 NFkB ⇌ NFkBn，IkB ⇌ IkBn，IkBNFkBn → IkBNFkB（5つの反応素過程）がモデル化されている．いま，これら5つの反応素過程の速度定数を10％増加させた場合の核内NF-κB濃度の減衰振動パターンを**図3.20**に示す．図3.19に示すNFkBnのグラフを実線で，そこから5つの速度定数を変化させたグラフを点線で示しているが，IκBの核内移行過程とNF-κBの核内移行過程の速度定数を変動させた場合を除き，減衰振動パターンに大きな変化はみられていない．このことは3つの反応素過程 NFkBn → NFkB，IkBn → IkB，IkBNFkBn → IkBNFkB の速度定数の変動に対して減衰振動パターン（NF-κBシグナル伝達系が示す1つの機能）は頑健であることを示している．IκBの核内移行過程 IkB → IkBn の速度定数の変動が減衰振動パターンにもっとも大きな影響を与えており，変動の結果，ピーク位置は早まり，振幅は低くなっている．NF-κBの核内移行過程 NFkB → NFkBn の速度定数の変動はピーク位置を遅らせるが，その影響は小さい．

HoffmannらのNF-κBシグナル伝達系のモデルはNelsonらによる単一細胞でのシグナル伝達系の解析においてもその有効性が確認されているが，同時に改良点の指摘もなされている．1つにはNF-κB依存的なIκBのmRNA（iκB）の

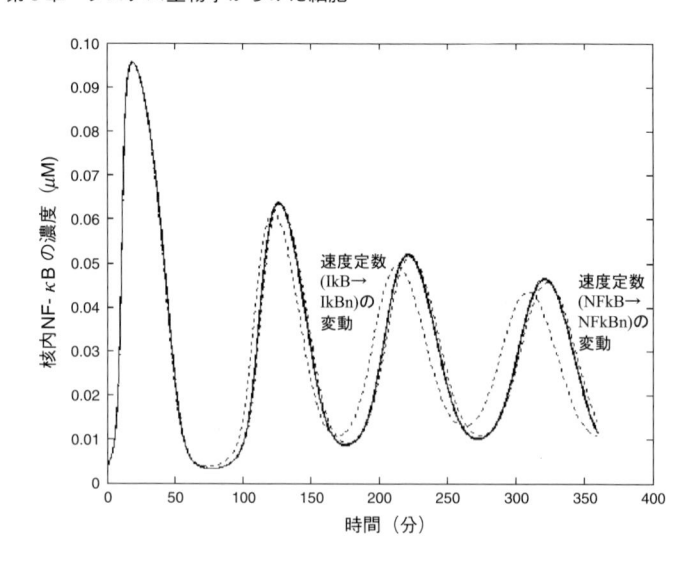

図 3.20 NF-κB シグナル伝達系の感度解析

実線は図 3.19 に示す核内 NF-κB 濃度の減衰振動を再掲している．点線は個々の速度定数（図 3.18 B の k_7, k_8, k_{18}, k_{19}, k_{22}）を 10％増加させた場合のシミュレーション結果を示す．初期状態は図 3.19 と同じ初期状態を用いている．どの速度定数を変動させた場合でも TNFα 刺激後の最初のピークのパターンに変化はほとんどみられない．3 つの反応素過程 NFkBn → NFkB, IkBn → IkB, IkBNFkBn → IkBNFkB の速度定数を変動させた結果は実線と重なっているため，図中にはそれらタイムコースは記載されていない．なお，図 3.19 と同じく，IκBβ と ε がノックアウトされた細胞をシミュレートしている．

転写過程についてである．Barken ら [214] の指摘にもあるように，転写過程が NF-κB の 2 次反応としてモデル化されている場合，減衰振動のパターンは細胞内の NF-κB の濃度に大きく依存し，たとえば図 3.19 のシミュレーションに用いられている NF-κB 濃度 0.1 μM を 2 倍の 0.2 μM にした場合，減衰振動の周期は 2 倍程度長くなる．Nelson らは単一細胞での実験結果と整合性を保つためには，NF-κB 依存的な IκB 遺伝子の転写過程は NF-κB の 1 次反応としてモデル化される必要があり，そのためには Hoffmann らのモデルのうち転写過程 2NF-κB → 2NF-κB+iκB（速度定数 k_{12}）のみを 1 次反応過程 NF-κB → NF-κB+iκB に変更し，速度定数 k_{12} を 0.99 μM^{-1}min^{-1} から 0.0582 min^{-1} に変更するのみであるとしている [215]．この結果，振動周期の NF-κB 濃度への依存性は小さくなる．ただ，この振動周期の NF-κB 濃度依存性については Hoffmann らと Nelson らと

では異なった評価がされており，NF-κB依存的なIκB遺伝子の転写過程をいかにモデル化するかに一義的な解はない [214, 216].

Lipniackiらは Hoffmannらのモデルにある膜輸送過程の速度定数が細胞質と核の体積に依存する点を正しく反映できていないと指摘している [219]．いま，化学種Sが細胞質と核に存在し，膜輸送反応 $S_c \rightleftharpoons S_n$ で相互移行しているとする．S_c と S_n をそれぞれ細胞質内と核内での化学種Sの濃度（例：μmol/L=μM），V_c と V_n を細胞質と核の体積とする．Hoffmannらは膜輸送反応を1次反応でモデル化しているため，膜輸送反応のみを考慮した場合，S_c と S_n の反応速度式は

$$\frac{dS_c}{dt} = -k_c S_c + k_n S_n$$
$$\frac{dS_n}{dt} = -h_n S_n + h_c S_c$$
(3.8)

となる．化学種Sの全質量（あるいはモル数）は膜輸送過程によっては変化せず，質量保存則

$$V_c \frac{dS_c}{dt} + V_n \frac{dS_n}{dt} = 0 \tag{3.9}$$

が成立している．式 (3.8) と (3.9) から速度定数 k_c, k_n, h_c, h_n のあいだには

$$h_c = \frac{V_c}{V_n} k_c \equiv V_r k_c$$
$$h_n = \frac{V_c}{V_n} k_n \equiv V_r k_n$$
(3.10)

なる拘束条件が成立している．Lipniackiらは平均的な線維芽細胞の体積は 2×10^{-12} L であり，$V_r = 5$ であるとしている．Hoffmannらは明示的にはコンパートメント間の膜輸送に伴う質量保存則を考慮していないが，その場合には暗黙のうちに $V_r = 1$ を仮定していると考えられる．

3.4 細胞周期

細胞周期は細胞が成長し，2つの娘細胞に分裂していく一連の過程である．この過程において遺伝情報が正しく伝達されるためにきわめて精巧な分子機構が構築されている．

細胞周期は細胞の形態学的な観察から4つの時期，G1→S→G2→M期に分けられる．G1期において増殖刺激を受けることにより細胞周期は起動され，次のS期でDNA合成や染色体複製が進む．そしてG2期を経て，M期で2つの娘細胞への分裂が生じる．これら4つの時期の進行はおもにサイクリンによって調節されているが，ヒト細胞周期の詳細な分子機構はいまだ不明な点が多い．ここでは，ヒト細胞周期の数理モデルを構築しているNovakら[220]やFaureら[221]の細胞周期調節モデルに従い，分子機構の概要を述べる（図3.21）．G1期における増殖刺激によりまずサイクリンDが合成され，サイクリンDはサイクリン依存性キナーゼCDK4あるいはCDK6と結合し，複合体を形成する．複合体形成後CDK4/6は活性化される．活性化したサイクリンD-CDK4/6複合体はRbタンパク質をリン酸化するとともに，CDKインヒビターであるp27の機能を抑制する．サイクリンDはS期になるとユビキチン依存性の分解を受ける．Rbがリン酸化されることにより転写因子E2FはRb-E2F複合体から解離し，解離したE2FはサイクリンEやサイクリンAなどのS期進行に必要な遺伝子群の発現を誘導する．発現誘導されたサイクリンEはCDK2と複合体を形成し，Rb機能を抑制することによりさらにS期への移行を促進する．S期に入るとサイクリンEはユビキチン依存性の分解を受ける．このように，CDKによるRbタンパク質のリン酸化による不活性化がG1期からS期への移行の鍵となっており，QuらはG1期からS期への移行に焦点を当て，Rbタンパク質のリン酸化の過程を詳細に記載したモデルを構築している[222]．

　S期においてサイクリンAはサイクリンA-CDK2複合体を形成し，Rbのリン酸化を促進するとともに，サイクリンなど多数の細胞周期調節因子の分解に関与する後期促進複合体/サイクロソーム（anaphase-promoting complex/cyclosome；APC/C）の活性化因子であるCdh1を不活性化する．その結果，サイクリンBが増加し，M期が進行する．サイクリンBはAPC/C活性化因子Cdc20を活性化させ，Cdc20による自己分解をもたらすとともに，間接的にサイクリンAの分解を速める．このようにAPC/C活性化因子Cdh1とCdc20がS期からM期にかけての細胞周期の進行を制御している．Novakらによると，サイクリンB-CDK1複合体によるCdh1の活性阻害と，Cdh1によるサイクリンB-CDK1複合体の分解促進という相互拮抗関係が，G1期におけるサイクリンBの低い活性状態と，

3.4 細胞周期

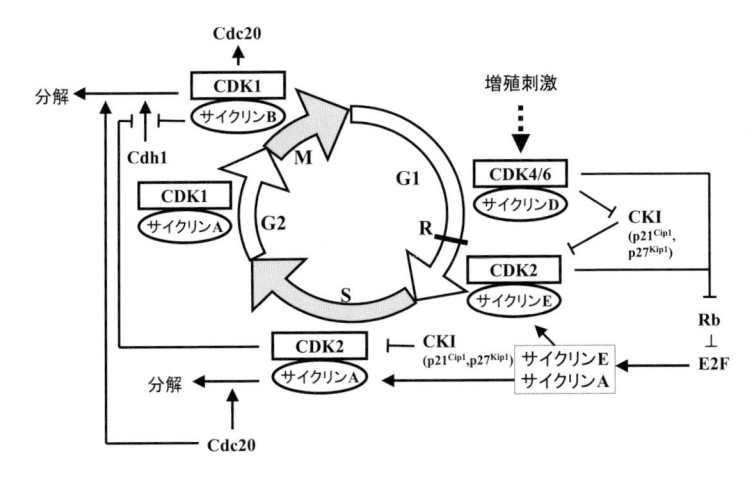

図3.21 Novakらによるヒト細胞周期の調節モデル

細胞周期の4つの時期G1，S，G2，M期とその調節因子を示す．4つの時期以外にG0期がある．M期を終了しG1期の早い段階にある細胞は増殖因子の除去などにより，休止状態であるG0期に入る．そして細胞増殖刺激により再びG0期からG1期への復帰がみられる．G1期のある時点R（restriction point）までは細胞増殖や増殖抑制といった細胞外シグナルに応答するが，R点以降は，刺激にかかわらず細胞周期は進行する．4つの時期の時間進行はおもにサイクリンとサイクリン依存性キナーゼCDKによって制御されているが，関与する分子群は図に示す以外にも多くあり，その詳細な分子機構は明らかではない．CDKの細胞内濃度は細胞周期のあいだほぼ一定であり，サイクリンと複合体を形成することにより活性化し，その機能を発揮する．さらにCDK濃度はサイクリンに比べ過剰であるため，多くの反応モデルではCDKが省略され，サイクリンおよびサイクリン-CDK複合体の挙動がモデル化されている．なお，G1/S/G2/M期は形態学的な観察から区分されているため，生化学的な反応機構との正確な対応はない．NovakらはG1期を中心にモデル化しており，たとえばG2期通過の機能を果たすサイクリンA-CDK1複合体はモデルには取り入れられていない．

S/G2/M期におけるサイクリンBの高い活性状態という2つの安定な定常状態をもたらしている．

Novakらは図3.21をさらに詳細化したヒト細胞周期調節モデルの数理モデル化を18次元の常微分方程式と4つの代数方程式で行っている．18の常微分方程式のうち2つは増殖因子刺激からMAPキナーゼカスケードを介してサイクリンDの生成にいたる仮想的な反応機構に対応し，増殖刺激に応答する初期応答遺伝子と遅延応答遺伝子の2つをモデル化しており，細胞周期の起動役を果たしている．また，2つはサイクリンBによるCdc20の活性化の分子機構を取

り入れるための仮想的な反応機構である．さらに，タンパク質合成に必要な分子生成と細胞重量成長のために2つの微分方程式があてられている．Novakらは Cdh1 の濃度がある閾値をこえる時点で細胞分裂が起こるとし，その時点で細胞重量を1/2にしている．残りの12の微分方程式でサイクリンD，サイクリンE，サイクリンA，サイクリンBおよびp27，E2F，Cdh1，Cdc20の動的挙動がモデル化されている．増殖因子による刺激を受け，指数関数的に増殖している細胞のシミュレーション結果を図3.22に示す．$t=0$の時点からG1期が始まる．その時点ではサイクリンE，A，Bはほとんど存在せず，増殖刺激により生成しているサイクリンD-Cdk4/6複合体がRbのリン酸化を行っている．その結果，Rbから解離したE2Fにより，サイクリンEがまず増加しはじめる．約3時間経過後，サイクリンD-Cdk4/6複合体とサイクリンE-CDK2複合体によるRbのリン酸化が閾値をこえるとともに，サイクリンEの転写活性の正のフィードバックループが機能し，サイクリンE-CDK2複合体の生成が急速に増加する．その時点はp27の急速な減少と一致している．また同時にE2Fは活性化されており，サイクリンAは増加を始め，Cdh1の減少をもたらす．その後，サイクリンB-CDK1複合体が増加を始め，有糸分裂に入る．そして時間遅れをもって，Cdc20の増加によるM期からの離脱が可能となる．そして，新しい細胞周期が始まる．

　Faureらは図3.21に示すNovakらの細胞周期の調節モデルをもとに，個々の分子が「0：存在していない」，「1：存在している」の2値のみをもつブール関数モデルを提出している．Novakらは図3.21を常微分方程式系でモデル化しているが，Faureらによると，Novakらのモデル化方法は拡張性に乏しく，ほかの多くの細胞周期調節因子を組み込むことは困難であるとしている．表3.1にFaureらが提案しているブール関数モデルを示す．CycDの行はCycD(t) = CycD$(t-1)$を意味している．この論理式から，初期条件を「細胞に増殖刺激が加えられている」，すなわちCycD$(t=0)=1$とすると，その後のあらゆる時刻tでCycD$(t)=1$となる．Rbの行は，時刻$t-1$において「すべてのサイクリン-CDK複合体，すなわちCycD，CycE，CycA，CycBが存在しない」か，「CycDとCycBが存在せず，p27が存在する」場合にのみRb$(t)=1$であることを示している．CycEの行は，Rbが存在しない場合，E2FはサイクリンEの転写を促進することを示し

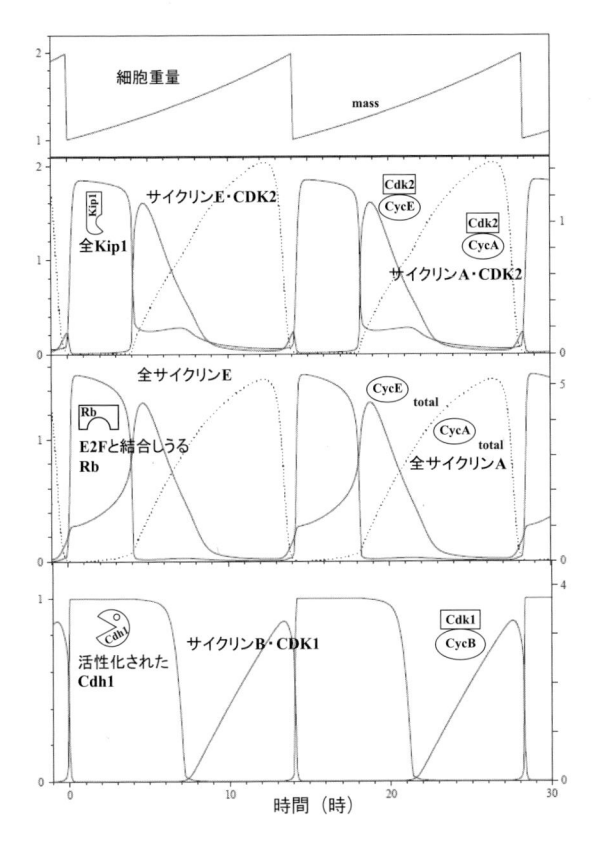

図 3.22 Novak-Tyson モデルによる細胞周期のシミュレーション
[文献 220 より許可を得て転載]

ており，Cdc20 の行は，サイクリン B-CDK1 複合体が Cdc20 の転写を促進していることを示している．Faure らは，Novak らのモデルを拡張し，ユビキチン付加酵素 E2 である UbcH10 をモデルに導入している．そして，UbcH10 の関与する Cdh1 依存性のサイクリン A 分解経路が考慮されている．このことから，表 3.1 の CycA の行に，$\neg(\text{Cdh1} \wedge \text{Ubc})$ なる論理式が挿入されている．

表 3.1 に示す Faure らのモデルのシミュレーション結果を図 3.23 に示す．初期条件は「CycD のみ存在し，ほかのすべての分子種は存在しない」とした．$t=1$ にいたる 3 つの時点は遷移相を示し，$t=1$ から $t=7$ までが 1 つの細胞周期に対応している．時刻 $t=8$ からは細胞周期のくり返しが始まり，その後こ

表 3.1 Faure らのブール関数による細胞周期のモデル

分子種	分子種を活性化に導く論理式
CycD	CycD
Rb	$(\neg \text{CycD} \wedge \neg \text{CycE} \wedge \neg \text{CycA} \wedge \neg \text{CycB}) \vee (\text{p27} \wedge \neg \text{CycD} \wedge \neg \text{CycB})$
E2F	$(\neg \text{Rb} \wedge \neg \text{CycA} \wedge \neg \text{CycB}) \vee (\text{p27} \wedge \neg \text{Rb} \wedge \neg \text{CycB})$
CycE	$(\text{E2F} \wedge \neg \text{Rb})$
CycA	$(\text{E2F} \wedge \neg \text{Rb} \wedge \neg \text{Cdc20} \wedge \neg (\text{Cdh1} \wedge \text{Ubc})) \vee (\text{CycA} \wedge \neg \text{Rb} \wedge \neg \text{Cdc20} \wedge \neg (\text{Cdh1} \wedge \text{Ubc}))$
p27	$(\neg \text{CycD} \wedge \neg \text{CycE} \wedge \neg \text{CycA} \wedge \neg \text{CycB}) \vee (\text{p27} \wedge \neg (\text{CycE} \wedge \text{CycA}) \wedge \neg \text{CycB} \wedge \neg \text{CycD})$
Cdc20	CycB
Cdh1	$(\neg \text{CycA} \wedge \neg \text{CycB}) \vee (\text{Cdc20}) \vee (\text{p27} \wedge \neg \text{CycB})$
Ubc	$(\neg \text{Cdh1}) \vee (\text{Cdh1} \wedge \text{Ubc} \wedge (\text{Cdc20} \vee \text{CycA} \vee \text{CycB}))$
CycB	$(\neg \text{Cdc20} \wedge \neg \text{Cdh1})$

表中の分子種を示す各変数は「0：存在していない」あるいは「1：存在している」のどちらかの値をもち，「分子種を活性化に導く論理式」の列は，ある時刻$t-1$での各分子種の存在状態の論理関数を示している．その関数値に従い，「分子種」の列にある各分子種の時刻tでの値が決められる．CycD の行は正確には$\text{CycD}(t) = \text{CycD}(t-1)$である．なお，Faure らは同期，非同期，混合の3種のブール関数モデルを用いた解析を行っているが，ここでは同期モデルのみを取り扱う．したがって，各分子種の時刻$t-1$の値を用いて「分子種を活性化に導く論理式」の列に示される論理式を計算し，「分子種」の列にあるすべての変数の時刻tでの値が一斉に求められる．ここで時刻$t-1$から時刻tへの単位時間の変化をみているが，ブール関数モデルでは単位時間の意味は人工的であり，現実との直接的な対応はない．
CycD：サイクリン D-CDK4/6 複合体，CycE：サイクリン E-CDK2 複合体，CycA：サイクリン A-CDK2 複合体，Ubc：UbcH10，CycB：サイクリン B-CDK1 複合体．$\neg$：否定記号，$\wedge$：AND 記号，$\vee$：OR 記号．

の細胞周期が無限にくり返される．$t=1$で E2F が現れ，細胞周期に必要とされる分子種の転写が始まる．そして$t=2$で CycE が，$t=3$で CycA が生成されている．1時刻のラグをもって CycB が現れ，$t=6$まで存在している．$t=7$では CycD と APC/C の活性化因子である Cdh1 と Cdc20，および UbcH10 のみが存在する状態となり，次の時刻から新しい細胞周期のくり返しが始まっている．図 3.23 では Rb は常に存在しない状態にあるが，一時的に存在したとしても，CycD が存在するかぎり，瞬時に存在しない状態に戻り，細胞周期のくり返しが始まる．このことは p27 についても同様である．

一方，初期条件を「増殖刺激がなく，CycD が存在しない」とすると，時間の経過とともに Rb と p27，Cdh1 のみが存在し，ほかの分子種は存在しない状態にたどり着く．Faure らによると，この状態は G0 期に対応している．この状態は漸近的に安定な平衡点であり，アトラクターとなっている．

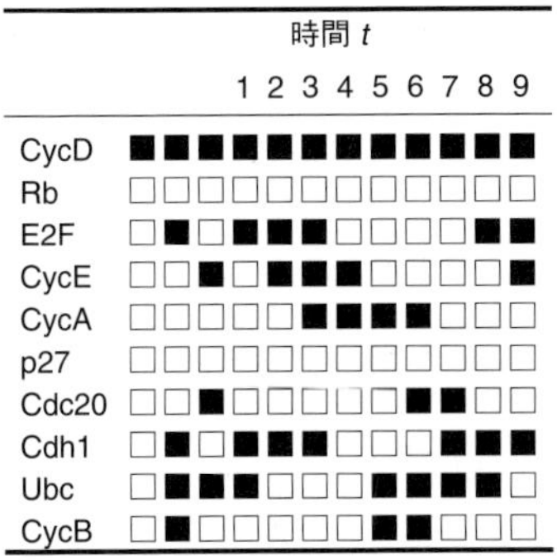

	時間 t								
	1	2	3	4	5	6	7	8	9
CycD	■	■	■	■	■	■	■	■	■
Rb	□	□	□	□	□	□	□	□	□
E2F	■	■	□	■	■	□	□	□	■
CycE	□	■	□	■	■	■	□	□	□
CycA	□	□	□	□	■	■	■	□	□
p27	□	□	□	□	□	□	□	□	□
Cdc20	□	■	□	□	□	□	□	■	□
Cdh1	■	□	■	■	■	□	□	■	■
Ubc	■	□	■	■	□	□	□	■	■
CycB	□	■	□	□	□	□	□	■	□

図 3.23 Faure らのブール関数モデルのシミュレーション結果

■は各分子種が存在している状態を，□は存在していない状態を示している．時刻1から7の周期軌道は漸近的に安定な閉軌道であり，アトラクターとなっている．

細胞周期の調節機構はきわめて複雑であり，図3.21に示したNovakらのモデルは簡略化しすぎているきらいはある．多くの細胞周期調節因子の寄与を解析するための精緻化は求められるが，Faureらのモデルも含め，Novakらのモデルが細胞周期の基本構造をモデル化している点は重要である．Novakらも述べているが，増殖因子以外にも細胞周期の制御に関連するシグナル伝達系は多くあり，それらを組み入れたモデルの構築も必要とされる．

Iwamotoらは，DNA損傷シグナルがp53/Mdm2ネットワークを介して細胞周期の進行を遅延させる効果のモデル化を行っている[211]．増殖刺激前の細胞は，Rbタンパク質がオンで，p21タンパク質がオフの状態にある．増殖刺激はサイクリンの生成によりRbをオフの状態に遷移させることにより細胞周期を起動する．一方，DNA損傷はp53/Mdm2ネットワークを介してp21の転写を促進し，p21によるサイクリン機能の抑制をもたらす．Iwamotoらが，G1/S期の細胞周期とLev Bar-Orらによるp53/Mdm2ネットワーク[203]とを統合したモデルを図3.24に示す．図中左上に増殖刺激に伴うサイクリンDの生成反応が示されている．この反応が細胞周期を起動する．図右上には，DNA損傷に伴いp53とMdm2が減衰振動を示すLev Bar-Orらの分子機構がモデル化されている．その両者の結節点が図右上のp21によるサイクリンE-CDK2複合体およびサイクリンA-CDK2複合体の機能抑制にある．図下方にあるE2Fはサイクリン

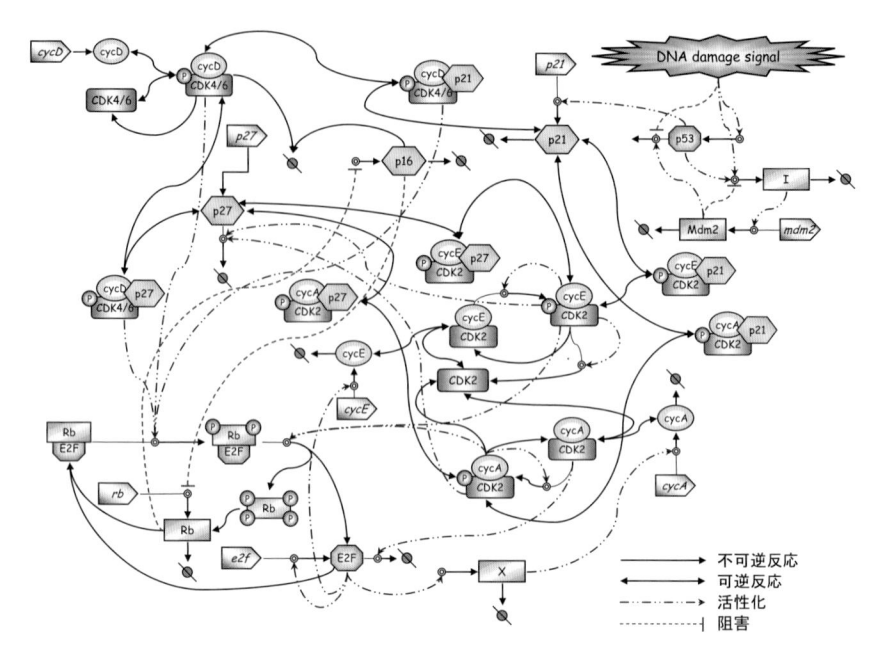

図 3.24　Iwamoto らの DNA 損傷が細胞周期の遅延をもたらすモデル
このモデルでは 28 種の化学種と 77 個の反応速度パラメータが用いられている．数理モデルは 28 元の微分方程式と 2 つの代数方程式からなる．右上の分子種 I と下の分子種 X はそれぞれ時間遅れをモデル化するために導入されている．

E およびサイクリン A の転写を促進するが，両者のあいだの時間遅れをモデル化するため，E2F とサイクリン A とのあいだに分子種 X を置いている．

　Iwamoto らのシミュレーション結果を図 3.25 に示す．DNA 損傷のない場合には，時刻 1,000（任意単位 a.u.）近傍で p27 濃度が急速に減少し，同時に E2F の急速な増加がみられる．その後，サイクリン E およびサイクリン A が順次ピークを迎えている．一方，DNA 損傷がある場合には，損傷シグナルが p53 に伝えられ，p53 の振動現象がみられる．p53 の振動は p21 の転写を促進し，サイクリン E-CDK2 複合体およびサイクリン A-CDK2 複合体の Rb リン酸化機能を抑制する．その結果，E2F の立ち上がり時刻は遅れ，DNA 損傷のない場合に比べ，サイクリン E およびサイクリン A のピークの遅れもみられる．このシミュレーション結果は，p53/Mdm2 ネットワークを介した細胞周期の遅延機能を正

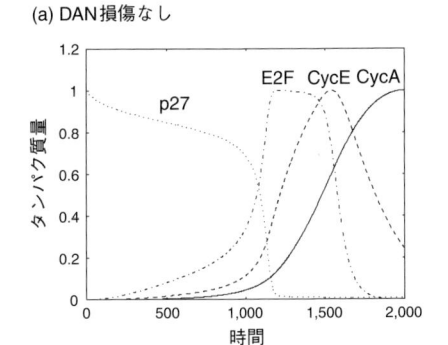

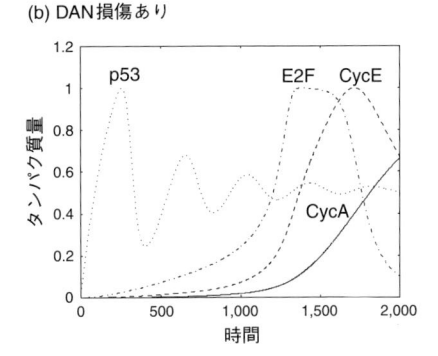

図 3.25　DNA 損傷シグナルが細胞周期に与える影響

しく反映している.

3.5

アポトーシス

多細胞生物の機能維持にとって細胞増殖と細胞死のバランス，ホメオスタシスの維持はきわめて重要な機構となっている．細胞死のなかでもアポトーシス（apoptosis）ではシステインプロテアーゼファミリーに属する一連のカスパーゼ（caspase；cysteine-containing aspartate-specific protease）が活性化され，特徴的な形態変化を伴う細胞死がもたらされる．この変化がきわめて定型化されているため，アポトーシスは厳密なプログラムの支配下にあると考えられてきた [223].

図 3.26 には，外部からの細胞死シグナルが受容体を介して開始カスパーゼであるカスパーゼ 8 を活性化し，活性化されたカスパーゼ 8 が 2 つのパスウェイを通して最終的には実行カスパーゼであるカスパーゼ 3 を活性化し，細胞死をもたらすパスウェイが示されている．細胞死シグナルとしてはTNFαやTRAIL，Fas リガンド（FasL）などがある．それら細胞死シグナルは受容体（TNFR や TRAILR，CD95/Fas）を刺激し，受容体へのアダプタータンパク質（例：FADD）やカスパーゼ 8 前駆体（プロカスパーゼ 8）などのリクルートに

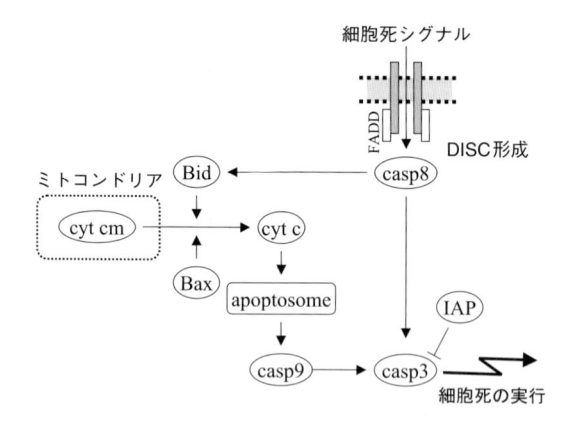

図 3.26 細胞死シグナルによるカスパーゼカスケードの活性化

カスパーゼカスケード（caspase cascade）には多くの因子が関与し，複雑な反応ネットワークを形成しているが，ここでは，ミトコンドリア非依存のパスウェイとミトコンドリア依存のパスウェイをそれぞれ簡略化して示している．細胞死シグナルの存在しない状態では，カスパーゼは活性のないプロカスパーゼとして存在している．Fas リガンドや TRAIL による細胞死シグナルを受けた受容体は FADD（Fas-associated death domain）をリクルートし，プロカスパーゼ 8 を活性化する．プロカスパーゼの活性化をもたらすタンパク質分解反応は不可逆反応とされているため，細胞死が実行されるかどうかのもっとも重要なチェックポイントは DISC 形成によるカスパーゼ 8 の活性化段階にある．どちらのパスウェイが起動するかは細胞によっても異なり，T 細胞はミトコンドリア非依存パスウェイを使用するタイプ I 細胞，肝細胞はミトコンドリア依存パスウェイを使用するタイプ II 細胞であるとの報告がある．

よる DISC（death-inducing signaling complex）形成をもたらす．DISC において不活性型のプロカスパーゼ 8 は活性化し，その後のアポトーシスのプログラムが起動し始める．Scaffidi らはアポトーシスのカスパーゼカスケードにおいて，ミトコンドリア依存パスウェイが用いられるかどうかによって，細胞をタイプ I とタイプ II に分類している [224]．タイプ I 細胞とよばれる細胞では多くのプロカスパーゼ 8 が活性化され，活性化されたカスパーゼ 8 が直接カスパーゼ 3 を活性化する．一方，タイプ II とよばれる細胞では DISC 形成が抑制されており，カスパーゼ 8 の活性化は少なく，カスパーゼ 8 からの細胞死シグナルは直接カスパーゼ 3 には伝達されず，むしろ Bid の切断による活性化した tBid（truncated Bid）の生成と，ミトコンドリア内に蓄積されているシトクロム c（cytochrome c；cyt c）の細胞質ゾルへの移行をうながす．この細胞質ゾル

への移行はtBidとBaxとの相互作用による．細胞質に移行したcyt cはApaf-1やプロカスパーゼ9と複合体アポトソーム（apoptosome）を形成し，カスパーゼ9を活性化する．そして活性化されたカスパーゼ9がカスパーゼ3を活性化することによりアポトーシスがもたらされる．これらカスパーゼカスケードにおいては多くの制御因子が関与しているが，その1つであるIAP（inhibitors of apoptosis protein）はカスパーゼ3の活性を阻害する制御因子である．

図3.26に示すカスパーゼカスケードのモデル化はFuseneggerらによって初めてなされた[225]．彼らのモデルシミュレーションによると，受容体とFADDとの結合能の阻害はカスパーゼ8の活性化をブロックする有効な方法である，IAPの発現量の増加がある閾値をこえた場合にのみカスパーゼ3の活性阻害がもたらされる，すなわちIAPの発現量の増加はアポトーシスを止める効果ではなく，アポトーシスの進行を遅らせる効果をもたらす，との結果が得られている．

BenteleらはタイプI細胞とされるBリンパ芽球細胞株SKW6.4を用いて受容体CD95を介した細胞死シグナルのモデル化を行っている[226]．BenteleらのモデルはCD95リガンドによる受容体CD95の刺激から，カスパーゼ3などの実行カスパーゼの活性化にいたるミトコンドリア非依存パスウェイとミトコンドリア依存パスウェイの32の化学反応と41の反応物，2つのブラックボックス化された反応経路（シトクロム cのミトコンドリアから細胞質ゾルへの移行過程を含むミトコンドリア経路と，アポトーシスのマーカーとして用いられているPARPの実行カスパーゼによる切断経路）からなる．そのシミュレーション結果によると，CD95リガンドの濃度がある閾値以下の場合にはアポトーシスは完全に止められている．この閾値が存在する分子機構についてはLavrikらによって実験とモデルシミュレーションの両面から解析されている[227]．その解析結果によると，低濃度のCD95リガンドによる受容体刺激によっても，受容体CD95のオリゴマー，アダプタータンパク質FADD，プロカスパーゼ8，c-FLIPからなるDISCは形成されるが，DISCにおけるプロカスパーゼ8の活性化は進行しない．一方，CD95リガンドの濃度が閾値を越えると，プロカスパーゼ8の活性化が進行し，カスパーゼ3の活性化がもたらされる．このCD95を介したアポトーシスにみられる閾値現象の鍵になる分子はc-FLIPであるとさ

れる．c-FLIP は DISC に対する親和性がプロカスパーゼ 8 に比べ高く，低濃度の CD95 リガンド刺激で形成された DISC においては c-FLIP はプロカスパーゼ 8 の活性化を完全に阻害しているとされる．実際，c-FLIP の濃度が低く抑えられた場合には閾値現象はみられず，低濃度の CD95 リガンドによる受容体刺激によってもアポトーシスは進行する．

　Bentele らのモデルは CD95 リガンドの濃度依存的に細胞の生存状態から細胞死状態への転移が起きるとされており，双安定状態としてアポトーシスはとらえられていない．一方 Eissing らは，安定な生存状態と安定な細胞死状態という双安定状態の存在がアポトーシス機構のおもな特性であるとして，タイプ I 細胞においてそのような双安定な状態をもたらすモデルの構築を行っている[228]．**図 3.27** に Eissing らのモデルを示す．細胞死シグナルによる受容体刺激からカスパーゼ 8 の活性化までの DISC 形成過程を含む反応経路は複雑であり，ここでは細胞死シグナルは活性化されたカスパーゼ 8 の初期濃度（分子数）として与えられ，アポトーシスのパスウェイは起動し始めるとしている．カスパーゼ 8 はプロカスパーゼ 3 を切断し，活性化されたカスパーゼ 3 による細胞

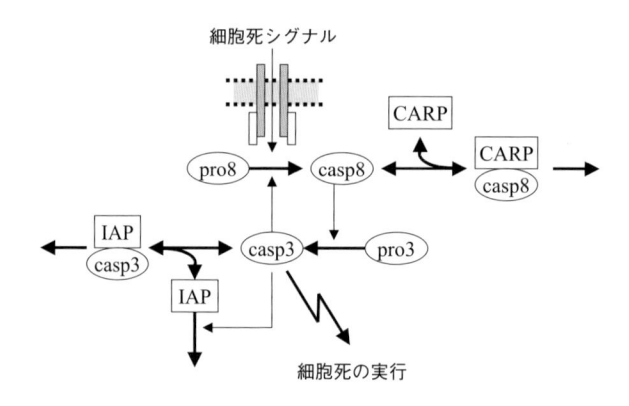

図 3.27　ミトコンドリア非依存的なアポトーシスのパスウェイ
図示されている CARP（caspase 8- and 10-associated RING protein）の制御機構は Eissing らの仮説である[228]．pro はプロカスパーゼを，casp は活性化されたカスパーゼを示している．図示されている反応以外に，カスパーゼ 8 とカスパーゼ 3 の自己分解反応，およびプロカスパーゼ 8 とプロカスパーゼ 3，IAP，CARP の生成反応と自己分解反応がモデルには組み入れられている．

死の実行がなされる．カスパーゼ3は同時にプロカスパーゼ8の切断によりカスパーゼ8の生成を促進させ，その結果，カスパーゼ8とカスパーゼ3のあいだには正のフィードバックループが形成されている．カスパーゼ8とカスパーゼ3にはアポトーシス阻害剤としてCARPとIAPが作用している．また，カスパーゼ3はIAPの分解を促進しており，カスパーゼ3とIAPのあいだには負のフィードバックループが形成されている．EissingらはまずCARPを含まないモデルを作成したが，そのモデルでは安定な定常状態としての生存状態を得ることはできず，2つの安定な定常状態（生存状態と細胞死状態）を得るためには，CARPによるカスパーゼ8の分解過程が必要であるとしている．

Eissingらのモデルシミュレーションの結果を図3.28に示す．図では活性化されたカスパーゼ8の初期入力分子数（時刻0での分子数）を細胞あたり500から16,000へと変化させシミュレーションを行い，活性化されたカスパーゼ3の分子数の時間変化をグラフ化している．活性化されたカスパーゼ3の初期分子数を0としているが，ある時間遅れをもってカスパーゼ3の分子数は急速に

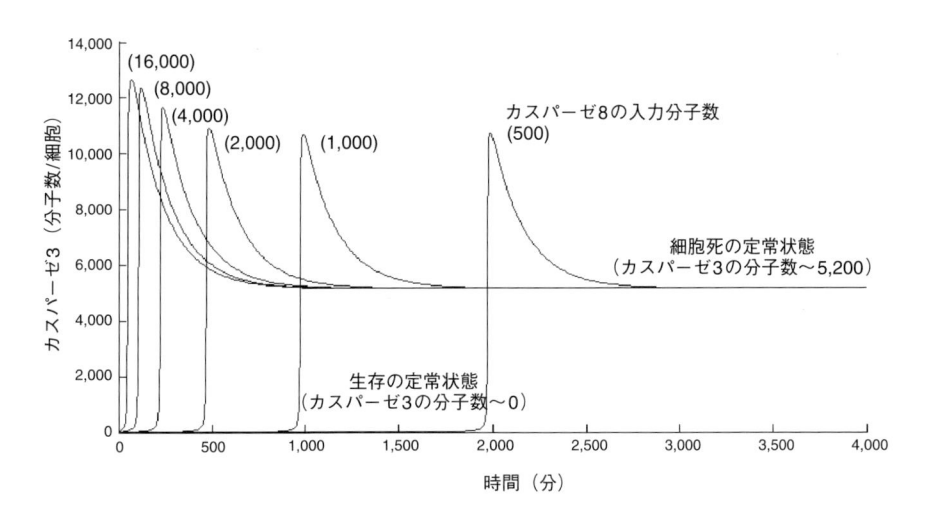

図3.28　アポトーシスにおける双安定状態の動的挙動

Eissingらによると細胞死シグナルのない状態での細胞あたりの分子数は，プロカスパーゼ8で130,000，プロカスパーゼ3で21,000，IAPで40,000とされている．カスパーゼ8の活性阻害剤CARPもIAPと同じく40,000でモデル化されている．これら数値と図中の（ ）内に示すカスパーゼ8の入力分子数がそれぞれのシミュレーションでの初期状態である．

増加し,その後,分子数5,200ほどの安定な定常状態に到達する.Eissingらによると,カスパーゼ3の分子数がほぼ0なる初期の状態は細胞の生存状態に対応し,時間遅れ以降の分子数5,200ほどの定常状態は細胞死状態とされている.時間遅れはカスパーゼ8の初期分子数が16,000の場合で70分で,分子数が少なくなるにつれて増加し,分子数500ではほぼ2,000分になる.このカスパーゼ8の細胞あたり入力分子数がある閾値(〜75分子数/細胞)以下の場合にはカスパーゼ3の立ち上がりはなく,アポトーシスは起こらない.ノイズによるカスパーゼ8の分子数の一時的増加に伴う誤ったアポトーシスが生じないためには,この閾値の存在が必須とされる.

正常細胞におけるアポトーシスの反応ネットワークの機能は,生存状態に留まるべきか,細胞死の状態に推移すべきかの決定機能にあるとして,アポトーシスを双安定なシステムとしてモデル化する試みはBagciらによってもなされている [229].Bagciらはミトコンドリア依存的なアポトーシスのモデル化を行っている(**図3.29**).このモデルではまず,細胞死シグナルを表現するために初期濃度として与えられるカスパーゼ8がBidを切断し,tBidを生成する.tBidはミトコンドリアに移行し,Baxとの相互作用を介してミトコンドリア内部のシトクロムcを細胞質ゾルに放出する.シトクロムcはApaf-1と複合体を形成し,さらに7つのcyt c–Apaf-1複合体からなるアポトソームapopを形成する.このアポトソーム形成過程をBagciらは協同性を示す反応過程としてモデル化することにより双安定なシステムを構成している.アポトソーム形成反応は次式でモデル化されている.

$$\begin{aligned} &\text{cyt } c + \text{Apaf-1} \rightleftharpoons \text{cyt } c\text{–Apaf-1} \\ &7 \text{ cyt } c\text{–Apaf-1} \rightleftharpoons \text{apop} \end{aligned} \quad (3.11)$$

ここで2番目の反応のapop生成方向の反応速度v_fは協同性の指標pを用いて

$$v_f = 7k[\text{cyt } c\text{–Apaf-1}]^p \quad (3.12)$$

とされる.Bagciらは標準モデルとして$p=4$を用いているが,$p>1$であれば図3.29に示すネットワークは双安定になる.形成されたアポトソームはプロカスパーゼ9をリクルートし,活性化されたカスパーゼ9を生成する.図ではプロ

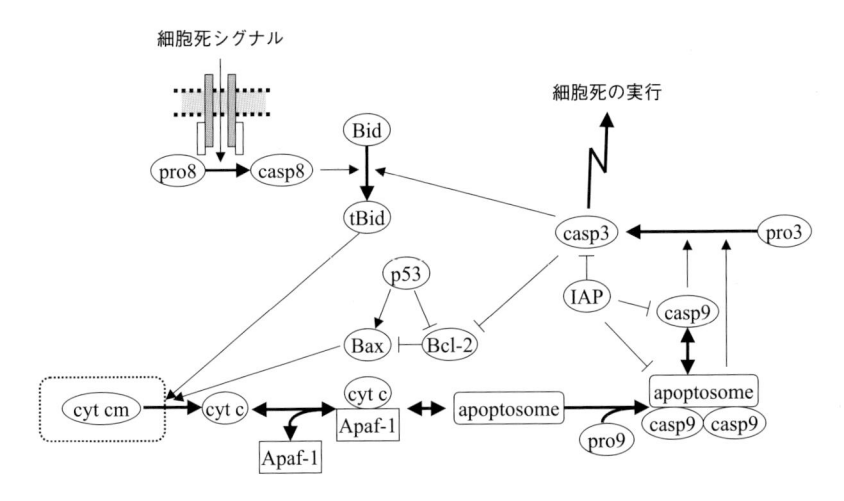

図 3.29 ミトコンドリア依存的なアポトーシスのパスウェイ

カスパーゼ9をリクルートしたアポトソーム複合体，およびそこから遊離したカスパーゼ9がともにプロカスパーゼ3を切断する機能を有し，カスパーゼ3を活性化させる．BagciらによるとタイプII細胞では，活性化されたカスパーゼ3によってもBidは切断されtBidが生成する．この過程は図3.29に示すアポトーシスパスウェイで1つの正のフィードバックループを形成する．また，同じくカスパーゼ3はBcl-2の活性を阻害するが，この過程は2番目の正のフィードバックループとなっている．なお，Bagciらはp53をモデルに組み込んでおり，p53の機能はBaxの合成を促進し，Bcl-2の機能を負に抑制することにより，アポトーシスの誘導を促進する．

Bagciらのモデルでは，初期値として与えられるカスパーゼ8の濃度により，細胞は生存状態を維持するか，細胞死の状態に推移するかが決まる．そのシミュレーション結果を**図3.30**に示す．図3.30 (a)ではカスパーゼ8の初期濃度を$10^{-5}\,\mu$Mとしているが，初期濃度$10^{-5}\,\mu$Mとしたカスパーゼ3の濃度は時間とともに急激に低下し，細胞は生存状態を維持している．一方，(b)ではカスパーゼ8の初期濃度を増加させ$10^{-4}\,\mu$Mとしているが，その結果，初期濃度$10^{-5}\,\mu$Mとしたカスパーゼ3の濃度は3,000秒，すなわち50分の時間遅れののち急激に増加を始め，初期濃度の100倍以上に達し，細胞は細胞死の状態に推

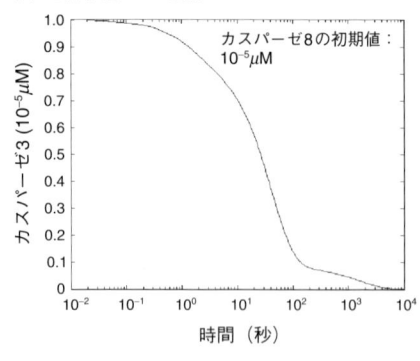

(a) 生存状態への推移 (b) 細胞死状態への推移

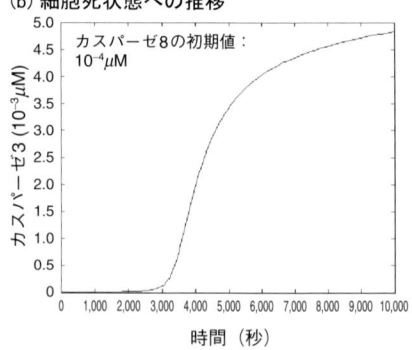

図 3.30　カスパーゼ 8 の初期濃度に依存したカスパーゼ 3 の推移

移している．

　Eissing ら [228] や Bagci ら [229] は異なったタイプの細胞（タイプ I とタイプ II）に対して異なったアポトーシスモデルを提示しているが，どちらも生存状態と細胞死状態からなる双安定状態の頑健なモデルとなっている．この頑健性は細胞増殖と細胞死のホメオスタシスを維持するという細胞機能の重要性から必要な性質とされる [230]．

3.6

免疫応答

　ヒトの免疫機能は大きくは自然免疫と獲得免疫（適応免疫）に区分されている．マクロファージや樹状細胞などの自然免疫担当細胞は，病原体に特異的な生体分子の構造を認識し，細胞内シグナル伝達経路を活性化し，インターロイキン（IL-6 や IL-12 など）などのサイトカインの遺伝子発現を誘導し，免疫機構をはたらかせる．一方，獲得免疫においては，B 細胞や T 細胞などのリンパ球が細胞性機能単位となっており，B 細胞受容体や T 細胞受容体という 2 種類のきわめて多様性に富む受容体によって抗原が認識され，免疫応答が誘導される．

3.6.1 自然免疫

自然免疫において Toll 様受容体（Toll-like receptor；TLR）ファミリーは病原体の構成成分を特異的に認識し，免疫応答特異的なシグナル伝達系の活性化を引き起こす．TLR4 はグラム陰性菌の細胞壁成分である細菌リポ多糖（lipopolysaccharide；LPS）を認識し，NF-κB を活性化し，IL-6 や IL-12 など炎症性サイトカインの産生を促進する．Gilchrist らはマウス由来マクロファージの LPS 応答により変動する 1,000 以上の遺伝子発現データを解析することにより，LPS 応答特異的なシグナル伝達系の解明を進めた [231]．彼らはまず LPS 刺激後の遺伝子発現のタイムコースデータをもとに 1,232 個の変動遺伝子のクラスター解析を k 平均法で行い，それら遺伝子を 11 のクラスターに区分している．個々のクラスターは特異的な時間変動パターンを示しているが，LPS 刺激後もっとも早い時期にピークを迎えるクラスター（Gilchrist らの論文ではクラスター 6 がもっとも早い 1 時間後に発現のピークを迎えている）にはその後のシグナル伝達を制御している鍵となる遺伝子が含まれているとし，クラスター 6 に含まれる遺伝子から鍵遺伝子の 1 つとして転写因子 CREB/ATF ファミリーの一員である ATF3 を選出し，その機能解明を行っている．

LPS 応答において ATF3 はほかの転写因子と共同し転写因子複合体として機能することが推定されるため，Gilchrist らは，タンパク質間相互作用データベースの検索を行い，ATF3 を中心に置いた転写因子間相互作用ネットワークを構築している（**図 3.31**）．

図 3.31 から ATF3 が，すでに TLR4 のシグナル伝達系に含まれることが知られている転写因子 NF-κB や AP1 と直接的に相互作用していることが示されている．これら 3 種の転写因子 ATF3，NF-κB（Rel），AP1（Jun と Fos）は LPS 刺激後 1 時間でピークを迎えるクラスター 6 に属しており，Gilchrist らはそれら転写因子により制御を受けると予想される遺伝子群をクラスター 6 の直後にピークを迎えるクラスター（Gilchrist らの論文ではクラスター 2）の遺伝子群から選出している．具体的にはクラスター 2 の遺伝子群のうち，ATF3 と NF-κB，AP1 の結合部位を 100 bp（base pair；塩基対）以内に同時にもつ遺伝子を転写因子結合部位予測プログラムで探索し，IL-6 と IL-12b を選出している．IL-6 の場合，IL-6 遺伝子の転写開始点の上流 200 bp 内に NF-κB の結合部位と CREB/ATF の結合

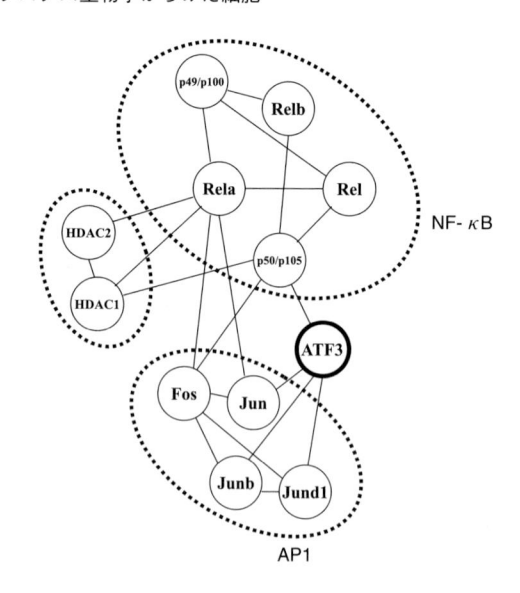

220　第3章　システム生物学からみた細胞

図 3.31　ATF3 と相互作用する転写因子群
文献から抽出された転写因子間相互作用の一部を示している．転写因子 NF-κB の構成タンパク質である Rel や，転写因子 AP1 の構成タンパク質である Jun や Fos は，遺伝子発現プロファイルのクラスター解析においてグループ化されたクラスター 6 に ATF3 とともに属している．ヒストン脱アセチル化酵素 HDAC1 と HDAC2 が NF-κB を介して ATF3 と相互作用していることから，ATF3 の転写制御機能の発現においてクロマチンリモデリングの関与が示唆される．［文献 231 より許可を得て転載・一部改変］

部位の存在が予測されている．IL-12b の場合には，転写開始点の上流 300 bp 内にそれら 2 つの転写因子結合部位が予測されている．これらタンパク質間相互作用ネットワークと転写因子結合部位予測から，LPS 刺激への応答において，ATF3 と NF-κB（以下では Rel 遺伝子で代表させる）が相互作用し，IL-6 や IL-12b 遺伝子の転写を制御していると推測されるが，その制御様式は不明である．

　Gilchrist らは，それら制御様式を明らかにするため，IL-6 遺伝子の発現量の時間変化と，IL-6 遺伝子のプロモーター領域に結合している ATF3 と Rel の時間変化を計測し（**図 3.32**），3 者の制御関係を次式で推定している．

$$\tau \frac{dIL6}{dt} = -IL6 + g(\beta_{\text{Rel}} Rel + \beta_{\text{ATF3}} ATF3) \tag{3.13}$$

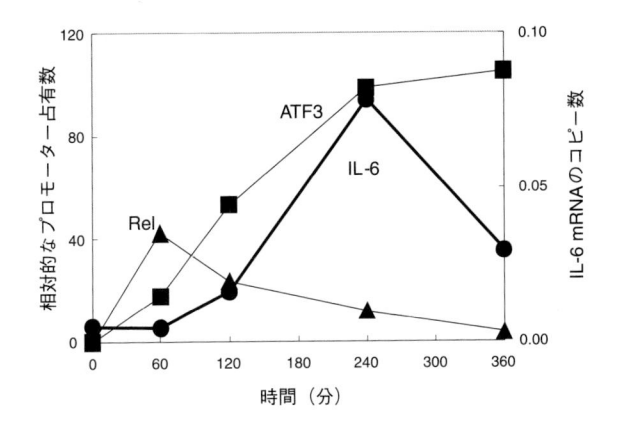

図 3.32　転写因子 Rel と ATF3 による制御を受ける IL-6 遺伝子の発現量変化
マウス由来マクロファージが LPS 刺激を受けたあとの，Rel と ATF3 のプロモーター占有数と IL-6 遺伝子の転写量の時間変化を示す．Rel と ATF3 の IL-6 遺伝子転写制御領域への結合データはクロマチン免疫沈降法によって得ている．IL-6 の転写量は RT-PCR（リアルタイム PCR）によって得ている．Rel は LPS 刺激後 1 時間以内に IL-6 のプロモーター領域に結合し，この結合は 2 時間で減衰している．ATF3 の結合はよりゆるやかに推移し，4 時間でピークに達し，6 時間後もそのピークを維持している．［文献 231 より許可を得て転載・一部改変］

この式は IL-6 遺伝子のプロモーター領域に結合した Rel と ATF3 の量が右辺の関数 g を通して遺伝子発現量 IL6 に与える影響を示している．関数 g としてはロジスティック関数が用いられており，係数 β が正の場合には IL-6 の発現を正に制御し，負の場合には負に制御していることがわかる．右辺第 1 項は mRNA の自己分解を示す項であり，その半減期は $\tau \ln 2$ で与えられる．Gilchrist らは哺乳類の代表的な mRNA の半減期は 600 分であるとし，τ を 600 分/ln 2 = 866 分に固定して式 (3.13) の β_{Rel} と β_{ATF3} を図 3.32 の計測データを用いて多重回帰分析により推計し，$\beta_{\text{Rel}} = 7.8$，$\beta_{\text{ATF3}} = -4.9$ の値を得ている．この結果は，IL-6 に対して Rel は正の転写制御因子であり，ATF3 は負の転写制御因子であることを示している．Gilchrist らは IL-12b についても同様の推定を行い，$\beta_{\text{Rel}} = 18.5$，$\beta_{\text{ATF3}} = -9.5$ の値を得ている．これら，Rel と ATF3 による IL-6 および IL-12b 遺伝子発現の制御関係の推定結果はノックアウトマウスの実験により確認されており，クラスター解析，タンパク質間相互作用データベース，転写因子結合部位予測，そして式 (3.13) に示す細胞内ネットワークの構造推定による自然免

疫シグナル伝達系解明のよき実施例となっている．

3.6.2 獲得免疫

獲得免疫応答においては，B細胞とT細胞という2種類の細胞が中心的役割を果たす．B細胞受容体や抗体と異なり，T細胞受容体（TCR）は抗原タンパク質を直接認識することはなく，感染細胞や食細胞，B細胞内で抗原処理された抗原タンパク質のペプチド断片が主要組織適合遺伝子複合体（major histocompatibility complex；MHC）と結合し，細胞表面に移動し抗原提示されたペプチド-MHC複合体（pMHC）を認識する．T細胞によるpMHCの認識には以下の特徴がある [232-234]．

① TCRとpMHCの解離定数は大きく（$K_d = 100\,\mu\text{M} \sim 100\,\text{nM}$），B細胞の抗原抗体反応（$K_d = 10 \sim 100\,\text{pM}$）に比べて，きわめて結合が弱い．また，TCR-pMHC複合体の解離に伴う半減期は2～30秒と短い．

② きわめて少ないpMHCがT細胞を活性化する．すなわち抗原提示細胞表面に1～200個程度のpMHCが存在すれば，T細胞を活性化する．

③ 抗原ペプチドに1残基の変異が生じても，それはアンタゴニスト（antagonist）となりうる．このペプチド配列上の小さな違いがなぜTCRの活性化の程度に大きな相違をもたらすのかが大きな課題になっているが，X線結晶解析によるTCR-pMHC複合体の構造解析では，アゴニストとアンタゴニストのあいだで構造上の相違は見いだされていない．

これらの特徴をもつT細胞によるpMHCの認識機構を把握しようとする反応機構モデルとしては，動力学的校正（kinetic proofreading）モデルがある [235]．動力学的校正モデルはDNAの複製やタンパク質合成の精確さを説明するモデルとしてすでに研究されていた [236] が，McKeithanはT細胞が外来抗原と自己抗原を精確に区別する機構のモデル化に動力学的校正モデルを用いた [237]．

McKeithanの動力学的校正モデルを**図3.33**に示す．TCRによるpMHCの認識から細胞内シグナル伝達にいたる機構はきわめて複雑な生化学反応系であり，すべての反応機構を考慮することはできない．ここでは，以下の仮説の提示，あるいは簡略化がなされている．

3.6 免疫応答

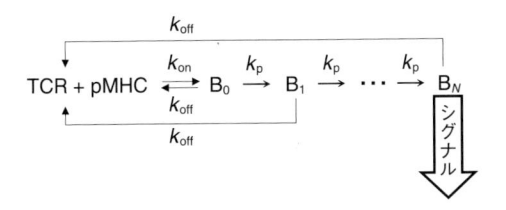

$$\text{TCR} + \text{pMHC} \underset{k_{\text{off}}}{\overset{k_{\text{on}}}{\rightleftharpoons}} B_0 \xrightarrow{k_p} B_1 \xrightarrow{k_p} \cdots \xrightarrow{k_p} B_N \Downarrow \text{シグナル}$$

（k_{off} は $B_1, \ldots, B_N$ からも TCR+pMHC へ戻る）

図 3.33 動力学的校正モデル

① TCR と pMHC の相互作用によりまず，最初の複合体 B_0 が形成される．その過程は可逆であり，結合過程と解離過程の速度定数はそれぞれ，k_{on} と k_{off} である．複合体 B_i は免疫受容体チロシン活性化モチーフ（immunoreceptor tyrosine-based activation motif；ITAM）のリン酸化，ZAP-70 などの各種キナーゼの会合を逐次受けて，最終的に活性をもった複合体 B_N に変換される．この過程は不可逆な逐次過程であり，その反応速度 k_p は一定である．シグナル伝達は B_N からなされる．
② すべての複合体 B_i は解離によって直接 TCR と pMHC に戻る．B_0 を除きその過程は不可逆反応であり，速度定数は k_{off} である．
③ アゴニスト以外のペプチドが MHC と複合体 pMHC を構成した場合，複合体 B_i が TCR と pMHC に解離する速度 k_{off} は速くなり，ほとんどの場合，シグナルを伝達する活性型複合体 B_N が生成される前に TCR と pMHC に解離する．この過程が TCR による選択的な pMHC 認識の精度を保証する「校正」過程である．

Kersh ら [232]，Matsui ら [238]，Krogsgaard ら [239] の実験データによると，TCR-pMHC 複合体の半減期 $t_{1/2}$（$t_{1/2} = \ln(2)/k_{\text{off}}$）と T 細胞の活性化（IL-2 の生成量などで計測）とのあいだに正の相関関係があり，ペプチドがアゴニストであるか，アンタゴニストであるかを決定するおもな要因は k_{off} であると報告されている [240]．動力学的校正モデルは TCR の抗原ペプチド選択性とこの相関関係を説明しうるモデルとなっている．

図 3.33 に示される動力学的校正モデルの動的挙動は，以下の微分方程式系によって記述される．

$$\frac{dT}{dt} = -k_{\text{on}}PT + k_{\text{off}}\sum_i B_i$$

$$\frac{dP}{dt} = -k_{\text{on}}PT + k_{\text{off}}\sum_i B_i$$

$$\frac{dB_0}{dt} = k_{\text{on}}PT - (k_{\text{off}} + k_{\text{p}})B_0 \qquad (3.14)$$

$$\frac{dB_i}{dt} = k_{\text{p}}B_{i-1} - (k_{\text{off}} + k_{\text{p}})B_i \qquad i=1,\cdots,N-1$$

$$\frac{dB_N}{dt} = k_{\text{p}}B_{N-1} - k_{\text{off}}B_N$$

ここで，T はTCRの，P はpMHCの，B_i は複合体の濃度を示す．なお，この微分方程式系には2つの保存則

$$T + \sum_i B_i = T_0, \quad P + \sum_i B_i = P_0 \qquad (3.15)$$

が成立している．T_0 はT細胞上のT細胞受容体の全濃度，P_0 は抗原提示細胞上のpMHCの全濃度を示している．以下ではT_0 と P_0 が定数である場合のみを考察するが，その場合には方程式系(3.14)の定常状態解は常に1つあり，かつ，その定常状態は大域的漸近安定である．すなわち，いかなる初期状態$B_i(t=0) \geq 0$ から出発しても，解はただ1つの定常状態に収束する [241]．

微分方程式系(3.14)に示される動力学的校正モデルのシミュレーション結果を図 **3.34** に示す．反応開始から30秒あたりまでは遷移相にあり，その後単調に定常状態に達する．活性型複合体B_4 は5秒ほどのラグののち，シグモイド型の曲線を描きながら定常状態に向かっている．反応開始から12秒ほどのあいだに複合体B_i $(i=0,\cdots,3)$ が順次ピークを迎え，pMHCによるTCR活性化のシグナルが速度定数k_{p} で$B_0 \to B_1 \to B_2 \to B_3 \to B_4$ と伝達している様子がみえる．この各過程で速度定数k_{off} による複合体の解離過程が競合しており，k_{off} が大きな値をもつと，活性型複合体B_4 の生成にいたる前に各B_i の解離が多くみられ，活性型複合体B_4 の定常状態値は低下し，結果としてpMHCによるTCR活性化のシグナルは減弱する．この減弱化の傾向はB_0 から活性型複合体B_N にいたる反応の段階数の増加により急激に強められ，N が大きくなるにつれk_{off} 値の小さな相違がシグナルの強弱に大きく影響することになる．

3.6 免疫応答

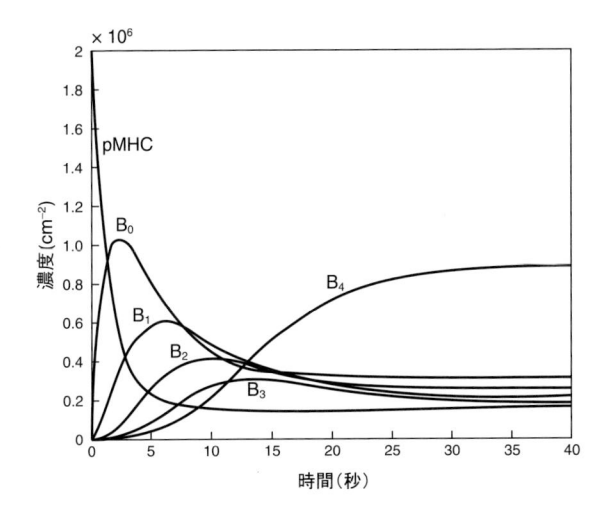

図 3.34 動力学的校正モデルのシミュレーション結果
$N=4$ として微分方程式系 (3.14) を解いた結果を示す．速度定数は $k_{\text{on}} = 10^{-10}\,\text{cm}^2/\text{sec}$, $k_{\text{off}} = 0.05\,\text{sec}^{-1}$, $k_{\text{p}} = 0.25\,\text{sec}^{-1}$, 初期条件は $T_0 = 6 \times 10^9\,\text{cm}^{-2}$, $P_0 = 2 \times 10^6\,\text{cm}^{-2}$, $B_i = 0\,\text{cm}^{-2}\,(i=0,\cdots,4)$ としている．T_0 は図示していないが，他の化学種に比べ大過剰に存在しているため，ほぼ初期条件の値で推移している．

動力学的校正モデルの定常状態は式 (3.14) の時間微分の項を 0 とすることにより求められる．すなわち，

$$\begin{aligned}
B_i &= \left(\frac{k_{\text{p}}}{k_{\text{p}} + k_{\text{off}}}\right)^i B_0 \equiv \alpha^i B_0 \qquad i=1,\cdots,N-1 \\
B_N &= \frac{k_{\text{p}}}{k_{\text{off}}} \alpha^{N-1} B_0 \\
B_0 &= \frac{k_{\text{on}}}{k_{\text{p}} + k_{\text{off}}} PT \equiv \beta PT \\
B_T &\equiv \sum_i B_i = \frac{k_{\text{p}} + k_{\text{off}}}{k_{\text{off}}} B_0 \equiv \gamma B_0
\end{aligned} \qquad (3.16)$$

となる．定常状態値はこれらの式と保存則 (3.15) から求められる．いま，図 3.34 に示した TCR 濃度 T_0, pMHC 濃度 P_0 と速度定数 k_{on}, k_{p} を固定し，反応段階数ごとに B_N の定常状態値を k_{off} の関数として描くと，**図 3.35** のようになる．

図 3.35 から，$N=10$ の場合，k_{off} が $0.025\,\text{sec}^{-1}$（アゴニストの解離定数に対

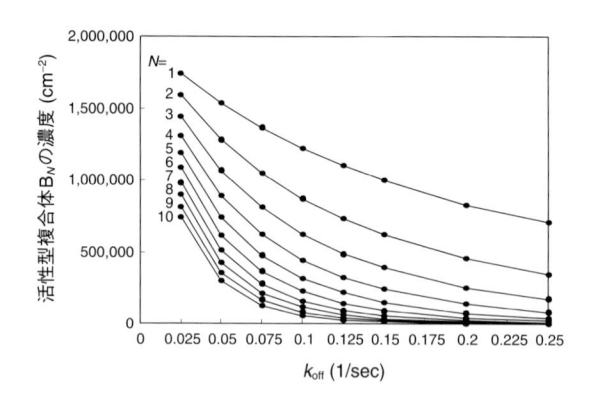

図 3.35　活性型複合体 B_N の定常状態値の k_off 依存性
TCR と pMHC の総濃度はそれぞれ $6 \times 10^9\,\text{cm}^{-2}$ と $2 \times 10^6\,\text{cm}^{-2}$ としている．この値は図 3.34 と同じである．反応段階数 N の増加，あるいは k_off の値が大きくなるにつれ，B_N の定常状態値は減少する．

応した値）から $0.25\,\text{sec}^{-1}$（弱いアゴニストの解離定数に対応した値）と 10 倍変動するだけで，B_N の定常状態値は $740{,}234\,\text{cm}^{-2}$ から $1{,}379\,\text{cm}^{-2}$ へと 500 倍強の変化を示している．このことは，TCR の pMHC 選択性（selectivity）を動力学的校正モデルが正しく表現しうることの証左とされる．動力学的校正モデルが仮定する k_p や反応段階数 N の生化学的実体は明確とはいえないが，このモデルは T 細胞がおもに k_off という単一のパラメータによって個々の pMHC を認識しうる機構を明らかにした．

　残された課題の 1 つに選択性と感度（sensitivity）の両立がある．図 3.35 にも示されているように，TCR と pMHC の各総濃度一定の条件下では，高い選択性を説明するための反応段階数の増加は活性型複合体 B_N 濃度の低下をもたらし，pMHC による TCR 活性化の感度は低下することになる．この選択性と感度の矛盾は動力学的校正モデルが取り扱う分子レベルでの解析では解決できず，免疫学的シナプス（immunological synapse）形成を含むより高次のレベルでの解析が求められる領域とされる [242-245]．

文 献

[1] Mazzarello, P.: A unifying concept: the history of cell theory. *Nat. Cell Biol.*, **1**, E13, 1999
[2] Alon, U.: An introduction to systems biology, Chapman & Hall/CRC, 2007
[3] Bernstein, J. A. *et al.*: Global analysis of mRNA decay and abundance in *Escherichia coli* at single-gene resolution using two-color fluorescent DNA microarrays. *Proc. Natl. Acad. Sci. USA*, **99**, 9697, 2002
[4] Wang, Y. *et al.*: Precision and functional specificity in mRNA decay. *Proc. Natl. Acad. Sci. USA*, **99**, 5860, 2002
[5] Yang, E. *et al.*: Decay rates of human mRNAs: Correlation with functional characteristics and sequence attributes. *Genome Res.*, **13**, 1863, 2003
[6] Belle, A. *et al.*: Quantification of protein half-lives in the budding yeast proteome. *Proc. Natl. Acad. Sci. USA*, **103**, 13004, 2006
[7] 上平恒 他：生体系の水，講談社サイエンティフィク，1989
[8] Prescher, J. A. *et al.*: Chemistry in living systems. *Nat.Chem.Biol.*, **1**, 13, 2005
[9] Holland, M. J.: Transcript abundance in yeast varies over six orders of magnitude. *J. Biol. Chem.*, **277**, 14363, 2002
[10] Ghaemmaghami, S. *et al.*: Global analysis of protein expression in yeast. *Nature*, **425**, 737, 2003
[11] Kumar, A. *et al.*: Subcellular localization of the yeast proteome. *Genes Dev.*, **16**, 707, 2002
[12] Huh, W.-K. *et al.*: Global analysis of protein localization in budding yeast. *Nature*, **425**, 686, 2003
[13] Schuler, M. *et al.*: Transcription, apoptosis and p53: catch-22. *Trends Genet.*, **21**, 182, 2005
[14] Duarte, N. C. *et al.*: Global reconstruction of the human metabolic network based on genomic and bibliomic data. *Proc. Natl. Acad. Sci. USA*, **104**, 1777, 2007
[15] Schrödinger, E. 著，岡小天 他訳：生命とは何か，岩波書店，1951
[16] Watson, J. D. *et al.*: A structure for deoxyribose nucleic acid. *Nature*, **171**, 737, 1953
[17] Watson, J. D. *et al.*: Genetical implications of the structure of deoxyribonucleic acid. *Nature*, **171**, 964, 1953
[18] Crick, F.: Central Dogma of Molecular Biology. *Nature*, **227**, 561, 1970
[19] Hieronymus, H. *et al.*: A systems view of mRNP biology. *Genes Dev.*, **18**, 2845, 2004
[20] Darzacq, X. *et al.*: Dynamics of transcription and mRNA export. *Curr. Opin. Cell Biol.*, **17**, 332, 2005

[21] Kimura, H. et al.: The transcription cycle of RNA polymerase II in living cells. *J.Cell Biol.*, **159**, 777, 2002
[22] Shav-Tal, Y. et al.: Dynamics of single mRNPs in nuclei of living cells. *Science*, **304**, 1797, 2004
[23] Audibert, A. et al.: *In vivo* kinetics of mRNA splicing and transport in mammalian cells. *Mol. Cell. Biol.*, **22**, 6706, 2002
[24] Lodish, H. 他 著，石浦章一 他 訳：分子細胞生物学，東京化学同人，2005
[25] Tom, R. 著，彌永昌吉 他 訳：構造安定性と形態形成，岩波書店，1980
[26] 基礎物理学研究所15周年シンポジューム委員会 編：基礎物理学の進展，理論物理学刊行会，1969
[27] Hanahan, D. et al.: The hallmarks of cancer. *Cell*, **100**, 57, 2000
[28] Watson, J. D. 著，三浦謹一郎 他 訳：遺伝子の分子生物学，化学同人，1968
[29] Halling, P. J.: Do the laws of chemistry apply to living cells ? *Trends Biochem. Sci.*, **14**, 317, 1989
[30] Orstan, A.: Thermodynamics and life. *Trends Biochem. Sci.*, **15**, 137, 1990
[31] Rao, C. V. et al.: Control, exploitation and tolerance of intracellular noise. *Nature*, **420**, 231, 2002
[32] Kelly, P. J. et al.: The tricarboxylic acid cycle in *Dictyostelium discoideum*. *Biochem. J.*, **184**, 589, 1979
[33] Ellis, R. J.: Macromolecular crowding: an important but neglected aspect of the intracellular environment. *Curr. Opin. Struct. Biol.*, **11**, 114, 2001
[34] Minton, A. P.: The influence of macromolecular crowding and macromolecular confinement on biochemical reactions in physiological media. *J. Biol. Chem.*, **276**, 10577, 2001
[35] Schnell, S. et al.: Reaction kinetics in intracellular environments with macromolecular crowding: simulations and rate laws. *Prog. Biophys. Mol. Biol.*, **85**, 235, 2004
[36] Rivas, G. et al.: Life in a crowded world. *EMBO Rep.*, **5**, 23, 2004
[37] Nicolis, G. 他 著，小畠陽之助 他 訳：散逸構造—自己秩序形成の物理学的基礎—，岩波書店，1980
[38] Lee, T. I. et al.: Transcriptional Regulatory Networks in *Saccharomyces cerevisiae*. *Science*, **298**, 799, 2002
[39] Yuh, C.-H. et al.: Genomic cis-regulatory logic: Experimental and computational analysis of a sea urchin gene. *Science*, **279**, 1896, 1998
[40] Yuh, C.-H. et al.: *Cis*-regulatory logic in the *endo16* gene: switching from a specification to a differentiation mode of control. *Development*, **128**, 617, 2001
[41] Setty, Y., et al.: Detailed map of a cis-regulatory input function. *Proc. Natl. Acad. Sci. USA*, **100**, 7702, 2003
[42] Galazzo, J. L. et al.: Fermentation pathway kinetics and metabolic flux control in suspended and immobilized *Saccharomyces cerevisiae*. *Enzyme Microbiol. Tech-*

nol., **12**, 162, 1990
[43] Kanehisa, M., et al.: From genomics to chemical genomics: new developments in KEGG. *Nucleic Acids Res.* **34**, D354, 2006
[44] Ma, H. et al.: Reconstruction of metabolic networks from genome data and analysis of their global structure for various organisms. *Bioinformatics*, **19**, 270, 2003
[45] Romero, P. et al.: Computational prediction of human metabolic pathways from the complete human genome. *Genome Biol.*, **6**, R2, 2004
[46] Guimera, R. et al.: Functional cartography of complex metabolic networks. *Nature*, **433**, 895, 2005
[47] Barabasi, A-L. et al.: Network Biology: Understanding the Cell's Functional Organization. *Nat. Rev. Genet.*, **5**, 101, 2004
[48] Wagner, A. et al.: The small world inside large metabolic networks. *Proc. R. Soc. Lond. B*, **268**, 1803, 2001
[49] Jeong, H. et al.: The large-scale organization of metabolic networks. *Nature*, **407**, 651, 2000
[50] Arita, M.: The metabolic world of *Escherichia coli* is not small. *Proc. Natl. Acad. Sci. USA*, **101**, 1543, 2004
[51] Downward, J.: The ins and outs of signalling. *Nature*, **411**, 759, 2001
[52] Bluthgen, N. et al.: Effects of sequestration on signal transduction cascades. *FEBS J.*, **273**, 895, 2006
[53] Huang, C-Y. F. et al.: Ultrasensitivity in the mitogen-activated protein kinase cascade. *Proc. Natl. Acad. Sci. USA*, **93**, 10078, 1996
[54] Ferrell, J. E. et al.: Mechanistic studies of the dual phosphorylation of mitogen-activated protein kinase. *J. Biol. Chem.*, **272**, 19008, 1997
[55] Ferrell, J. E. et al.: The biochemical basis of an all-or-none cell fate switch in *Xenopus* Oocytes. *Science*, **280**, 895, 1998
[56] Markevich, N. I. et al.: Signaling switches and bistability arising from multisite phosphorylation in protein kinase cascades. *J. Cell Biol.*, **164**, 353, 2004
[57] Janes, K. A. et al.: A high-throughput quantitative multiplex kinase assay for monitoring information flow in signaling networks. *Mol. Cell. Proteomics*, **2**, 463, 2003
[58] Janes, K. A. et al.: The response of human epithelial cells to TNF involves an inducible autocrine cascade. *Cell*, **124**, 1225, 2006
[59] Sasagawa, S. et al.: Prediction and validation of the distinct dynamics of transient and sustained ERK activation. *Nat. Cell Biol.*, **7**, 365, 2005
[60] Santos, S. D. M. et al.: Growth factor-induced MAPK network topology shapes Erk response determining PC-12 cell fate. *Nat. Cell Biol.*, **9**, 324, 2007
[61] Natarajan, M. et al.: A global analysis of cross-talk in a mammalian cellular signalling network. *Nat. Cell Biol.*, **8**, 571, 2006
[62] Gianchandani, E. P. et al.: Systems analyses characterize integrated functions of

biochemical networks. *Trends Biochem. Sci.*, **31**, 284, 2006
[63] Feist, A. M. *et al.*: A genome-scale metabolic reconstruction for *Escherichia coli* K-12 MG1655 that accounts for 1260 ORFs and thermodynamic information. *Mol. Syst. Biol.*, **3**, 121, 2007
[64] Sheikh, K, *et al.*: Modeling hybridoma cell metabolism using a generic genome-scale metabolic model of *Mus musculus. Biotechnol. Prog.*, **21**, 112, 2005
[65] Basso, K. *et al.*: Reverse engineering of regulatory networks in human B cells. *Nat. Genet.*, **37**, 382, 2005
[66] Scott, J. *et al.*: Efficient algorithms for detecting signaling pathways in protein interaction networks. *J. Comput. Biol.*, **13**, 133, 2006
[67] Gaudet, S. *et al.*: A compendium of signals and responses triggered by prodeath and prosurvival cytokines. *Mol. Cell. Preoteomics*, **4**, 1569, 2005
[68] Planck, M. 著, 河辺六男 訳：物理学的世界像の統一（世界の名著），中央公論社, 1970
[69] de La Mettrie 著, 杉捷夫 訳：人間機械論，岩波書店, 1979
[70] Wiener, N. 著, 池原止戈夫 他 訳：サイバネティックス―動物と機械における制御と通信―, 岩波書店, 1962
[71] Mathews, C. K. 他 著, 清水孝雄 他 訳：カラー 生化学, 西村書店, 2003
[72] Prigogine, I. 他 著, 妹尾 学 他 訳：現代熱力学, 朝倉書店, 2001
[73] Gnaiger, E. : Nonequilibrium thermodynamics of energy transformations. *Pure & Appl. Chem.*, **65**, 1983, 1993
[74] Welch, G. R. : Some problems in the usage of Gibbs free energy in biochemistry. *J. Theor. Biol.*, **114**, 433, 1985
[75] Maskow, T. *et al.*: How reliable are thermodynamic feasibility statements of biochemical pathways？ *Biotech. Bioeng.*, **92**, 223, 2005
[76] Landau, L. D. 他 著, 小林秋男 他 訳：統計物理学, 岩波書店, 1980
[77] Glansdorff, P. 他 著, 松本元 他 訳：構造・安定性・ゆらぎ, みすず書房, 1977
[78] 慶伊富長：反応速度論, 東京化学同人, 2001
[79] Maheshri, N. *et al.*: Living with noisy genes: How cells function reliably with inherent variability in gene expression. *Annu. Rev. Biophys. Biomol. Struct.*, **36**, 413, 2007
[80] Kaufmann, B. B. *et al.*: Stochastic gene expression: from single molecules to the proteome. *Curr. Opin. Genet. Dev.*, **17**, 107, 2007
[81] Gardiner, C. W. : Handbook of Stochastic Methods, Springer, 2004
[82] van Kampen, N. G. : Stochastic Processes in Physics and Chemistry, Elsevier, 2004
[83] van Kampen, N . G. : Remarks on non-Markov processes. *Brazilian J. Phys.*, **28**, 90, 1998
[84] Malek-Mansour, M. *et al.*: A master equation description of local fluctuations. *J. Stat. Phys.*, **13**, 197, 1975

[85] Wolkenhauer, O. et al.: Modeling and simulation of intracellular dynamics: Choosing an appropriate framework. *IEEE Trans. Nanobioscience*, **3**, 200, 2004
[86] Boyd, R. K.: Detailed balance in chemical kinetics as a consequence of microscopic reversibility. *J. Chem. Phys.*, **60**, 1214, 1974
[87] Colquhoun, D. et al.: How to impose microscopic reversibility in complex reaction mechanisms. *Biophys. J.*, **86**, 3510, 2004
[88] Ederer, M. et al.: Thermodynamically feasible kinetic models of reaction networks. *Biophys. J.*, **92**, 1846, 2007
[89] Gillespie, D. T.: A general method for numerically simulating the stochastic time evolution of coupled chemical reactions. *J. Comput. Phys.*, **22**, 403, 1976
[90] Gillespie, D. T.: A rigorous derivation of the chemical master equation. *Physica A*, **188**, 404, 1992
[91] Schnakenberg, J.: Network theory of microscopic and macroscopic behavior of master equation systems. *Rev. Mod. Phys.*, **48**, 571, 1976
[92] Gibson, M. A., et al.: Efficient exact stochastic simulation of chemical systems with many species and many channels. *J. Phys. Chem.*, **104**, 1876, 2000
[93] Gillespie, D. T.: The chemical Langevin equation. *J. Chem. Phys.*, **113**, 297, 2000
[94] Gillespie, D. T.: Stochastic simulation of chemical kinetics. *Annu. Rev. Phys. Chem.*, **58**, 35, 2007
[95] Tian, T. et al.: Binomial leap methods for simulating stochastic chemical kinetics. *J. Chem. Phys.*, **121**, 10356, 2004
[96] Turner, T. E. et al.: Stochastic approaches for modeling in vivo reactions. *Comput. Biol. Chem.*, **28**, 165, 2004
[97] Chatterjee, A. et al.: Binomial distribution based τ-leap accelerated stochastic simulation. *J. Chem. Phys.*, **122**, 24112, 2005
[98] Pettigrew, M. F., et al.: Multinomial tau-leaping method for stochastic kinetic simulations. *J. Chem. Phys.*, **126**, 84101, 2007
[99] Salis, H. et al.: Accurate hybrid stochastic simulation of a system of coupled chemical or biochemical reactions. *J. Chem. Phys.*, **122**, 54103, 2005
[100] Cao, Y. et al.: Multiscale stochastic simulation algorithm with stochastic partial equilibrium assumption for chemically reacting systems. *J. Comput. Phys.*, **206**, 395, 2005
[101] 林 勝哉 他：酵素反応のダイナミクス，学会出版センター，1981
[102] Albe, K. R. et al.: Cellular concentrations of enzymes and their substrates. *J. Theor. Biol.*, **143**, 163, 1990
[103] Michaelis, L. et al.: Die Kinetik der Invertinwirkung. *Biochem. Z.*, **49**, 333, 1913
[104] Maher, F. et al.: Substrate specificity and kinetic parameters of GLUT3 in rat cerebellar granule neurons. *Biochem. J.*, **315**, 827, 1996
[105] Segel, I. H.: Enzyme Kinetics, John Willey & Sons, 1975

[106] English, B. P. et al.: Ever-fluctuating single enzyme molecules: Michaelis-Menten equation revisited. *Nat. Chem. Biol.*, **2**, 87, 2006
[107] Qian, H. et al.: Single-molecule enzymology: stochastic Michaelis-Menten kinetics. *Biophys. Chem.*, **101–102**, 565, 2002
[108] 山口昌哉：非線型現象の数学，朝倉書店，2004
[109] Hirsch, M. W. 他 著，桐木紳 他 訳：力学系入門—微分方程式からカオスまで—，共立出版，2007
[110] Rosen, R. 著，山口昌哉 他 訳：生物学におけるダイナミカルシステムの理論，産業図書，1974
[111] Gardner, T. S. et al.: Construction of a genetic toggle switch in *Escherichia coli*. *Nature*, **403**, 339, 2000
[112] Santillán, M. et al.: Why the lysogenic state of phage λ is so stable: a mathematical modeling approach. *Biophys. J.*, **86**, 75, 2004
[113] Angeli D. et al.: Detection of multistability, bifurcations, and hysteresis in a large class of biological positive-feedback systems. *Proc. Natl. Acad. Sci. USA*, **101**, 1822, 2004
[114] Bier, M. et al.: Control analysis of glycolytic oscillations. *Biophys. Chem.*, **62**, 15, 1996
[115] Bier, M. et al.: How yeast cells synchronize their glycolytic oscillations: A perturbation analytic treatment. *Biophys. J.*, **78**, 1087, 2000
[116] Wiechert, W. : ^{13}C metabolic flux analysis. *Metab. Eng.*, **3**, 195, 2001
[117] Bonarius, H. P. J. et al.: Flux analysis of underdetermined metabolic networks: The quest for missing constraints. *Trends Biotechnol.*, **15**, 308, 1997
[118] Fuhrer, T. et al.: Experimental identification and quantification of glucose metabolism in seven bacterial species. *J. Bacteriol.*, **187**, 1581, 2005
[119] Kauffman, K. J. et al.: Advances in flux balance analysis. *Curr. Opin. Biotechnol.*, **14**, 491, 2003
[120] Beard, D. A. et al.: Thermodynamic-based computational profiling of cellular regulatory control in hepatocyte metabolism. *Am. J. Physiol. Endocrinol. Metab.*, **288**, E633, 2005
[121] Schuetz, R. et al.: Systematic evaluation of objective functions for predicting intracellular fluxes in *Escherichia coli*. *Mol. Syst. Biol.*, **3**, 119, 2007
[122] Edwards, J. S. et al.: The *Escherichia coli* MG1655 *in silico* metabolic genotype: its definition, characteristics, and capabilities. *Proc. Natl. Acad. Sci. USA*, **97**, 5528, 2000
[123] Ma, H. et al.: The Edinburgh human metabolic network reconstruction and its functional analysis. *Mol. Syst. Biol.*, **3**, 135, 2007
[124] Sauer, U. : Metabolic networks in motion: ^{13}C-based flux analysis. *Mol. Syst. Biol.*, **2**, 62, 2006
[125] Nolan, R. P. et al.: Identification of distributed metabolic objectives in the hyper-

metabolic liver by flux and energy balance analysis. *Metab. Eng.*, **8**, 30, 2006
[126] Savageau, M. A. : Biochemical systems analysis I. Some mathematical properties of the rate law for the component enzymatic reactions. *J. Theoret. Biol.*, **25**, 365, 1969
[127] Savageau, M. A. : Biochemical systems analysis II. The steady-state solutions for an n-pool system using a power-law approximation. *J. Theoret. Biol.*, **25**, 370, 1969
[128] Visser, D. *et al.*: Dynamic simulation and metabolic re-design of a branched pathway using linlog kinetics. *Metab. Eng.*, **5**, 164, 2003
[129] Kacser, H. *et al.*: The control of flux. *Symp. Soc. Exp. Biol.*, **27**, 65, 1973 ; reprinted in *Biochem. Soc. Trans.*, **23**, 341, 1995
[130] Cornish-Bowden, A. : Metabolic control theory and biochemical systems theory: Different objectives, different assumptions, different results. *J. Theor. Biol.*, **136**, 365, 1989
[131] Stelling, J. *et al.*: Robustness of cellular functions. *Cell*, **118**, 675, 2004
[132] Teusink, B. *et al.*: Can yeast glycolysis be understood in terms of *in vitro* kinetics of the constituent enzymes? Testing biochemistry. *Eur. J. Biochem.*, **267**, 5313, 2000
[133] Pritchard, L. *et al.*: Schemes of flux control in a model of *Saccharomyces cerevisiae* glycolysis. *Eur. J. Biochem.*, **269**, 3894, 2002
[134] Wright, B. E. *et al.*: Systems analysis of the tricarboxylic acid cycle in *Dictyostelium discoideum* I. The basis for model construction. *J. Biol. Chem.*, **267**, 3101, 1992
[135] Albe, K. R. *et al.*: Systems analysis of the tricarboxylic acid cycle in *Dictyostelium discoideum* II. Control analysis. *J. Biol. Chem.*, **267**, 3106, 1992
[136] Shiraishi, F. *et al.*: The tricarboxylic acid cycle in *Dictyostelium discoideum* I. Formulation of alternative kinetic representations. *J. Biol. Chem.*, **267**, 22912, 1992
[137] Shiraishi, F. *et al.*: The tricarboxylic acid cycle in *Dictyostelium discoideum*: Systemic effects of including protein turnover in the current model. *J. Biol. Chem.*, **268**, 16917, 1993
[138] Wright, B. E. *et al.*: The tricarboxylic acid cycle in *Dictyostelium discoideum*: Two methods of analysis using the same data. *J. Biol. Chem.*, **269**, 19931, 1994
[139] 白石文秀：バイオケミカルシステム理論とその応用，産業図書，2006
[140] Savageau, M. A. *et al.*: Biochemical systems theory and metabolic control theory: 1. Fundamental similarities and differences. *Math. Biosci.*, **86**, 127, 1987
[141] Maki, Y. *et al.*: Development of a system for the inference of large scale genetic networks. *Pac. Symp. Biocomput.*, **6**, 446, 2001
[142] Sorribas, A. *et al.*: Strategies for representing metabolic pathways within biochemical systems theory: Reversible pathways. *Math. Biosci.*, **94**, 239, 1989

[143] Curto, R. et al.: Mathematical models of purine metabolism in man. *Math. Biosci.*, **151**, 1, 1998

[144] de Atauri, P. et al.: Advantages and disadvantages of aggregating fluxes into synthetic and degradative fluxes when modelling metabolic pathways. *Eur. J. Biochem.*, **265**, 671, 1999

[145] Wu, L. et al.: A new framework for the estimation of control parameters in metabolic pathways using lin-log kinetics. *Eur. J. Biochem.*, **271**, 3348, 2004

[146] Smallbone, K. et al.: Something from nothing: bridging the gap between constrained-based and kinetic modelling. *FEBS J.*, **274**, 5576, 2007

[147] 土井 淳 他：システム生物学がわかる！, 共立出版, 2007

[148] Fell, D. A. : Metabolic control analysis: a survey of its theoretical and experimental development. *Biochem. J.*, **286**, 313, 1992

[149] Melendez-Hevia, E. et al.: A generalization of metabolic control analysis to conditions of no proportionality between activity and concentration of enzymes. *J. Theor. Biol.*, **142**, 443, 1990

[150] Lion, S. et al.: An extension to the metabolic control theory taking into account correlations between enzyme concentrations. *Eur. J. Biochem.*, **271**, 4375, 2004

[151] Fell, D. A. et al.: Metabolic control and its analysis: Additional relationships between elasticities and control coefficients. *Eur. J. Biochem.*, **148**, 555, 1985

[152] Kashiwaya, Y. et al.: Control of glucose utilization in working perfused rat heart. *J. Biol. Chem.*, **269**, 25502, 1994

[153] Clarke, B. L. : Complete set of steady states for the general stoichiometric dynamical system. *J. Chem. Phys.*, **75**, 4970, 1981

[154] Schuster, S. et al.: Detection of elementary flux modes in biochemical networks: a promising tool for pathway analysis and metabolic engineering. *Trends Biotechnol.*, **17**, 53, 1999

[155] Klamt, S. et al.: Two approaches for metabolic pathway analysis ? *Trends Biotechnol.*, **21**, 64, 2003

[156] Papin, J. A. et al.: Metabolic pathways in the post-genome era. *Trends Biochem. Sci.*, **28**, 250, 2003

[157] Papin, J. A. et al.: Comparison of network-based pathway analysis methods. *Trends Biotechnol.*, **22**, 400, 2004

[158] Schuster, S. et al.: A general definition of metabolic pathways useful for systematic organization and analysis of complex metabolic networks. *Nat. Biotechnol.*, **18**, 326, 2000

[159] Wagner, C. : Nullspace approach to determine the elementary modes of chemical reaction systems. *J. Phys. Chem. B*, **108**, 2425, 2004

[160] Bansal, M. et al.: How to infer gene networks from expression profiles. *Mol. Syst. Biol.*, **3**, 78, 2007

[161] Friedman, N. : Inferring cellular networks using probabilistic graphical models.

Science, **303**, 799, 2004
[162] Kim, S. et al.: Dynamic Bayesian network and nonparametric regression for nonlinear modeling of gene networks from time series gene expression data. Biosystems, **75**, 57, 2004
[163] Cooper, G. F. et al.: A Bayesian method for the induction of probabilistic networks from data. Mach. Learn., **9**, 309, 1992
[164] Yang, S. et al.: Comparison of score metrics for Bayesian network learning. IEEE Trans. on Systems, Man and Cybernetics-Part A, **32**, 419, 2002
[165] Heckerman, D. et al.: Learning Bayesian networks: The combination of knowledge and statistical data. Mach. Learn., **20**, 197, 1995
[166] Imoto, S. et al.: Bayesian network and nonparametric heteroscedastic regression fro nonlinear modeling of genetic network. J. Bioinformat. Computat. Biol., **2**, 231, 2003
[167] Bonneau, R. et al.: The Inferelator: an algorithm for learning parsimonious regulatory networks from systems-biology data sets de novo. Genome Biol., **7**, R36, 2006
[168] Gardner, T. S. et al.: Inferring genetic networks and identifying compound mode of action via expression profiling. Science, **301**, 102, 2003
[169] Gardner, T. S. et al.: Reverse-engineering transcription control networks. Phys. Life Rev., **2**, 65, 2005
[170] Bansal, M. et al.: Inference of gene regulatory networks and compound mode of action from time cource gene expression profiles. Bioinformatics, **22**, 815, 2006
[171] de la Fuente, A. et al.: Discovery of meaningful associations in genomic data using partial correlation coefficients. Bioinformatics, **20**, 3565, 2004
[172] Steuer, R. et al.: The mutual information: Detecting and evaluating dependencies between variables. Bioinformatics, **18**, S231, 2002
[173] Ozbudak, E. M. et al.: Regulation of noise in the expression of a single gene. Nat.Genet., **31**, 69, 2002
[174] Higham, D. J.: An algorithmic introduction to numerical simulation of stochastic differential equations. SIAM Review, **43**, 525, 2001
[175] Elowitz, M. B. et al.: Stochastic gene expression in a single cell. Science, **297**, 1183, 2002
[176] Raser, J. M. et al.: Control of stochastisity in eukaryotic gene expression. Science, **304**, 1811, 2004
[177] Kaern, M. et al.: Stochasticity in gene expression: from theories to phenotypes. Nat. Rev. Genet., **6**, 451, 2005
[178] Hooshangi, S. et al.: Ultrasensitivity and noise propagation in a synthetic transcriptional cascade. Proc. Natl. Acad. Sci. USA, **102**, 3581, 2005
[179] Pedraza, J. M. et al.: Noise propagation in gene networks. Science, **307**, 1965, 2005

[180] Vo, T. D. et al.: Building the power house: recent advances in mitochondrial studies through proteomics and systems biology. *Am. J. Physiol. Cell Physiol.*, **292**, C164, 2007

[181] Jamshidi, N. et al.: Systems biology of the human red blood cell. *Blood Cells Mol. Dis.*, **36**, 239, 2006

[182] Joshi, A. et al.: Metabolic dynamics in the human red cell. Part I–A comprehensive kinetic model. *J. Theor. Biol.*, **141**, 515, 1989

[183] Joshi, A. et al.: Metabolic dynamics in the human red cell. Part II–Interactions with the environment. *J. Theor. Biol.*, **141**, 529, 1989

[184] Joshi, A. et al.: Metabolic dynamics in the human red cell. Part III–Metabolic reaction rates. *J. Theor. Biol.*, **142**, 41, 1990

[185] Joshi, A. et al.: Metabolic dynamics in the human red cell. Part IV–Data prediction and some model computations. *J. Theor. Biol.*, **142**, 69, 1990

[186] Jamshidi, N. et al.: Dynamic simulation of the human red blood cell metabolic network. *Bioinformatics*, **17**, 286, 2001

[187] Altenbaugh, R. E. et al.: Suitability and utility of computational analysis tools: Characterization of erythrocyte parameter variation. *Pac. Symp. Biocomput.*, 104, 2003

[188] Ni, T-C. et al.: Model assessment and refinement using strategies from biochemical systems theory: Application to metabolism in human red blood cells. *J. Theor. Biol.*, **179**, 329, 1996

[189] Ni, T-C. et al.: Application of biochemical systems theory to metabolism in human red blood cells. *J. Biol. Chem.*, **271**, 7927, 1996

[190] Edwards, J. S. et al.: Multiple steady states in kinetic models in red cell metabolism. *J. Theor. Biol.*, **207**, 125, 2000

[191] Rapoport, T. A. et al.: Mathematical analysis of multienzyme systems. I. Modelling of the glycolysis of human erythrocytes. *Biosystems*, **7**, 120, 1975

[192] de Atauri, P. et al.: Metabolic homeostasis in the human erythrocyte: *In silico* analysis. *Biosystems*, **83**, 118, 2006

[193] Mulquiney, P. J. et al.: Model of 2, 3-bisphosphoglycerate metabolism in the human erythrocyte based on detailed enzyme kinetic equations: computer simulation and metabolic control analysis. *Biochem. J.*, **342**, 597, 1999

[194] Martinov, M. V. et al.: Deficiencies of glycolytic enzymes as a possible cause of hemolytic anemia. *Biochim. Biophys. Acta*, **1474**, 75, 2000

[195] Schuster, S. et al.: Adenine and adenosine salvage pathways in erythrocytes and the role of S-adenosylhomocysteine hydrolase. *FEBS J.*, **272**, 5278, 2005

[196] Wiback, S. J. et al.: Extreme pathway analysis of human red blood cell metabolism. *Biophys. J.*, **83**, 808, 2002

[197] Cakir, T. et al.: Metabolic pathway analysis of enzyme-deficient human red blood cells. *Biosystems*, **78**, 49, 2004

[198] Klipp, E. et al.: Mathematical modeling of intracellular signaling pathways. *BMC Neurosci.*, **7**, Suppl.1, S10, 2006
[199] Orton, R. J. et al.: Computational modelling of the receptor-tyrosin-kinase-activated MAPK pathway. *Biochem. J.*, **392**, 249, 2005
[200] Kholodenko, B. N. et al.: Quantification of short term signaling by the epidermal growth factor receptor. *J. Biol. Chem.*, **274**, 30169, 1999
[201] Schoeberl, B. et al.: Computational modeling of the dynamics of the MAP kinase cascade activated by surface and internalized EGF receptors. *Nat. Biotechnol.*, **20**, 370, 2002
[202] Hornberg, J. J. et al.: Control of MAPK signalling: from complexity to what really matters. *Oncogene*, **24**, 5533, 2005
[203] Lev Bar-Or, R. et al.: Generation of oscillations by the p53-Mdm2 feedback loop: A theoretical and experimental study. *Proc. Natl. Acad. Sci. USA*, **97**, 11250, 2000
[204] Lahav, G. et al.: Dynamics of the p53-Mdm2 feedback loop in individual cells. *Nat. Genet.*, **36**, 147, 2004
[205] Geva-Zatorsky, N. et al.: Oscillations and variability in the p53 system. *Mol. Syst. Biol.*, **2**, 33, 2006
[206] Levine, A. J. et al.: The P53 pathway: what questions remain to be explored ? *Cell Death Differ.*, **13**, 1027, 2006
[207] Ciliberto, A. et al.: Steady states and oscillations in the p53/Mdm2 network. *Cell Cycle*, **4**, 488, 2005
[208] Ma, L. et al.: A plausible model for the digital response of p53 to DNA damage. *Proc. Natl. Acad. Sci. USA*, **102**, 14266, 2005
[209] Ramalingam, S. et al.: Quantitative assessment of the p53-Mdm2 feedback loop using protein lysate microarrays. *Cancer Res.*, **67**, 6274, 2007
[210] Tyson, J. J.: Another turn for p53. *Mol. Syst. Biol.*, **2**, 32, 2006
[211] Iwamoto, K. et al.: Mathematical modeling and Sensitivity analysis of G1/S phase in the cell cycle including the DNA damage signal transduction pathway. Proceedings of the Seventh International Workshop on Information Processing in Cells and Tissues, p.281, 2007
[212] Graham, B. et al.: The two faces of NFκB in cell survival responses. *Cell Cycle*, **4**, 1342, 2005
[213] Hoffmann, A. et al.: The IκB-NF-κB signaling module: Temporal control and selective gene activation. *Science*, **298**, 1241, 2002
[214] Barken, D. et al.: Comment on "Oscillations in NF-κB Signaling Control the Dynamics of Gene Expression". *Science*, **308**, 52a, 2005
[215] Nelson, D. E. et al.: Oscillations in NF-κB Signaling Control the Dynamics of Gene Expression. *Science*, **306**, 704, 2004
[216] Nelson, D. E. et al.: Response to Comment on "Oscillations in NF-κB Signaling

Control the Dynamics of Gene Expression". *Science*, **308**, 52b, 2005
[217] O'Dea, E. L. *et al.*: A homeostatic model of IκB metabolism to control constitutive NF-κB activity. *Mol. Syst. Biol.*, **3**, 111, 2007
[218] Ihekwaba, A. E. C. *et al.*: Sensitivity analysis of parameters controlling oscillatory signalling in the NF-κB pathway: the roles of IKK and IκBα. *Syst. Biol.*, **1**, 93, 2004
[219] Lipniacki, T. *et al.*: Mathematical model of NF-κB regulatory module. *J. Theor. Biol.*, **228**, 195, 2004
[220] Novak, B. *et al.*: A model for restriction point control of the mammalian cell cycle. *J. Theor. Biol.*, **230**, 563, 2004
[221] Faure, A. *et al.*: Dynamical analysis of a generic Boolean model for the control of the mammalian cell cycle. *Bioinformatics*, **22**, e124, 2006
[222] Qu, Z. *et al.*: Regulation of the mammalian cell cycle: a model of the G_1-to-S transition. *Am. J. Physiol. Cell Physiol.*, **284**, C349, 2003
[223] Lavrik, I. *et al.*: Death receptor signaling. *J. Cell Sci.*, **118**, 265, 2005
[224] Scaffidi, C. *et al.*: Two CD95 (APO-1/Fas) signaling pathways. *EMBO J.*, **17**, 1675, 1998
[225] Fussenegger, M. *et al.*: A mathematical model of caspase function in apoptosis. *Nat. Biotechnol.*, **18**, 768, 2000
[226] Bentele, M. *et al.*: Mathematical modeling reveals threshold mechanism in CD95-induced apoptosis. *J. Cell Biol.*, **166**, 839, 2004
[227] Lavrik, I. N. *et al.*: Analysis of CD95 threshold signaling. *J. Biol. Chem.*, **282**, 13664, 2007
[228] Eissing, T. *et al.*: Bistability analyses of a caspase activation model for receptor-induced apoptosis. *J. Biol. Chem.*, **279**, 36892, 2004
[229] Bagci, E. Z. *et al.*: Bistability in apoptosis: roles of bax, bcl-2, and mitochondrial permeability transition pores. *Biophys. J.*, **90**, 1546, 2006
[230] Eissing, T. *et al.*: Response to bistability in apoptosis: Role of Bax, Bcl-2, and mitochondrial permiability transition pores. *Biophys. J.*, **92**, 3332, 2007
[231] Gilchrist, M. *et al.*: Systems biology approaches identify ATF3 as a negative regulator of Toll-like receptor 4. *Nature*, **441**, 173, 2006
[232] Kersh, G. J. *et al.*: High- and low-potency ligands with similar affinities for the TCR: the importance of kinetics in TCR signaling. *Immunity*, **9**, 817, 1998
[233] Demotz, S. *et al.*: The minimum number of class II MHC-antigen complexes needed for T cell activation. *Science*, **249**, 1028, 1990
[234] Irvine, D. J. *et al.*: Direct observation of ligand recognition by T cells. *Nature*, **419**, 845, 2002
[235] Hopfield, J. J.: Kinetic proofreading: A new mechanism for reducing errors in biosynthetic processes requiring high specificity. *Proc. Natl. Acad. Sci. USA*, **71**, 4135, 1974

[236] Okamoto, M. et al.: Integrated function of a kinetic proofreading mechanism: dynamic analysis separating the effects of speed and substrate competition on accuracy. *Biochemistry*, **23**, 1710, 1984
[237] McKeithan, T. W.: Kinetic proofreading in T-cell receptor signal transduction. *Proc. Natl. Acad. Sci. USA*, **92**, 5042, 1995
[238] Matsui, K. et al.: Kinetics of T-cell receptor binding to peptide/I-E^k complexes: Correlation of the dissociation rate with T-cell responsiveness. *Proc. Natl. Acad. Sci. USA*, **91**, 12862, 1994
[239] Krogsgaard, M. et al.: Evidence that structural rearrangements and/or flexibility during TCR binding can contribute to T cell activation. *Mol. Cell*, **12**, 1367, 2003
[240] Qi, S. et al.: Molecular flexibility can influence the stimulatory ability of receptor-ligand interactions at cell-cell junctions. *Proc. Natl. Acad. Sci. USA*, **103**, 4416, 2006
[241] Sontag, E. D.: Structure and stability of certain chemical networks and applications to the kinetic proofreading model of T-cell receptor signal transduction. *IEEE Trans. Autom. Control*, **46**, 1028, 2001
[242] Grakoui, A. et al.: The immunological synapse: A molecular machine controlling T cell activation. *Science*, **285**, 221, 1999
[243] Wofsy, C. et al.: Calculations show substantial serial engagement of T cell receptors. *Biophys. J.*, **80**, 606, 2001
[244] Coombs, D. et al.: T cell activation: Kinetic proofreading, serial engagement and cell adhesion. *J. Comp. Appl. Math.*, **184**, 121, 2005
[245] Gonzalez, P. A. et al.: T cell receptor binding kinetics required for T cell activation depend on the density of cognate ligand on the antigen-presenting cell. *Proc. Natl. Acad. Sci. USA*, **102**, 4824, 2005

索　引

あ

アゴニスト …………………………… 222
アセチル CoA …………………… 34, 117
アダプタータンパク質 ……… 43, 184, 211
アトラクター ……………… 180, 208, 209
アポトーシス ………………………… 211
アポトソーム ………………… 213, 216
アロステリック酵素 ………………… 84
鞍状点 ………………………………… 94
アンタゴニスト ……………………… 222
安定 …………………………………… 93
イオンチャネル ……………………… 8
イオンポンプ ………………………… 8
異性化 ………………………………… 83
イソプロピルチオガラクトシド …… 27
一倍体 ………………………………… 5
一般的発展基準 ……………………… 22
遺伝子 ………………………………… 6
遺伝子回路 …………………………… 174
遺伝子ネットワーク …… 150, 156, 160, 173
遺伝情報 ………………………… 6, 13, 166
飲食作用 ……………………………… 190
インスリン …………………………… 42
エッジ ………………………………… 31
エネルギー充足率 …………………… 179
塩基対 ………………………………… 13
エンドサイトーシス ………………… 190
エンドソーム ………………………… 190
エントロピー ………………………… 56
エントロピー生成速度 ……………… 59
エントロピー増大の法則 …………… 55
オペレーター ………………………… 28

か

外的ノイズ …………………………… 170
解糖系 …………………………… 113, 176
解糖系の振動現象 …………………… 100
解糖系の代謝制御解析 ……………… 141
開放系 ………………………………… 54
解離定数 ……………………………… 84
化学平衡 ……………………………… 63
化学ポテンシャル ……………… 55, 63
化学マスター方程式 …………… 71, 73
化学ランジュバン方程式 …………… 76
化学量論解析 ………………………… 103
化学量論係数 ………………………… 63
化学量論係数行列 …………………… 105
化学量論的代謝流速解析 …………… 106
化学量論的ネットワーク解析 ……… 144
可逆過程 ……………………………… 56
可逆反応 ………………… 57, 81, 127, 134
核 ………………………………… 3, 11
核空間 ………………………………… 144
核–細胞質シャトリング …… 38, 192, 197
拡散係数 ……………………………… 5
拡散律速 ……………………………… 21
獲得免疫 ……………………………… 222
確率過程 ………………………… 20, 65
確率速度定数 ………………………… 70
確率微分方程式 ……………………… 169
化合物グラフ ………………………… 30
渦状点 ………………………………… 94
渦心点 ………………………………… 94
数の問題 ……………………………… 20
カスパーゼ …………………………… 211
カスパーゼカスケード ……………… 212
硬い微分方程式系 …………………… 79
加法性ノイズ ………………………… 194
頑健性 …………………… 80, 133, 148
頑健性解析 …………………………… 178
がん細胞 ……………………………… 17
感度 …………………………………… 226

索引

感度解析 133, 178, 187, 191, 201
基準モード 144, 181
ギブズの関係式 59
ギブズの自由エネルギー 57
逆問題 156
境界条件 61, 79
協同性 85
極限周期軌道 96, 99, 102
局所的安定性解析 178
極値パスウェイ 146
クエン酸回路 117
グラフ表現 31, 34
クロストーク 38, 42
蛍光タンパク質 167
結合定理 139
結節点 94
ゲノムの恒常性 191
構造安定 91
酵素-基質複合体 77
固有値 92
固有値方程式 92
孤立系 54
コンパートメント .. 21, 118, 135, 185, 190

さ

サイクリン 204
サイクリン依存性キナーゼ 204
最短経路長 35
サイバネティックス 48
細胞死シグナル 211
細胞質 3, 11
細胞質ゾル 3
細胞周期 6, 203
細胞集積回路 17
細胞小器官 3
細胞説 3
細胞内移行 190
細胞膜 3
作動点 123
散逸構造 55

サンプル過程 66, 75
時間遅れ 194, 196, 210
シグナル伝達系 37
シグモイド関数 41
事後確率 153
自己制御モチーフ 24
自己分泌カスケード 42
指数分布 75
システム同定問題 126
事前確率 153
自然免疫 219
質量作用の法則 63
質量作用比 127, 138
質量保存則 53, 203
シトクロム c 212
自由水 7
出芽酵母 5
主要組織適合遺伝子複合体 222
循環有向グラフ 152
条件付き確率 68, 150
条件付き独立 151, 161
詳細釣合いの原理 71, 186
状態関数 54
状態変数 54
常微分方程式 90
情報処理不等式 162
乗法性ノイズ 194
小胞体 3
初期値問題 90
シンク 135
迅速平衡の仮定 83
伸長反応速度 15
親和力 59
推定ネットワーク 149
数理計画法 107
スケールフリーネットワーク 35
スモールワールド 36
生化学システム理論 120
脆弱性 133
生体高分子の混雑 21

索 引 *243*

正の協同性 …………………………… 85
正のフィードバックループ
　　　………………… 101, 206, 215, 217
生物学的世界像 ……………………… 47
生命とは何か ………………………… 12
赤血球 …………………………… 4, 176
零空間 ……………………………… 144
遷移確率 ……………………………… 69
遷移相 ………………………………… 78
漸近安定 ……………………………… 93
線形化微分方程式 …………………… 91
線形計画法 ………………………… 108
線形領域 ……………………………… 61
選択性 ……………………………… 226
セントラルドグマ …………………… 13
双安定状態 ……………… 98, 214, 215
双安定性 ……………………………… 97
相関係数 …………………………… 160
相互情報量 ………………………… 161
相図 …………………………………… 94
総ノイズ …………………………… 170
総和定理 …………………………… 136
速度定数 ……………… 22, 60, 77, 121
速度定数の転用可能性 ……………… 80
ソース ……………………………… 135
素反応 ………………………………… 65

た

代謝回転数 …………………………… 81
代謝制御解析 ……………………… 133
代謝パスウェイ ……………………… 30
代謝崩壊 …………………………… 180
大腸菌 ………………………………… 5
ダイナミックベイジアンネットワーク ‥ 150
タイプⅠ …………………………… 212
タイプⅡ …………………………… 212
多階層有向グラフ ………………… 158
多機能分子 …………………………… 44
多重スケールモデル化法 …………… 76
多重定常状態 ………………… 96, 179

脱リン酸化 …………………… 41, 186
弾性係数 …………………………… 137
タンパク質の半減期 ………………… 6
チャップマン-コルモゴロフ方程式 ‥ 68
超感受性 ……………………………… 40
調節酵素 …………………………… 137
定常状態 ………………… 54, 61, 71, 91
定常状態近似 ………………………… 80
定常状態の安定性 …………………… 91
定常状態の分岐 ……………………… 99
定序機構 ……………………………… 86
転写 ………………………… 15, 166, 202
転写開始複合体 ………………… 3, 15
転写伸長速度 ………………………… 15
転写制御ネットワーク ……………… 23
転写制御領域 ………………………… 27
同時確率分布 ………………… 68, 150
同相 …………………………………… 96
動的な物質収支則 ………………… 104
動力学的校正 ……………………… 222
特異点 ………………………………… 91
独立性の条件 ……………………… 146

な

内的ノイズ ………………………… 170
二重らせん …………………………… 13
二倍体 ………………………………… 5
ヌクレオチド代謝経路 …………… 176
熱力学第1法則 ……………………… 55
熱力学第2法則 ……………………… 55
ノード ………………………………… 31
ノードの次数 ………………………… 34

は

排除体積効果 ………………………… 21
白色ノイズ ………………………… 169
バースト係数 ……………………… 168
ハブ …………………………… 36, 163
半減期 …………………… 6, 221, 223
反応グラフ …………………………… 30

反応次数 ………………………… 22, 121
反応進行度 ……………………………… 59
反応速度 ……………………… 22, 59, 77
反応速度論 ……………………………… 76
反応中間体 …………………………21, 82
非コードRNA ……………………………… 6
非線形計画法 ………………………… 110
非線形性の問題 ………………………… 22
非定序機構 ……………………………… 86
ヒト細胞 ………………………………… 5
非分解性の条件 ……………………… 144
非マルコフ過程 ………………………… 66
ヒル係数 ………………………………… 84
ピルビン酸 ……………………………… 34
不安定 …………………………………… 93
フィードバック阻害 …………………… 38
不可逆過程 ……………………………… 56
不可逆反応 ……………………………… 81
不均質性の問題 ………………………… 20
物質収支則 …………………………… 105
物理ネットワーク …………………… 149
不動点 …………………………………… 91
負のエントロピー ……………………… 56
負の協同性 ……………………………… 85
負のフィードバックループ ‥193, 197, 215
ブラウン運動 ……………………… 4, 66
プール ……………………… 105, 118, 176
プール関数 …………………………26, 30
プール関数モデル ……………… 206, 208
プロモーター ………………… 28, 96, 220
分岐 ……………………………………… 99
分岐図式 ………………………………… 99
分岐点 ………………………………… 100
分岐点定理 …………………………… 143
分離線 …………………………………… 97
平均ノード間距離 ……………………… 35
平衡状態 ……………… 54, 57, 61, 63, 127
平衡定数 ……………… 57, 64, 127, 138
平衡点 …………………………………… 91
閉鎖系 …………………………………… 54

ベイジアンネットワーク …………… 150
ベイズの定理 ………………………… 153
べき乗則 ……………………………… 120
べき乗分布 ……………………………… 35
ペトリネット ………………………… 132
ペプチド–MHC複合体 ……………… 222
偏相関係数 …………………………… 160
変動係数 ……………………………… 170
ペントースリン酸回路 ……………… 176
ポアソン過程 …………………………… 74
ポアソン分布 ……………………… 35, 58
ホスホグルコイソメラーゼ …………… 30
ホスホフルクトキナーゼ ………… 31, 100
ホメオスタシス ………………………… 93
翻訳 ……………………………… 15, 166

ま

膜輸送 ………………………………… 203
マスター方程式 ………………………… 69
待ち時間 ………………………………… 88
マルコフ過程 …………………………… 65
ミカエリス定数 ………………………… 80
ミカエリス–メンテン機構 …………… 77
ミトコンドリア ……………… 3, 11, 212
ミトコンドリア依存的なアポトーシス ‥ 217
ミトコンドリア内膜 ………………… 117
ミトコンドリア非依存的なアポトーシス
 ……………………………………… 214
無機イオン ……………………………… 8
無機リン酸 ……………………………… 8
免疫学的シナプス …………………… 226
目的関数 ……………………………… 108
モチーフ ………………………………… 24
モデル選択 …………………………… 152

や

輸送体 …………………………3, 8, 83, 114
ゆらぎ …………………………………… 58
溶血性貧血 …………………………180, 183

ら

- ラクトースオペロン … 27
- ランジュバン方程式 … 169
- ランダムネットワーク … 35
- 力学系 … 90
- 律速酵素 … 137
- リプレッサー … 96
- リボソーム … 3, 6
- リポ多糖 … 219
- 流速 … 103, 134
- 流速収支解析 … 107
- 流速制御係数 … 136
- 履歴現象 … 99
- リンク … 31
- リン酸化 … 41
- リン酸化酵素 … 39
- リンパ球 … 4
- 零空間 … 144
- 老化 … 180
- ロジスティック関数 … 86

欧字・数字

- ATP … 8, 44
- ATPase … 114
- bi bi 機構 … 85
- DNA 2 本鎖切断 … 191
- EGF … 38, 42
- EGF シグナル伝達系 … 184
- EGF 受容体 … 184
- Fano 因子 … 167
- Gillespie の直接法 … 75
- GMA システム … 121
- G0 期 … 205
- G1 期 … 204
- G2 期 … 204
- Haldane の関係式 … 138
- Hopf 分岐 … 99
- Hopf 分岐点 … 103
- iso uni uni 機構 … 83
- KEGG … 32
- lac オペロン … 27
- lin-log 速度式 … 131
- Lotka-Volterra 系 … 100
- M 期 … 204
- MAP キナーゼカスケード … 190, 205
- MAPK カスケード … 38
- mRNA の半減期 … 6
- Na^+/K^+ ポンプ … 177
- NF-κB … 219
- NF-κB シグナル伝達系 … 197
- NGF … 42
- ordered bi bi 機構 … 85
- ping pong bi bi 機構 … 86
- p53 … 191, 217
- p53/Mdm2 ネットワーク … 191, 209
- random bi bi 機構 … 86
- Rapoport-Luebering 側路 … 176
- S 期 … 204
- S システム … 121
- Smad … 38
- SOS 応答 … 158
- T 細胞受容体 … 222
- TGF-β … 38
- TNFα … 42, 197, 211
- Toll 様受容体 … 219
- uni uni 機構 … 77
- van der Pol 系 … 100
- 0 次反応 … 167
- 1 次反応 … 70, 167, 202, 203
- 1 次反応式 … 118
- 1 分子酵素反応 … 87
- 2 因子反応系 … 91
- 2 次反応 … 70, 202

[著者紹介]

江口 至洋（えぐち ゆきひろ）

[略歴] 1947年生まれ，1969年 京都大学理学部化学科卒業，1974年 京都大学大学院理学研究科化学専攻博士課程修了，元 三井情報開発㈱常務取締役，総合研究所長，2005年より九州大学バイオアーキテクチャーセンター客員教授

[主著] 『酵素反応のダイナミックス』（分担執筆，学会出版センター，1981）
『BASICによる生化学』（麻生陽一と共著，共立出版，1985）
『蛋白質工学の物理・化学的基礎』（共立出版，1991）
『バイオインフォマティクス事典』（共編，共立出版，2006）

細胞のシステム生物学
Systems Biology of the Cell

2008年6月25日 初版1刷発行
2009年9月20日 初版2刷発行

著 者　江口至洋 ©2008
発行者　南條光章
発行所　共立出版株式会社

〒112-8700
東京都文京区小日向4丁目6番19号
電話 (03) 3947-2511（代表）
振替口座 00110-2-57035番
URL http://www.kyoritsu-pub.co.jp/

印 刷　加藤文明社
製 本　協栄製本

社団法人
自然科学書協会
会員

検印廃止
NDC 007, 464

ISBN 978-4-320-05669-5　Printed in Japan

JCOPY ＜㈳出版者著作権管理機構委託出版物＞

本書の無断複写は著作権法上での例外を除き禁じられています．複写される場合は，そのつど事前に，㈳出版者著作権管理機構（電話 03-3513-6969，FAX 03-3513-6979，e-mail: info@jcopy.or.jp）の許諾を得てください．

システム生物学がわかる！
セルイラストレータを使ってみよう
〔CD-ROM付〕

土井 淳・長崎正朗・斉藤あゆむ・松野浩嗣・宮野 悟 著／B5判, 152頁, 定価3,675円(税込)

　最近,「システム生物学」という,何やら訳のわからない言葉が生物学の世界に飛び交いだした。英語では"Systems Biology"といって,システムが複数形になっている。これはゲノム解読後の生命科学の新たなチャレンジで,「生命をシステムとして理解しよう」というものだ。こう言われてもいったい何なのだろう？

　シグナル伝達経路,遺伝子制御ネットワーク,代謝経路などと,コンピュータを使っていったい何ができるのだろう？こうした疑問と不安をもった人は,本書を読みつつ,付録のCD-ROMに入っているセルイラストレータというソフトの簡易版を利用しながら学習すれば,複雑な生命システムのモデル作りとシミュレーションができる能力がつく。微分方程式やプログラミングなどまったく知らなくてもよく,大学の学部や専門学校で生物系の半年～1年コースなどで使えるようになっている。http://www.cellillustrator.com からお試し版をダウンロードすれば,さらに新たな挑戦へ意欲が湧いてくる。

主要目次

第1章 序 論
　1.1 細胞の中で起きていること
　1.2 細胞内の反応とパスウェイ

第2章 パスウェイのデータベース
　2.1 パスウェイデータベースの紹介
　2.2 パスウェイを表示するソフトウェアの紹介
　2.3 パスウェイをとりまく表記規則

第3章 パスウェイシミュレーションソフトウェア
　3.1 シミュレーションソフトウェアの裏側
　3.2 シミュレーションのソフトウェア紹介

第4章 セルイラストレータをはじめよう
　4.1 セルイラストレータのインストール
　4.2 セルイラストレータの基本概念
　4.3 セルイラストレータのはじめ方とモデルの編集方法
　4.4 モデルの実行方法
　4.5 シミュレーション規則
　4.6 絵つきエレメントを用いたパスウェイのモデル化
　4.7 セルイラストレータによるパスウェイのモデル作り
　4.8 まとめ

第5章 パスウェイ表現とシミュレーション
　5.1 シグナル伝達経路のモデル作り
　5.2 代謝系のモデル作り
　5.3 遺伝子制御ネットワークのモデル作り
　5.4 まとめ

第6章 いろいろなパスウェイ
　6.1 パン酵母の遺伝子ネットワーク
　6.2 遺伝子ネットワークの解析方法
　6.3 まとめ

共立出版　http://www.kyoritsu-pub.co.jp/